U0395941

声学技术系列教材

声学理论简明教程
（MATLAB 版）

钱　枫　王新龙　编著

苏州大学出版社

图书在版编目(CIP)数据

声学理论简明教程：MATLAB 版/钱枫,王新龙编著
. —苏州：苏州大学出版社，2024.5
声学技术系列教材
ISBN 978-7-5672-4790-1

Ⅰ．①声… Ⅱ．①钱… ②王… Ⅲ．①声学-教材
Ⅳ．①O42

中国国家版本馆 CIP 数据核字(2024)第 095729 号

内 容 简 介

本书作为声学学科的入门教材,在内容上尽可能地涵盖到声学领域基础知识的各方面.全书共 8 章,第 1 章介绍了声学的研究对象、内容和意义,并简要回顾声学学科的发展史;第 2—3 章讨论了一些最经典的振动现象和用于振动分析的电-力-声类比分析法;第 4—8 章系统地介绍了声学领域中的基础理论,包括声波的辐射、反射、透射等诸多方面.为便于读者理解,针对重要的振动现象和声传播特性,书中均给出了详细的讲解附图,同时在部分章节中,还附上了相应的 MATLAB 代码,便于读者进一步钻研探索.

本书可作为高等院校声学及相关专业的本科生教材,也可供对声学或振动领域感兴趣的研究人员和工程技术人员阅读参考.

书　　名：声学理论简明教程(MATLAB 版)
　　　　　SHENGXUE LILUN JIANMING JIAOCHENG (MATLAB BAN)
编　　著：钱　枫　王新龙
责任编辑：周建兰
装帧设计：吴　钰

出版发行：苏州大学出版社(Soochow University Press)
社　　址：苏州市十梓街 1 号　邮编：215006
印　　装：广东虎彩云印刷有限公司
网　　址：www.sudapress.com
邮　　箱：sdcbs@suda.edu.cn
邮购热线：0512-67480030
销售热线：0512-67481020

开　　本：787 mm×1 092 mm　1/16　印张：13　字数：303 千
版　　次：2024 年 5 月第 1 版
印　　次：2024 年 5 月第 1 次印刷
书　　号：ISBN 978-7-5672-4790-1
定　　价：42.00 元

凡购本社图书发现印装错误,请与本社联系调换。服务热线：0512-67481020

前言

Preface

  20 世纪，由于电子学的发展，使用电声换能器和电子仪器设备可以产生、接收和利用各种频率、波形、强度的声波，大大拓展了声学研究的范围.近代声学中最初发展的分支就是建筑声学和电声学，以及相应的电声测量技术和工程实践方法；之后，随着测量频率范围的扩展，又相应地发展出了超声学和次声学；后续针对生物，尤其是人的听觉和感受，逐渐发展了生理声学和心理声学；另外，随着海洋领域研究的迫切需求，水声学得到了长足的发展；20世纪 50 年代以来，由于工业、交通等领域的巨大发展，出现了噪声环境污染问题，这在很大程度上促进了噪声控制理论的发展，而其中随着高速大功率机械的广泛应用，传统的线性声学理论已难以满足分析需求，人们又进一步拓展了非线性声学领域.今天，可以说现代的声学学科已经超越了传统物理学的经典范畴.根据声学与不同学科的交叉，声学可分为若干个不同的分支，如水声学和海洋声学（与海洋科学的交叉）、生物医学超声学（与医学的交叉）、超声电子学（与电子学的交叉）、超声检测和成像技术（与材料科学的交叉）、通信声学和心理声学（与生命科学、通信的交叉）、生物声学（与生物科学的交叉）、环境声学（与环境科学的交叉）、地球声学和能源勘探（与地球科学的交叉）、语言声学（与语言学、生命科学的交叉）等.

  本书是为地方性应用型本科院校的本科生开设"声学基础"课程而编写的，涵盖了声学领域的绝大部分基础理论知识.考虑到本书适用读者的数理基础水平，同时也为了方便读者阅读，书中的大部分理论结果都尽量提供了数学推导步骤，同时部分章节还提供了 MAT-LAB 代码，便于读者理解.本书主要内容叙述如下：第 1 章从历史发展角度介绍了声学学科的由来，以及声学的研究内容和意义；第 2 章系统地引入了质点振动理论，并介绍了若干振动理论在实际工业领域中的应用；第 3 章介绍了振动分析中常用的电-力-声类比法；第 4 章讨论了弹性体振动学，重点分析了弦、棒、膜等经典振动模型；第 5、6 章讲述了理想流体环境中的声波的基本性质，介绍了波动方程、声场的基本性质、平面界面上声波的反射和透射及声场中的能量关系；第 7 章分析了管内环境中的声波的传播特性；第 8 章则讲述了无限空间中声波的辐射，介绍了点状、柱状和球状声源等组合声源的辐射，平面界面附近的声辐射及声波与声源的相互作用.

  本书的出版得到常熟市政府与常熟理工学院校地合作课程建设项目的资助.

目录
Contents

第1章 绪 论

波(wave)是一种常见的物理现象,常见的波动现象可表现为电磁波(electromagnetic waves)、机械波(mechanical waves)等形式.一般而言,电磁波可直接在真空中传播;而机械波,又称弹性波,则必须借助某种传播介质才能将能量有效地传递出去.例如,声波(sound wave or acoustic wave),作为一种典型的机械弹性波,一般需要在水、空气等弹性物理介质中才能传播,而不能在真空中传播.从物理角度来看,声学现象实质上就是介质质点所产生的一系列力学振动的传递过程,而声波的产生通常来自物理介质的振动.

1.1 声音的历史

声音的起源可追溯到宇宙大爆炸发生之后不久,早在人类诞生之前,地球上就已经有大量的声音存在.生物在漫长的演化过程中,声音深刻地影响了原始生物的形态、习性和命运.早期原始生命诞生于海洋中,而海洋中充满了各种各样的声音,作为一种弹性波,声音能轻松地通过海洋生物的身体.鱼类依靠遍布于身体表面的名为神经丘的结构来感知声音,从而获得附近声源强度和方向等信息.鱼类的这种神经丘结构大约在 5 亿年前就已演化形成.随着时间推进到约 4 亿年前,当两栖类动物在陆地上定居后,为了探测经由空气传导的声音信号,其逐渐进化出了鼓膜和耳蜗,而这两种结构也被后续的爬行类和哺乳类动物继承了下来.目前主流的学术观点认为,早期生物族群之间的交流可能是听觉进化的主要推动力,因为声音具有一些远超视觉信号的优势.尽管一些生物拥有发光或改变外观颜色的能力,且光波理论上不需要传播介质即可传播,但实际环境中光信号的传播条件很多时候要比声信号苛刻.例如,在海底或森林中,声波的有效传输距离要比光波远得多.

如今,声音在我们的生活中扮演着多种角色.许多人类发明也都致力于创造、修改、传播和存储声音.声学是原始人类最早研究的科学领域之一.相传公元前 500 年左右,毕达哥拉斯(Pythagoras)在研究单弦乐器时,发现了谐音现象,即当两根弦中的一根长度为另一根长度的一半时,其经人拨动后发出的声音可以和谐地融合在一起,后来人们把这样两个音之间的"距离"称为一个八度.根据心理声学理论,八度音程在所有音程中是最和谐的,而且如果两根弦的长度比是其他简单的数字比例,那么其所产生的双音同样是和谐的.后续我们将了解到音高不仅与弦的长度有关,还取决于弦的张力、直径和密度等,这一部分内容将在第 3 章中详细阐述.

热衷演讲、辩论的古希腊人对建筑声学颇有研究,其中最具代表性的作品是建于公元前

4 世纪的埃皮达鲁斯剧院.在该剧院的近 1 400 个座位中任一位置上,听众都能清晰地听到舞台上演员的声音,考虑到这些座位足足有 55 排之多(舞台中心到最后一排的距离约为 60 m),古代建筑能够拥有如此优秀的收音能力真是令人惊叹.而根据现代声学理论,该剧院的声学秘密其实就蕴藏在这些石灰石座椅之中,其波纹状的表面和座椅之间的空间都有助于吸收低频声音(低于 500 Hz),并反射高频的声音,这样可降低观众窃窃私语的杂音,使得演出效果更好.

1.2　声学学科的发展史

若从物理学范畴来看,声学(acoustics)是经典物理学里面历史最悠久,且当前仍处于前沿地位的物理学分支学科之一.该领域主要研究的是声波的产生及传播过程中的反射、透射、折射、干涉和叠加等物理现象及其效应.若从研究性质的角度来看,声学可分为物理声学、非线性声学、固体声学、电声学、水声学等门类.

1877 年,英国的瑞利(Rayleigh)爵士出版了巨著《声学原理》,该书总结了 19 世纪之前大量的声学研究成果,可谓集经典声学之大成,并由此开创了近代声学的先河,是目前公认的近代声学研究的起点.20 世纪,由于电子学领域的发展,使用电声换能器等仪器设备,可产生、接收和利用各种频率、波形、强度的声波,从而大大拓展了声学的研究对象和范围.

近现代声学中最初发展的分支是建筑声学.前面我们介绍了古希腊建造的埃皮达鲁斯剧院,美中不足的是,该剧院没有天花板,是一露天建筑,表演者的声音因而无法完全容纳于剧院空间中,且容易受到周边环境传入的噪声的干扰.而室内公共空间环境在解决上述问题的同时又引入了新问题,即回声和混响.

回声产生的前提条件是两次声音被人耳捕获的时间差在 1/20 s 以上.如果不满足该条件,人耳会把两个声音当作一个更大的声音来处理.听觉中的 1/20 s 相当于视觉中的 1/5 s,人眼需要间隔 1/5 s 才能将一个变化的东西看作两个独立的图像,这种现象被称为"视觉暂留效应"(当一系列静态图片快速切换时,我们就会觉得画面动起来了,这就是动画片的原理).由于空气中的声音在 1/20 s 内的传播距离约为 17 m,因此从理论上来说,任何比该距离更大的房间都可能产生回声.幸运的是,回声可以通过包有柔软织物的物体来减轻.

1895 年,美国哈佛大学福格艺术博物馆落成,但是人们发现博物馆的礼堂音质模糊不清.当时哈佛大学物理系最年轻的助理教授赛宾(Sabine)被请来解决该问题.当时赛宾依靠耳朵作为接收器,同时将大量的坐垫作为吸声材料,他运用一个停表作为计时器,研究吸声量与混响时间的关系.赛宾于 1900 年发表了著名论文 Reverberation,文中提出了混响时间这一概念,并得出了混响时间的具体计算公式,即赛宾公式(Sabine's Formula),由此开启了近代建筑声学领域科学研究的大门.混响时间至今仍是厅堂音质评价首选的物理指标.对于平均吸声系数大于 0.25(4 kHz 下大于 0.2)的应用场景,赛宾公式通常会得出过高的混响时间,因此后人在其基础之上做了进一步研究,对赛宾公式加以修正,得出了目前工程界普遍应用的伊林公式(Eyring's Formula).

除上述的建筑声学领域外,声学理论还广泛应用于工业、农业、医疗、环保等现代社会的各个方面,它与现代科学技术的大部分学科都有交叉,形成了若干丰富多彩的分支研究领域.19 世纪中叶,第一个电声设备的发明引发了人类理解和控制声音的革命.麦克风、电话和扬声器相继出现,极大地激发了人们对该领域的研究热情.随后,电声学及电声测量领域获得了极为迅速的发展,至今仍是声学界最热门的领域之一.同时,随着测试技术和手段的不断完善,被研究的声信号的频率范围不断被拓展,从而衍生出了超声学和次声学这两个声学分支.第二次世界大战中,水下作战探测的需要促进了水声学的发展,而战后对于通信广播的研究,又推动了心理声学、语言声学等领域的发展.

近年来,声学研究与新型人工材料、医学、通信、电子及海洋等学科紧密结合,取得了飞速的发展,并逐渐形成了完整的现代声学体系.声学在现代科学技术中已经具有举足轻重的地位,对社会经济的发展、国防事业的现代化及人民群众物质文化生活的改善与提高,均发挥着不可替代的作用.可以说,现代声学是科学、技术、艺术等多方面的基础.根据不同的研究对象和使用的频率范围,现代声学领域又可细分为建筑声学、气动声学、环境声学、海洋声学、医学超声学、心理声学等若干分支.

1.3　声音的种类

声音通常是由物体的往复运动发出的,比如扬声器膜片的不断跳动或吉他弦的来回振动.正是这些往复运动向周围介质的传播构成了声音,而这部分不断在介质中传播的波动能量就是声波.声波作为一种常见的机械波波动现象,与光波类似,可根据不同的标准,细分成多种不同类型.

根据人耳听到与否,声音可分为可听声与非可听声.听觉是动物世界中最重要的生存手段之一,声音也是人类最早研究的物理现象之一,而语言更是人类最重要的交际工具和文化最鲜明的标志之一.今天,人们一般认为研究的声波频率范围在 10^{-4} Hz 到 10^{13} Hz 之间,其跨越了 17 个数量级.通常,人类通过耳朵来捕获外界的声音信息,但并不是所有频率的声音都能被人耳察觉到.人耳的可听声,又称音频声,其频率范围约为 20 Hz~20 kHz.人们对于声音的频率有着非常好的辨别能力:大多数人能察觉到大约 1/4 半音的差异,在某些特殊情况下,甚至有人能分辨出大约 1/12 半音的差别.不过,受限于外形构造,人耳对声音方向性的判断能力则较为一般.通常情况下,人耳只能确定水平方向 10°左右、垂直方向 20°左右的声源的方向.在这方面,许多动物都远超人类.

一般而言,人们将低于 20 Hz 的声波称为次声,而将高于 20 kHz 的声波称为超声(当频率在 1 000 MHz 以上时,也称为特超声或微波超声).次声和超声对于人耳而言均属于非可听声.相比人类,自然界的许多动物都拥有更宽广的可听声频宽.例如,草原上的大象能够利用次声,感知到数千米以外的同类的存在;蝙蝠作为使用回声定位的高手,其觅食过程中也时刻需要利用超声波来判定目标空间位置;军事上使用的雷达设备正是基于这一声学原理而发明的.

能够听到声音并不是一件很特别的事情,即使是单细胞生物也同样具备能力去感知周围环境中的振动.但是,值得一提的是,人耳捕获微小扰动的能力很强,功率 10~15 W 的声

音导致鼓膜的振动幅度比氢原子的直径还小,但即便是如此微弱的振动幅度,我们也能够轻松听到.当然,人耳能够听到的声音强度范围也同样令人惊讶.人类可以听到的声音中,最安静的声音和疼痛阈值之间大约存在 130dB 的差距,即跨越了 13 个数量级.严格来说,分贝(decibel)本身并不算单位,其本质是比值,用来描述一种事物相比另一种事物强大多少.声学中常常使用分贝来量化声音的响度.例如,能量为 P_0 和 P_1 的两个声音之间的强度之差以分贝计的话,可表示为 $10\lg\left(\dfrac{P_1}{P_0}\right)$. 当使用分贝来描述一个设备的声音时,重要的是要明确用来比较的基准.对于空气中的声音,我们将其与某种刚好能被听到的声音进行比较.所以,0dB 的声音是你能听到的最小的声音的 1 倍大,即和你的耳朵刚好能察觉到的声音一样大.

若根据介质中质点振动方向与声波传播方向的关系,声波又可分为纵向声波与横向声波.纵向声波意味着质点振动方向与声波传播方向一致,横向声波则代表质点振动方向与声波传播方向相互垂直.

通常而言,当声波在固体介质中传播时,由于同时存在体积的弹性回复力和切向回复力,因此固体内部可同时存在纵向声波和横向声波,同时,固体表面还可传导声表面波.而当声波在空气、水等流体中传播时,由于只有体积的弹性回复力,而没有切向回复力,故而流体中一般只存在纵向声波.由于传统声音主要在空气等流体介质中传播,为简便起见,本书后续内容中通常仅以流体介质中的纵向声波作为分析对象.关于横向声波和声表面波的详细阐述,读者可参阅参考文献中列出的其他专业书籍,本书则不再赘述.

第 2 章　质点振动系统

众所周知,声音是由于物体的振动而产生的.在对现实世界中纷繁复杂的声振动现象进行阐述之前,我们先来分析一个最简单的振动模型系统,即质点振动系统.

2.1　质点振动系统的概念

在介绍质点振动系统之前,我们先引入几个术语:

- 位移(displacement):质点当前位置与原平衡位置之间的距离,通常记为 ξ,读作克西.
- 复位移(complex displacement):复数意义上的位移,常记为 $\tilde{\xi}$.
- 质点(particle):抽象意义上的无穷小体积的介质,即具有质量 M_m,但体积 $V \to 0$.
- 理想弹簧(ideal spring):无质量,有弹性,用于提供弹性回复力,使质点回到平衡位置.

大多数情况下,我们都可把现实振动系统抽象建模为对应的弹簧模型来分析.弹簧模型中最重要的两个参数,即弹性系数(elastic coefficient)和力顺(mechanical compliance),分别可记为 K_m 和 C_m,两者互为倒数,即 $K_m = \dfrac{1}{C_m}$.

通常认为,弹簧的弹性回复力 F 与伸长量 ξ 服从线性比例关系,此即胡克定律,可表示为

$$F = -K_m \xi \tag{2-1-1}$$

质点振动系统中,构成整个振动系统的质量块与弹簧,在绝大多数情况下可认为其运动状态是均匀的,即各模块视为做整体性运动,这类振动系统可归类为集总参数系统(lumped-parameter system).实际振动物体总是有一定的几何大小,且严格意义上,物体的各部分振动状态是不可能完全相同的,所以质点振动系统可看作真实物理系统的近似模型,即为现实世界的理想化抽象.以此为前提,在进行运动状态的分析时,相应的数学处理可大为简化,而对应的振动结果或图像也更为清晰、直观.

在此需要强调的是,一种振动物体能否做理想化抽象,并不取决于其绝对几何尺寸,而要视其线度与物体中传播的声波的波长的相对比值而定.大多数情况下,若几何尺寸远小于相应的声波的波长,即可抽象为一质点振动系统.

2.2 质点的自由振动

本节分析由单个理想弹簧和单质点所构成的振动模型.若忽略质点在振动过程中所受的摩擦力或其他阻力,在这一前提下,质点将在理想弹簧作用下做自由往复振动.

2.2.1 质点自由振动方程

理想弹簧-质点振动模型如图 2-2-1 所示.

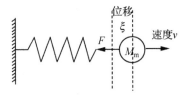

图 2-2-1　理想弹簧-质点振动模型

利用胡克定律和牛顿力学可知,该理论模型对应的振动方程为

$$M_m \xi'' = -K_m \xi \tag{2-2-1}$$

两边除以 M_m,并将等式右项移至左侧后可得

$$\xi'' + \omega_0^2 \xi = 0 \tag{2-2-2}$$

其中,$\omega_0^2 = \dfrac{K_m}{M_m} = 2\pi f_0$,此处引入的 ω_0 称为振动圆频率,也称角频率,其仅与弹簧的弹性系数和质点质量有关.式(2-2-2)就是质点自由振动方程.

2.2.2 质点自由振动方程的实数解

通过观察可发现,上述的质点自由振动方程是一齐次二阶微分方程.数学物理方法告诉我们,该类方程的一般解可看作两个简谐函数的线性叠加,即可表示为

$$\xi = a\cos\omega_0 t + b\sin\omega_0 t \tag{2-2-3}$$

式中,a 和 b 是待定常数,由初始条件来决定;$\omega_0 = 2\pi f_0$ 是固有角频率,由系统参数决定;$f_0 = \dfrac{1}{T}$,T 是振动周期.式(2-2-3)还可表示为

$$\xi = \xi_a \cos(\omega_0 t - \phi_0) \tag{2-2-4}$$

式中,ξ_a 是位移振幅,ϕ_0 是初始相位.式(2-2-3)和式(2-2-4)中的待定常数之间的关系为

$$\begin{cases} a = \xi_a \cos\phi_0, \\ b = \xi_a \sin\phi_0, \end{cases} \begin{cases} \xi_a = \sqrt{a^2 + b^2} \\ \phi_0 = \arctan\left(\dfrac{b}{a}\right) \end{cases} \tag{2-2-5}$$

根据速度与位移的关系容易推知,质点自由振动方程对应的速度解可表示为

$$v = \frac{\mathrm{d}\xi}{\mathrm{d}t} = -a\omega_0 \sin\omega_0 t + b\omega_0 \cos\omega_0 t$$

$$= -v_a \sin(\omega_0 t - \phi_0) \tag{2-2-6}$$

式中, $v_a = \omega_0 \xi_a$ 是速度振幅.

若要求方程的定解, 需要将初始条件代入通解. 振动系统的初始条件通常分别是初始位移 $\xi|_{t=0} = \xi_0$ 和初始速度 $v|_{t=0} = v_0$, 将初始条件代入式(2-2-3)、式(2-2-4)和式(2-2-6), 经化简可得待定系数分别为

$$\begin{cases} a = \xi_0, \\ b = \dfrac{v_0}{\omega_0} \end{cases} \begin{cases} \xi_a = \sqrt{\xi_0{}^2 + \dfrac{v_0{}^2}{\omega_0{}^2}} \\ \phi_0 = \arctan\left(\dfrac{v_0}{\omega_0 \xi_0}\right) \end{cases} \tag{2-2-7}$$

2.2.3　自由振动解的复数表示

根据式(2-2-4), 可推知以下结果:

$$\begin{cases} \xi = \xi_a \cos(\omega_0 t - \phi_0) \\ v = -\omega_0 \xi_a \sin(\omega_0 t - \phi_0) \end{cases} \tag{2-2-8}$$

若令复数 $\tilde{A} \equiv \xi_a e^{-j\phi_0}$, 则式(2-2-8)的实数解可以表述为复数解形式:

$$\begin{cases} \xi = \mathrm{Re}[\xi_a e^{j(\omega_0 t - \phi_0)}] = \mathrm{Re}[\tilde{A} e^{j\omega_0 t}] = \mathrm{Re}[\tilde{\xi}] \\ v = \mathrm{Re}\left[\dfrac{\mathrm{d}}{\mathrm{d}t}(\tilde{A} e^{j\omega_0 t})\right] = \mathrm{Re}[j\omega_0 \tilde{\xi}] = \mathrm{Re}[\tilde{v}] \end{cases} \tag{2-2-9}$$

式中, $\tilde{\xi}$ 和 $\tilde{v}$ 即为复位移和复速度, 其定义分别为

$$\begin{cases} \tilde{\xi} = \tilde{A} e^{j\omega_0 t} \\ \tilde{v} = \dfrac{\mathrm{d}\tilde{\xi}}{\mathrm{d}t} = j\omega_0 \tilde{\xi} \end{cases} \tag{2-2-10}$$

式中引入的复数 $\tilde{A}$ 即为复位移振幅 $\tilde{\xi}_a$. 又因为 $\tilde{v} = j\omega_0 \tilde{\xi} = j\omega_0 \tilde{A} e^{j\omega_0 t} = \tilde{v}_a e^{j\omega_0 t}$, 故而可定义复速度振幅为 $\tilde{v}_a = j\omega_0 \tilde{A} = v_a e^{j(\frac{\pi}{2} - \phi_0)}$. 结合上述结论, 可推知位移和速度的复振幅与实振幅的关系为

$$\begin{cases} \xi_a = |\tilde{A}| = |\tilde{\xi}_a| = |\tilde{\xi}| \\ v_a = |\tilde{v}_a| = |\tilde{v}| = |j\omega_0 \tilde{\xi}| \end{cases} \tag{2-2-11}$$

当讨论、分析振动现象时, 通常都会涉及简谐函数. 根据傅里叶级数理论, 很多复杂物理量都可以看成许多项简谐函数的线性叠加. 而当需要对简谐物理量进行微积分运算时, 采用复数形式来表示物理量的做法, 看似把问题复杂化了, 但其实相比原先我们熟悉的实数形式而言, 复数形式的微积分计算要来得更为便捷, 因此有必要先讨论一下简谐物理量的复数运算法则.

2.2.4　简谐物理量的复数运算

设 x、y、z 为实数量, 则其与对应的复数量 X、Y、Z 的关系为

$$x = \mathrm{Re}[X], \quad y = \mathrm{Re}[Y], \quad z = \mathrm{Re}[Z] \tag{2-2-12}$$

设 a 和 b 是实数, 若实数 $z = ax + by$, 则对应的复数量为

$$Z = aX + bY \tag{2-2-13}$$

若实数 $z=xy$，则对应的复数量为

$$Z=\frac{1}{2}(XY+X^*Y) \qquad (2\text{-}2\text{-}14)$$

证明：因为 $z=xy=\mathrm{Re}[X]\mathrm{Re}[Y]$，同时对于复数 X，有 $\mathrm{Re}[X]=\dfrac{X+X^*}{2}$，同理

$\mathrm{Re}[Y]=\dfrac{Y+Y^*}{2}$. 所以

$$\begin{aligned}
z&=\frac{X+X^*}{2}\cdot\frac{Y+Y^*}{2}=\frac{1}{4}(XY+XY^*+X^*Y+X^*Y^*)\\
&=\frac{1}{4}[(XY+X^*Y^*)+(X^*Y+XY^*)]
\end{aligned}$$

又 $\mathrm{Re}[XY]=\dfrac{XY+(XY)^*}{2}=\dfrac{XY+X^*Y^*}{2}$，$\mathrm{Re}[X^*Y]=\dfrac{X^*Y+(X^*Y)^*}{2}=\dfrac{X^*Y+XY^*}{2}$

因此 $\quad z=\dfrac{1}{4}(2\mathrm{Re}[XY]+2\mathrm{Re}[X^*Y])=\dfrac{1}{2}\mathrm{Re}[XY+X^*Y]=\mathrm{Re}\left[\dfrac{XY+X^*Y}{2}\right]$

又 $z=\mathrm{Re}[Z]$，故 $Z=\dfrac{1}{2}(XY+X^*Y)$，得证.

其实，还可进一步推知，$Z=\dfrac{X+X^*}{2}Y=\mathrm{Re}[X]Y$，该结论后续还会常用. 同理，还可推

知 $Z=\mathrm{Re}[X]Y^*=X\mathrm{Re}[Y]=X^*\mathrm{Re}[Y]$，这些推论可由读者自行推导完成.

设物理量 $x(t)$ 和 $y(t)$ 都是时间 t 的简谐函数，频率为 ω，其与对应的复数量 $X(t)$ 和
$Y(t)$ 的关系如下：

$$\begin{cases}
x(t)=x_a\cos(\omega t+\varphi_x)=\mathrm{Re}[X(t)],X(t)=X_a\mathrm{e}^{\mathrm{j}\omega t},X_a=x_a\mathrm{e}^{\mathrm{j}\varphi_x}\\
y(t)=y_a\cos(\omega t+\varphi_y)=\mathrm{Re}[Y(t)],Y(t)=Y_a\mathrm{e}^{\mathrm{j}\omega t},Y_a=y_a\mathrm{e}^{\mathrm{j}\varphi_y}
\end{cases} \qquad (2\text{-}2\text{-}15)$$

式中，x_a 和 y_a 是实振幅，而 X_a 和 Y_a 是对应的复振幅. 复振幅与实振幅、相位的关系为

$$\begin{cases}
x_a=|X|=|X_a|,\varphi_x=\arg(X_a)\\
y_a=|Y|=|Y_a|,\varphi_y=\arg(Y_a)
\end{cases} \qquad (2\text{-}2\text{-}16)$$

在此，同时给出复数量的导数与积分的运算关系式：

$$\frac{\mathrm{d}X}{\mathrm{d}t}=\mathrm{j}\omega X,\int X\mathrm{d}t=\frac{X}{\mathrm{j}\omega} \qquad (2\text{-}2\text{-}17)$$

由式（2-2-17）可见，相比实数量，复数量的微积分运算表述更为简便. 另外，Re 符号与
微分、积分符号在计算或化简时处于同一优先级，且可互换次序，不影响最终结果成立，即有

$$\begin{cases}
\displaystyle\int\mathrm{Re}[X(t)]\mathrm{d}t=\mathrm{Re}\left[\int X(t)\mathrm{d}t\right]\\
\displaystyle\frac{\mathrm{d}}{\mathrm{d}t}\mathrm{Re}[X(t)]=\mathrm{Re}\left[\frac{\mathrm{d}}{\mathrm{d}t}X(t)\right]
\end{cases} \qquad (2\text{-}2\text{-}18)$$

2.2.5　自由振动的能量

根据牛顿运动定律，质点在振动时，任一时刻振动系统所具有的总能量等于质点的动能
与势能之和. 首先，根据式（2-2-6），可得动能（kinetic energy）定义式为

$$E_k=\frac{1}{2}M_m v^2=\frac{1}{2}M_m v_a^2\sin^2(\omega_0 t-\phi_0) \qquad (2\text{-}2\text{-}19)$$

利用三角函数关系式 $2\sin^2\theta = 1-\cos2\theta$, 加上之前固有频率的表达式 $\omega_0^{\,2} = \dfrac{K_m}{M_m}$, 可得

$$E_k = \frac{1}{4}M_m v_a^{\,2}\left[1-\cos2(\omega_0 t-\phi_0)\right] = \frac{1}{4}M_m(\omega_0\xi_a)^2\left[1-\cos2(\omega_0 t-\phi_0)\right]$$

$$= \frac{1}{4}K_m\xi_a^{\,2}\left[1-\cos2(\omega_0 t-\phi_0)\right] \tag{2-2-20}$$

同理, 势能(potential energy)的定义式为

$$E_p = \int_0^\xi (-F)\,\mathrm{d}\xi = \frac{1}{2}K_m\xi^2 = \frac{1}{2}K_m\xi_a^{\,2}\cos^2(\omega_0 t-\phi_0) \tag{2-2-21}$$

利用三角函数关系式 $2\cos^2\theta = 1+\cos2\theta$, 可得

$$E_p = \frac{1}{4}K_m\xi_a^{\,2}\left[1+\cos2(\omega_0 t-\phi_0)\right] \tag{2-2-22}$$

根据式(2-2-20)和式(2-2-22), 可得质点振动的总能量为

$$E = E_k + E_p = \frac{1}{2}M_m v^2 + \frac{1}{2}K_m\xi^2$$

$$= \frac{1}{4}K_m\xi_a^{\,2}\left[1-\cos2(\omega_0 t-\phi_0)\right] + \frac{1}{4}K_m\xi_a^{\,2}\left[1+\cos2(\omega_0 t-\phi_0)\right]$$

$$= \frac{1}{2}K_m\xi_a^{\,2} \tag{2-2-23}$$

下面给出动能、势能和总能量的复数表述形式, 如下所示:

$$\begin{cases} E_k = \dfrac{1}{4}K_m\left[\,|\tilde{\xi}|^2 - \mathrm{Re}(\tilde{\xi}^2)\,\right] \\[2mm] E_p = \dfrac{1}{4}K_m\left[\,|\tilde{\xi}|^2 + \mathrm{Re}(\tilde{\xi}^2)\,\right] \\[2mm] E = \dfrac{1}{2}K_m\,|\tilde{\xi}|^2 = \dfrac{1}{2}M_m\,|\tilde{v}|^2 \end{cases} \tag{2-2-24}$$

证明: 令任一实数为 x, 其复数为 X, 即有 $x = \mathrm{Re}[X]$, 又令 $z = x \cdot x = (\mathrm{Re}[X])^2$, 利用式(2-2-14), 可推知对应的复数 $Z = \dfrac{XX + X^*X}{2} = \dfrac{XX + |X|^2}{2}$, 同时又有 $z = \mathrm{Re}[Z]$, 故而可推得结论 $[\mathrm{Re}(X)]^2 = \dfrac{1}{2}\left[\mathrm{Re}(X^2) + |X|^2\right]$.

因为 $E_k = \dfrac{1}{2}M_m v^2 = \dfrac{1}{2}M_m[\mathrm{Re}(\tilde{v})]^2 = \dfrac{1}{4}M_m\left[\,|\tilde{v}|^2 + \mathrm{Re}(\tilde{v}^2)\,\right]$, 又 $\tilde{v} = \mathrm{j}\omega_0\tilde{\xi}$, $\omega_0^{\,2} = \dfrac{K_m}{M_m}$, 故

$$E_k = \frac{1}{4}M_m\left[\omega_0^{\,2}\,|\tilde{\xi}|^2 - \omega_0^{\,2}\,\mathrm{Re}(\tilde{\xi}^2)\right] = \frac{1}{4}K_m\left[\,|\tilde{\xi}|^2 - \mathrm{Re}(\tilde{\xi}^2)\,\right]$$

同理, 可推知

$$E_p = \frac{1}{2}K_m\xi^2 = \frac{1}{2}K_m[\mathrm{Re}(\tilde{\xi})]^2 = \frac{1}{4}K_m\left[\,|\tilde{\xi}|^2 + \mathrm{Re}(\tilde{\xi}^2)\,\right]$$

$$E = E_k + E_p = \frac{1}{2}K_m\,|\tilde{\xi}|^2 = \frac{1}{2}M_m\,|\tilde{v}|^2 \quad \left(\tilde{v} = \mathrm{j}\omega_0\tilde{\xi},\ \omega_0^{\,2} = \frac{K_m}{M_m}\right)$$

得证.

2.2.6 复合弹簧振动系统

之前讨论的是理想单弹簧振动系统,但实际环境中可能涉及多组弹簧.例如,消声室为了减少低频噪声,房间底部会加入多个弹簧结构来试图隔绝外部振动.为简化分析起见,同时不失一般性,下面讨论系统中包含两根理想弹簧的情形,多弹簧系统可在双弹簧基础上经由进一步串并联来近似模拟.

1. 双弹簧串联

如图 2-2-2 所示为双弹簧串联的情形.

图 2-2-2 双弹簧串联

根据示意图和力的平衡关系,可推知以下关系式:

$$\begin{cases} \xi = \xi_1 + \xi_2 \\ K_{1m}\xi_1 = K_{2m}\xi_2 \end{cases} \rightarrow \begin{cases} \xi_1 = \dfrac{K_{2m}}{K_{1m}+K_{2m}}\xi \\ \xi_2 = \dfrac{K_{1m}}{K_{1m}+K_{2m}}\xi \end{cases} \tag{2-2-25}$$

$$-F = K_{1m}\xi_1 = K_{2m}\xi_2 = \frac{K_{1m}K_{2m}}{K_{1m}+K_{2m}}\xi = K_m\xi \tag{2-2-26}$$

可推知双弹簧串联模型的等效弹性系数、力顺分别为

$$K_m = \frac{K_{1m}K_{2m}}{K_{1m}+K_{2m}}, \quad C_m = C_{1m}+C_{2m} \tag{2-2-27}$$

2. 双弹簧并联

如图 2-2-3 所示为双弹簧并联的情形.

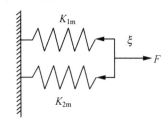

图 2-2-3 双弹簧并联

根据模型图,可知位移关系式为

$$\xi = \xi_1 = \xi_2 \tag{2-2-28}$$

根据受力分析,可得以下关系式:

$$-F = K_m\xi = K_{1m}\xi_1 + K_{2m}\xi_2 = (K_{1m}+K_{2m})\xi \tag{2-2-29}$$

可推知双弹簧并联模型的等效弹性系数、力顺分别为

$$K_m = K_{1m}+K_{2m}, \quad C_m = \frac{C_{1m}C_{2m}}{C_{1m}+C_{2m}} \tag{2-2-30}$$

2.2.7　非理想弹簧的振动

理想弹簧被设定为有弹性、无质量,但实际生活中的弹簧自身都是有质量的,假若其自身质量无法被忽略的话,则可将其抽象为有质量的非理想弹簧.设弹簧有质量 M_s 且沿静态长度 l 均分,弹簧均匀地伸缩,如图 2-2-4 所示.

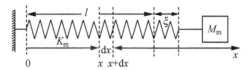

图 2-2-4　有质量的非理想弹簧-质点振动系统

设质点位移即弹簧拉伸 ξ,则质点振动速度为 $v=\xi'$,可知 x 处弹簧的速度 $u=\left(\dfrac{x}{l}\right)v$,同时令弹簧的线密度为 $\delta=\dfrac{M_s}{l}$,则有质量的非理想弹簧的自身动能为 E_{ks},其表达式为

$$E_{ks}=\int_0^l \frac{1}{2}u^2\delta\mathrm{d}x=\int_0^l \frac{1}{2}\left(\frac{x}{l}v\right)^2\frac{M_s}{l}\mathrm{d}x=\frac{1}{6}M_s v^2 \qquad (2\text{-}2\text{-}31)$$

结合之前理想弹簧的结论,可知非理想弹簧的总能量为

$$E_{总}=E_k+E_p+E_{ks}=\frac{1}{2}M_m v^2+\frac{1}{2}K_m\xi^2+\frac{1}{6}M_s v^2$$

$$=\frac{1}{2}{M_m}'v^2+\frac{1}{2}K_m\xi^2 \qquad (2\text{-}2\text{-}32)$$

式中,${M_m}'$ 是计入弹簧质量后的等效质点总质量,可表示为

$$ {M_m}'=M_m+\frac{1}{3}M_s \qquad (2\text{-}2\text{-}33)$$

从上述分析可知,由于此刻弹簧的非理想性,其表现为有一额外质量被等效计入了原质点,即等效为原质点"变重了".相比理想弹簧时的自由振动,此时非理想弹簧振动系统的固有振动频率,从数值上来看变得更小了,即 $\omega_0=\sqrt{\dfrac{K_m}{{M_m}'}}<\sqrt{\dfrac{K_m}{M_m}}$,换句话说,就是由于计入了非理想弹簧的自身质量,此刻的质点往复振动变得"慢了".

2.3　质点的衰减振动

之前讨论的质点振动系统中均假设不存在摩擦等任何阻力,即这种自由振动一旦开始就将永久地持续下去,而实际的物理系统中始终存在着阻尼力的作用,即质点振动经过一段足够长的时间后总会归于停止状态.因此本节在分析模型中加入阻尼效应(damping effect),如图 2-3-1 所示,图中质点与地板之间存在摩擦力.

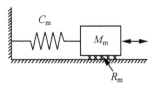

图 2-3-1　存在阻尼的质点振动系统

2.3.1　衰减振动方程

为简便起见，此处仅限于讨论小振幅振动．通常，小振幅振动中的阻力与速度成线性关系．因此可令线性阻尼力为

$$F_R = -R_m v = -R_m \xi' \tag{2-3-1}$$

式中，R_m 称为阻力系数，简称力阻．将线性阻尼力加入振动方程后可得

$$M_m \xi'' + R_m \xi' + K_m \xi = 0 \tag{2-3-2}$$

因为速度和位移满足关系式 $v = \xi'$，式(2-3-2)也可表示为

$$M_m v' + R_m v + K_m \int v \mathrm{d}t = 0 \tag{2-3-3}$$

式(2-3-2)两端除以 M_m，同时引入一新变量 $\delta = \dfrac{R_m}{2M_m}$，称为衰减系数（decaying coefficient），此时振动方程可写作

$$\xi'' + 2\delta\xi' + \omega_0^2 \xi = 0 \left(2\delta = \frac{R_m}{M_m}, \ \omega_0^2 = \frac{K_m}{M_m} \right) \tag{2-3-4}$$

式(2-3-4)和式(2-3-3)均是二阶齐次微分方程，对应的解为

$$\begin{cases} \xi = \mathrm{Re}[\tilde{\xi}], \ \tilde{\xi} = \tilde{A}\mathrm{e}^{\mathrm{j}(\omega_0' + \mathrm{j}\delta)t} \\ v = \mathrm{Re}[\tilde{v}], \ \tilde{v} = \mathrm{j}(\mathrm{j}\delta + \omega_0')\tilde{\xi} = \mathrm{j}\omega_0\mathrm{e}^{\mathrm{j}\varphi}\tilde{\xi} \end{cases} \xrightarrow{t \to \infty} 0 \begin{cases} \omega_0' = \sqrt{\omega_0^2 - \delta^2} \\ \varphi = \arctan\dfrac{\delta}{\omega_0} \end{cases} \tag{2-3-5}$$

式中，$\mathrm{j}\delta + \omega_0' = |\omega_0|\mathrm{e}^{\mathrm{j}\varphi}$．需要强调的是，阻尼振动存在的必要条件如下：

$$\omega_0' > 0 \to \omega_0 > \delta \tag{2-3-6}$$

借鉴电路中的品质因数的概念，质点振动系统的力学品质因数可定义为

$$Q_m \equiv \frac{\omega_0 M_m}{R_m} = \frac{\omega_0}{2\delta} > \frac{1}{2} \tag{2-3-7}$$

图 2-3-2 分别给出了过阻尼振动、阻尼振动、无阻尼自由振动三种情况下质点的振动图．

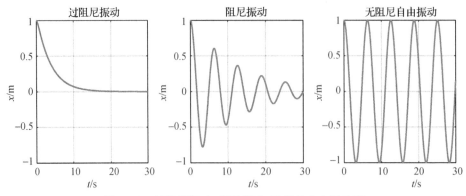

图 2-3-2　过阻尼振动、阻尼振动、无阻尼自由振动图

图 2-3-2 对应的 MATLAB 仿真代码如下：

```
% 清空变量区并关闭所有图窗
clear；close all；

% 设置各项参数
t＝0：0.01：30；
v0＝0；                          % 设置初始速度 v₀ 为 0
x0＝1；                          % 设置初始位移 x₀ 为 1

% 过阻尼振动 overdamping
Rm＝1；
delta＝2；
Mm＝Rm/(2＊delta)；              % delta＝Rm/(2＊Mm)；
omega_0＝1；
Km＝omega_0^2＊Mm；              % omega_0＝sqrt(Km/Mm)；
mu1＝－delta＋sqrt(delta^2－omega_0^2)；
mu2＝－delta－sqrt(delta^2－omega_0^2)；
c1＝(v0－mu2＊x0)/(mu1－mu2)；
c2＝(v0－mu1＊x0)/(mu2－mu1)；
x＝c1＊exp(mu1＊t)＋c2＊exp(mu2＊t)；
subplot(131)；plot(t,x,'LineWidth',1.5)；
axis([0 30 －1 1])；
xlabel('\it t\rm/s')；ylabel('\it x\rm/m')；title('过阻尼振动')；
grid on；

% 阻尼振动 damping
Rm＝0.1；
delta＝0.08；
Mm＝Rm/(2＊delta)；              % delta＝Rm/(2＊Mm)；
omega_0＝1；
Km＝omega_0^2＊Mm；              % omega_0＝sqrt(Km/Mm)；
mu1＝－delta＋sqrt(delta^2－omega_0^2)；
mu2＝－delta－sqrt(delta^2－omega_0^2)；
c1＝(v0－mu2＊x0)/(mu1－mu2)；
c2＝(v0－mu1＊x0)/(mu2－mu1)；
x＝c1＊exp(mu1＊t)＋c2＊exp(mu2＊t)；
subplot(132)；plot(t,x,'LineWidth',1.5)；
axis([0 30 －1 1])；
```

```
xlabel('\it t\rm/s');ylabel('\it x\rm/m');title('阻尼振动');
grid on;

% 无阻尼 no damping
Mm=1;
omega_0=1;
delta=0;
Km=omega_0^2*Mm;                    %omega_0=sqrt(Km/Mm);
mu1=-delta+sqrt(delta^2-omega_0^2);
mu2=-delta-sqrt(delta^2-omega_0^2);
c1=(v0-mu2*x0)/(mu1-mu2);
c2=(v0-mu1*x0)/(mu2-mu1);
x=c1*exp(mu1*t)+c2*exp(mu2*t);
subplot(133);plot(t,x,'LineWidth',1.5);
axis([0 30 -1 1]);
xlabel('\it t\rm/s');ylabel('x/m');title('无阻尼自由振动');
grid on;
```

2.3.2 衰减振动的能量

尽管现在考虑了阻尼效应,但质点振动系统在每一时刻的总能量仍等于动能与该位置上的势能的总和,利用式(2-2-24)推导中的结论 $[\mathrm{Re}(X)]^2=\dfrac{1}{2}[\mathrm{Re}(X^2)+|X|^2]$,总能量可表示为

$$E=\frac{1}{2}K_{\mathrm{m}}(\mathrm{Re}[\tilde{\xi}])^2+\frac{1}{2}M_{\mathrm{m}}(\mathrm{Re}[\tilde{v}])^2$$
$$=\frac{1}{4}(K_{\mathrm{m}}|\tilde{\xi}|^2+M_{\mathrm{m}}|\tilde{v}|^2)+\frac{1}{4}\mathrm{Re}(K_{\mathrm{m}}\tilde{\xi}^2+M_{\mathrm{m}}\tilde{v}^2) \quad (2\text{-}3\text{-}8)$$

因为 $\tilde{v}=\mathrm{j}(\mathrm{j}\delta+\omega_0')\tilde{\xi}=\mathrm{j}\omega_0\mathrm{e}^{\mathrm{j}\varphi}\tilde{\xi}$,则式(2-3-8)可表示为

$$E=\frac{1}{2}K_{\mathrm{m}}\big[|\tilde{\xi}|^2-\sin\varphi\,\mathrm{Im}(\tilde{\xi}^2\mathrm{e}^{\mathrm{j}\varphi})\big] \quad (2\text{-}3\text{-}9)$$

又因为 $\tilde{\xi}=\tilde{A}\mathrm{e}^{(-\delta+\mathrm{j}\omega_0')t}$, $\tilde{A}=|\tilde{A}|\mathrm{e}^{-\mathrm{j}\phi_0}$,代入式(2-3-9),可得

$$\frac{E}{\frac{1}{2}K_{\mathrm{m}}|\tilde{A}|^2}=\mathrm{e}^{-2\delta t}\big[1-\sin\varphi\sin(2\omega_0't+\varphi-2\phi_0)\big] \quad (2\text{-}3\text{-}10)$$

利用式(2-3-10)的结论,可得图 2-3-3,其中参数为 $\omega_0=2\pi,\phi_0=\dfrac{\pi}{3},\xi_{\mathrm{a}}=2,\delta=0.5$. 从图 2-3-3 中可以明显看出,由于阻尼的存在,系统总能量随着时间的变动逐渐变小,即振动能量被摩擦阻尼转为热能耗散掉了.

图 2-3-3 对应的 MATLAB 仿真代码如下：

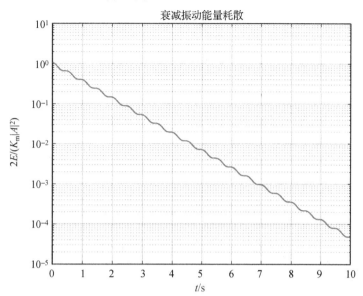

图 2-3-3　衰减振动的总能量图

```
% 清空变量区并关闭所有图窗
clear；close all；

% 设置各项参数
t＝0：0.01：10；
omega_0＝2＊pi；
phi_0＝pi/3；
delta_0＝0.5；

omega_0_prime＝sqrt(omega_0^2－delta_0^2)；
phi_var＝atan(delta_0/omega_0_prime)；
y＝exp（－2＊delta_0.＊t）.＊(1－sin(phi_var)＊sin(2＊omega_0_prime.＊t＋
      phi_var－2＊phi_0))；
semilogy(t,y,'Linewidth',1.5)；
xlabel('\it t\rm/s')；ylabel('\it 2E/(K_{\rmm}\it |A|^2)')；
title('衰减振动能量耗散')；
grid on；
```

2.4 质点的受迫振动

在前面章节中我们分析了质点的自由振动模型,不管是理想弹簧还是非理想弹簧,其整体的振动模型中仅有内部的弹簧回复力参与,并未涉及到外部作用力,然后我们进一步又分析了存在阻尼效应时的影响.从上述讨论可知,一振动系统受到阻尼效应的影响后,其初始振动状态会渐渐衰减,直至停止.若要使振动持续不停,需要不断地从外部获得额外驱动能量.

本节我们讨论存在外部持续作用力时,它将如何影响振动系统的表现.通常,我们将获得外部持续作用力的振动系统称为受迫振动系统.

2.4.1 受迫振动方程

当存在外部持续作用力时,振动系统即表现为受迫振动(forced vibration),如图 2-4-1 所示.

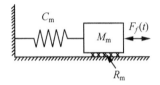

图 2-4-1 外部作用力驱动的受迫振动系统

为简便和通用起见,假设振子所受外力 $F_f(t)$ 为振幅 F_a、频率 ω 的简谐驱动力,其定义式可表述为

$$F_f(t) = F_a\cos(\omega t + \varphi_f) = \mathrm{Re}(\widetilde{F}_f), \quad \widetilde{F}_f = \widetilde{F}_a \mathrm{e}^{\mathrm{j}\omega t}, \quad \widetilde{F}_a = F_a \mathrm{e}^{\mathrm{j}\varphi_f} \tag{2-4-1}$$

式中,$\widetilde{F}_f$ 是外力的复数形式,而 $\widetilde{F}_a$ 则是对应的复振幅.

受迫振动系统的振动方程可表示为

$$M_m\xi'' + R_m\xi' + K_m\xi = F_a\cos(\omega t + \varphi_f) \tag{2-4-2}$$

式(2-4-2)的复数形式为

$$M_m\widetilde{\xi}'' + R_m\widetilde{\xi}' + K_m\widetilde{\xi} = \widetilde{F}_f \tag{2-4-3}$$

式(2-4-3)还可写作

$$\widetilde{\xi}'' + 2\delta\widetilde{\xi}' + \omega_0{}^2\widetilde{\xi} = \widetilde{H}\mathrm{e}^{\mathrm{j}\omega t} \tag{2-4-4}$$

式中,$\widetilde{H} = \dfrac{\widetilde{F}_f}{M_m}$.考虑到复数量的微积分运算更为简便,若无歧义,今后凡复变量上的"～"标记一概省略,无特别说明,后续推导分析中均以复变量为准.

2.4.2 受迫振动的瞬态解和稳态解

受迫振动的振动方程是二阶非齐次微分方程,由高等数学知识可知,其对应的解可分为对应的齐次方程的通解和非齐次方程的特解:前者对应于仅存在阻尼时振动的解,又可称为瞬态(transient)解;后者则对应于外力驱动时的解,又可称为稳态(steady)解.

瞬态解与初始条件有关,其对应的复数形式的表达式为

$$\xi_0(t) = A\mathrm{e}^{-\delta t + \mathrm{j}\omega_d' t} \xrightarrow{t \to \infty} 0 \tag{2-4-5}$$

稳态解与初始条件无关,其对应的复数形式的表达式为

$$\xi_\infty(t) = \xi_f \mathrm{e}^{\mathrm{j}\omega t} = \frac{F_f}{\mathrm{j}\omega Z_{\mathrm{m}}} = \frac{F_a \mathrm{e}^{\mathrm{j}\omega t}}{\mathrm{j}\omega Z_{\mathrm{m}}} \tag{2-4-6}$$

式中,F_a 是简谐驱动外力 F_f 的复振幅.而上式中的 ξ_f 和 Z_{m} 可分别表示为

$$\begin{cases} \xi_f = \dfrac{F_a}{\mathrm{j}\omega Z_{\mathrm{m}}} = \dfrac{v_f}{\mathrm{j}\omega}, \ v_f = \dfrac{F_a}{Z_{\mathrm{m}}} \\ Z_{\mathrm{m}} = R_{\mathrm{m}} + \mathrm{j}\omega M_{\mathrm{m}} + \dfrac{1}{\mathrm{j}\omega C_{\mathrm{m}}} \end{cases} \tag{2-4-7}$$

式(2-4-6)和式(2-4-7)的推导过程如下.

证明: $M_{\mathrm{m}}\xi'' + R_{\mathrm{m}}\xi' + K_{\mathrm{m}}\xi = F_f$,$F_f = F_a\mathrm{e}^{\mathrm{j}\omega t}$,$\xi = \xi_f\mathrm{e}^{\mathrm{j}\omega t}$,推得

$$M_{\mathrm{m}}(\mathrm{j}\omega)^2 \xi_f \mathrm{e}^{\mathrm{j}\omega t} + R_{\mathrm{m}}(\mathrm{j}\omega)\xi_f \mathrm{e}^{\mathrm{j}\omega t} + K_{\mathrm{m}}\xi_f \mathrm{e}^{\mathrm{j}\omega t} = F_a \mathrm{e}^{\mathrm{j}\omega t}$$

得

$$\mathrm{j}\omega\left(\mathrm{j}\omega M_{\mathrm{m}} + R_{\mathrm{m}} + \frac{K_{\mathrm{m}}}{\mathrm{j}\omega}\right)\xi_f = F_a$$

令

$$Z_{\mathrm{m}} = R_{\mathrm{m}} + \mathrm{j}\omega M_{\mathrm{m}} + \frac{K_{\mathrm{m}}}{\mathrm{j}\omega} = R_{\mathrm{m}} + \mathrm{j}\left(\omega M_{\mathrm{m}} - \frac{K_{\mathrm{m}}}{\omega}\right) = R_{\mathrm{m}} + \mathrm{j}\left(\omega M_{\mathrm{m}} - \frac{1}{\omega C_{\mathrm{m}}}\right)$$

所以 $\xi_f = \dfrac{F_a}{\mathrm{j}\omega Z_{\mathrm{m}}}$,得证.

由上述证明过程可知,力(机械)阻抗(mechanical impedance)Z_{m} 通常是一复数量,并且稳态振动的状态特性与力阻抗 Z_{m} 密切相关.

受迫振动方程的位移通解是瞬态解和稳态解的和,其表达式为

$$\xi(t) = \xi_0(t) + \xi_\infty(t) \xrightarrow{t \to \infty} \xi_\infty = \xi_f \mathrm{e}^{\mathrm{j}\omega t} = \frac{F_a}{\mathrm{j}\omega Z_{\mathrm{m}}}\mathrm{e}^{\mathrm{j}\omega t} \tag{2-4-8}$$

受迫振动中瞬态解和稳态解的时域及频域图如图 2-4-2 所示.

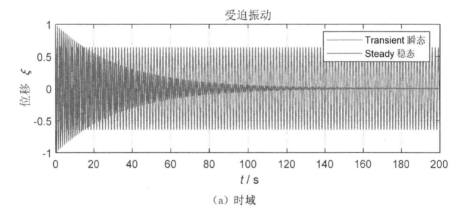

(a) 时域

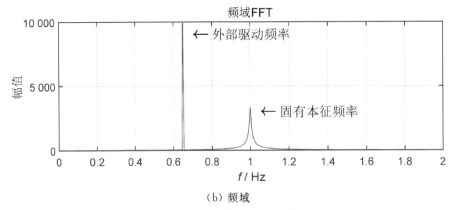

（b）频域

图 2-4-2　受迫振动的时域及频域分析图

图 2-4-2 对应的 MATLAB 仿真代码如下：

```
% 清空变量区并关闭所有图窗
clear;close all;

dt=0.01;
t=0:dt:200;
omega_0=2*pi;                              % 设置本征频率为 1 Hz
delta_0=0.03;                              % 衰减系数
omega_0_prime=sqrt(omega_0^2-delta_0^2);
xi_0=exp(-delta_0*t+j*omega_0_prime*t);    % 瞬态位移
subplot(211);
plot(t,xi_0);
grid on;
hold on;

omega=0.65*2*pi;                           % 设置受迫振动频率为 0.65 Hz
Mm=1;Km=1;Cm=1/Km;Rm=2*delta_0*Mm;
Z_m=Rm+j*omega*Mm+1/(j*omega*Cm);
F_a=10;
xi_f=F_a/(j*omega*Z_m);
xi_inf=xi_f*exp(j*omega*t);                % 稳态位移
plot(t,xi_inf);
legend('transient 瞬态','steady 稳态');
xlabel('\it t\rm/s');ylabel('位移\it\xi');title('受迫振动');

xi_total=xi_0+xi_inf;
fs=1/dt;
df=0.005;
```

n＝fs/df；

M＝fft(xi_total,n)；

f＝[0：df：df*(n－1)]－fs/2；

subplot(212)；plot(f,abs(fftshift(M)))；

axis([0 2 0 10000])；grid on；

xlabel('\it f\rm/Hz')；ylabel('幅值')；title('频域 FFT')；

text(0.7,9000,' $ \leftarrow $ ','Interpreter','latex','FontSize',14)；

text(0.8,9000,'\fontname{宋体}外部驱动频率','Interpreter','tex','FontSize',11)；

text(1.05,3000,' $ \leftarrow $ ','Interpreter','latex','FontSize',14)；

text(1.15,3000,'\fontname{宋体}固有本征频率','Interpreter','tex','FontSize',11)；

2.4.3　力阻抗

力阻抗 Z_m 反映了谐振子的固有振动特性,定义为

$$Z_m=\frac{F_a}{v_f}=\frac{F_a}{j\omega\xi_f}=R_m+jX_m \tag{2-4-9}$$

式中,R_m 称为力阻(mechanical resistance),X_m 称为力抗(mechanical reactance),其表达式为

$$X_m=\omega M_m-\frac{1}{\omega C_m} \tag{2-4-10}$$

由式(2-4-10)可知,X_m 是关于 ω 的函数,即力抗与简谐驱动力的频率有关；ωM_m 称为质量抗或惯性抗(inertial reactance),$(\omega C_m)^{-1}$ 称为弹性抗(elastic reactance)或力顺抗(compliant reactance).式(2-4-9)还可写成

$$Z_m=R_m+j\left(\omega M_m-\frac{1}{\omega C_m}\right)=R_m\left[1+j\left(\omega\frac{M_m}{R_m}-\frac{1}{\omega R_m C_m}\right)\right]$$

$$=R_m\left[1+j\left(\frac{\omega}{\omega_0}-\frac{\omega_0}{\omega}\right)Q_m\right]=R_m\left[1+j\left(z-\frac{1}{z}\right)Q_m\right]$$

$$=\omega_0 M_m\left[\frac{1}{Q_m}+j\left(z-\frac{1}{z}\right)\right] \tag{2-4-11}$$

式中,$Q_m=\frac{\omega_0 M_m}{R_m}$,为力学品质因子；而新引入的变量 $z=\frac{\omega}{\omega_0}$ 为外部简谐驱动力频率与系统固有自由振动频率的比值,亦可看作一无量纲的归一化频率.同时还可推知以下结论：

$$Z_m^*(-\omega)=Z_m(\omega) \tag{2-4-12}$$

2.4.4　质点的稳态振动

根据前面的分析,经过足够长的时间,受迫振动中的瞬态解将趋于零,仅剩下稳态解.下面我们分别针对速度、位移和加速度这三个参量的稳态解中的共振现象来加以分析,并介绍其在工程层面的实际应用场景.

1. 稳态频响之速度共振

稳态速度 v 的定义式为

$$v = \frac{F}{Z_{\mathrm{m}}} = \beta \frac{F}{\omega_0 M_{\mathrm{m}}} = \beta \frac{v|_{z=1}}{Q_{\mathrm{m}}}, \quad \begin{cases} v|_{z=1} = \dfrac{F}{R_{\mathrm{m}}} \\ \beta \equiv \dfrac{1}{Q_{\mathrm{m}}^{-1} + \mathrm{j}(z - z^{-1})} \end{cases} \tag{2-4-13}$$

式中，$z = \dfrac{\omega}{\omega_0}$ 是无量纲归一化频率，而 β 可看作归一化稳态速度，其振幅可定义为

$$|\beta| = \frac{1}{\sqrt{Q_{\mathrm{m}}^{-2} + (z - z^{-1})^2}} \xrightarrow{z \to 1} Q_{\mathrm{m}} \tag{2-4-14}$$

由式（2-4-14）可知，当归一化频率 $z = 1$，即 $\omega = \omega_0$ 时，归一化稳态速度振幅达到最大值 Q_{m}，此时速度达到共振状态．速度共振曲线如图 2-4-3 所示．

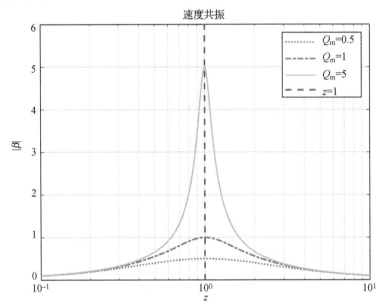

图 2-4-3　速度共振曲线

图 2-4-3 对应的 MATLAB 仿真代码如下：

```
% 清空变量区并关闭所有图窗
clear;close all;

z=0.1:0.01:10;
Qm=[0.5,1,5];
beta=zeros(3,length(z));

% when Qm=0.5
beta(1,:)=1./sqrt(Qm(1)^(-2)+(z-1./z).^2);
semilogx(z,beta(1,:),':','Linewidth',1.5);
hold on;

% when Qm=1
```

beta(2,:)＝1./sqrt(Qm(2)^(－2)＋(z－1./z).^2);
semilogx(z,beta(2,:),'-.','Linewidth',1.5);

％ when Qm＝5
beta(3,:)＝1./sqrt(Qm(3)^(－2)＋(z－1./z).^2);
semilogx(z,beta(3,:),'Linewidth',1.5);

％ 画一竖线,当归一化频率 z＝1 时
y＝0:0.5:6;
x＝ones(1,length(y));
plot(x,y,'--','Linewidth',1.5);

legend ('\it Q_{\rmm}\rm＝0.5','\it Q_{\rmm}\rm＝1','\it Q_{\rmm}\rm＝5',
　　'\it z\rm＝1');

axis([0.1 10 0 6]);
grid on;
xlabel('\it z');ylabel('\it|\beta|');title('速度共振');

若力阻 $R_{\rm m}$ 远大于力抗 $X_{\rm m}$,即 $R_{\rm m}\gg\left|\omega M_{\rm m}-\dfrac{1}{\omega C_{\rm m}}\right|$ 或 $Q_{\rm m}\left|z-\dfrac{1}{z}\right|\ll 1$ 时,则式(2-4-14)
有以下近似形式:

$$\beta=Q_{\rm m}\left[1-{\rm j}Q_{\rm m}\left(z-\frac{1}{z}\right)+\cdots\right]\approx Q_{\rm m} \tag{2-4-15}$$

同理,式(2-4-13)也有近似式,即

$$v=\beta\frac{v\,|_{z=1}}{Q_{\rm m}}\approx v\,|_{z=1}=\frac{F}{R_{\rm m}} \tag{2-4-16}$$

由式(2-4-16)可以看出,与频率有关的力抗部分几乎趋于零,此时速度与频率近乎无关,即速度取值仅由力阻起支配作用,故该区间称为力阻控制区.

力阻控制区的典型应用是压强式动圈传声器,其原理如图 2-4-4 所示.

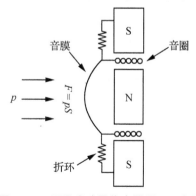

图 2-4-4　压强式动圈传声器原理示意图

其原理为：声压 p 以力 $F = pS$ 作用于音圈、音膜所构成的系统，使其发生受迫振动．振动的音圈（振速 v）在磁场 B 中切割磁力线，从而使音圈导线（长 l）产生感应电压 $V = Blv$．若系统工作在力阻控制区，则音圈振速 v 与频率无关，响应均匀．

2. 稳态频响之位移共振

根据式(2-4-13)，同时利用速度与位移的关系，稳态位移的定义式可表示为

$$\xi = \frac{v}{j\omega} = \frac{F}{j\omega Z_m} = \alpha \times \xi\big|_{z=0}, \quad \begin{cases} \xi\big|_{z=0} = \dfrac{F}{K_m} \\[2mm] \alpha = \dfrac{Q_m}{jz[1 + jQ_m(z - z^{-1})]} \end{cases} \tag{2-4-17}$$

式中，α 可看作归一化稳态位移，其振幅为

$$|\alpha| = \frac{Q_m}{\sqrt{z^2 + (z^2 - 1)^2 Q_m^2}} \rightarrow |\alpha| = \begin{cases} Q_m, & z = 1 \\ 1, & z = 0 \end{cases} \tag{2-4-18}$$

若需要获知位移共振频点 z_r，则意味着须求式(2-4-18)的一阶导的零点，也就是说

$$\frac{d|\alpha|}{dz} = 0 \rightarrow z_r = \frac{f_r}{f} = \sqrt{1 - \frac{1}{2Q_m^2}} \tag{2-4-19}$$

因为力学品质因数 $Q_m > 0$，故而稳态频响位移的归一化共振频点 $z_r < 1$，即共振点在直线 $z = 1$（速度共振频点）的左侧，如图 2-4-5 所示．

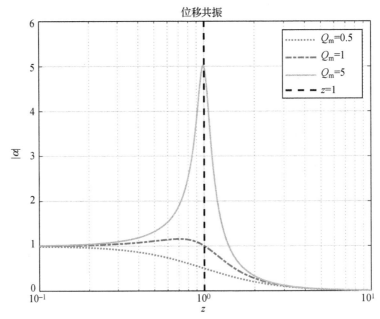

图 2-4-5　位移共振曲线

图 2-4-5 对应的 MATLAB 仿真代码如下：

```
% 清空变量区并关闭所有图窗
clear;close all;

z=0.1:0.01:10;
```

```
Qm=[0.5,1,5];
alpha=zeros(3,length(z));

% When Qm=0.5
alpha(1,:)=Qm(1)./sqrt(z.^2+(z.^2-1).^2.*Qm(1).^2);
semilogx(z,alpha(1,:),':','Linewidth',1.5);
hold on;

% When Qm=1
alpha(2,:)=Qm(2)./sqrt(z.^2+(z.^2-1).^2.*Qm(2).^2);
semilogx(z,alpha(2,:),'-.','Linewidth',1.5);

% When Qm=5
alpha(3,:)=Qm(3)./sqrt(z.^2+(z.^2-1).^2.*Qm(3).^2);
semilogx(z,alpha(3,:),'Linewidth',1.5);

% 画一竖线,当归一化频率 z=1 时
y=0:0.5:6;
x=ones(1,length(y));
plot(x,y,'--','Linewidth',1.5,'Color','black');

legend ('\it Q_{\rmm}\rm=0.5','\it Q_{\rmm}\rm=1','\it Q_{\rmm}\rm=5',
    '\it z\rm=1');

axis([0.1 10 0 6]);
grid on;

xlabel('\it z');ylabel('\it|\alpha|');title('位移共振');
```

通过观察稳态位移表达式可以发现,当归一化频率 $z \ll 1$,即 $\omega \ll \omega_0$ 时,则式(2-4-17)中的归一化位移 α 有以下近似表示形式:

$$\alpha = \frac{Q_{\mathrm{m}}(\mathrm{j}z)^{-1}}{1+Q_{\mathrm{m}}[\mathrm{j}z+(\mathrm{j}z)^{-1}]} \approx 1 \qquad (2\text{-}4\text{-}20)$$

而此时对应的稳态位移即为

$$\xi \approx \frac{F}{K_{\mathrm{m}}} \qquad (2\text{-}4\text{-}21)$$

由式(2-4-21)可以看出,位移与频率近乎无关,系统的位移频响均匀,即当外力固定时,位移的大小仅取决于模型中弹簧的弹性系数,换句话说,此时仅弹性系数在起支配作用,故该区间称为弹性(或力顺)控制区.

弹性控制区的典型应用是压强式电容传声器，如图 2-4-6 所示.

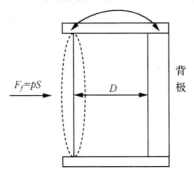

图 2-4-6　压强式电容传声器原理示意图

其原理为：声压 p 作用在振膜上，使其发生位移 ξ，导致腔体电容的时变，即

$$C_0 = \frac{\varepsilon_0 S}{D} \rightarrow C = \frac{\varepsilon_0 S}{D+\xi} = \frac{C_0}{1+\dfrac{\xi}{D}} \tag{2-4-22}$$

因此引起交变电压输出变化，即

$$V_0 = \frac{Q}{C} \rightarrow V = \frac{Q}{C} = V_0 \left(1+\frac{\xi}{D}\right) \rightarrow \Delta V = V - V_0 = \frac{V_0}{D}\xi \tag{2-4-23}$$

振膜在声压的作用下可近似看作受迫谐振子，若系统工作在弹性控制区，则电压响应几乎与频率无关.

3. 稳态频响之加速度共振

根据速度与加速度的关系，容易得出稳态加速度的定义式为

$$a = \frac{\mathrm{d}v}{\mathrm{d}t} = \mathrm{j}\omega v = \gamma \times \frac{\mathrm{d}v}{\mathrm{d}t}\bigg|_{z=\infty}, \quad \begin{cases} \dfrac{\mathrm{d}v}{\mathrm{d}t}\bigg|_{z=\infty} = \dfrac{F}{M_{\mathrm{m}}} \\[2mm] \gamma = \dfrac{\mathrm{j}zQ_{\mathrm{m}}}{1+\mathrm{j}Q_{\mathrm{m}}(z-z^{-1})} \end{cases} \tag{2-4-24}$$

式中，γ 可看作归一化稳态加速度，其振幅为

$$|\gamma| = \frac{Q_{\mathrm{m}} z}{\sqrt{1+(z-z^{-1})^2 Q_{\mathrm{m}}{}^2}} \rightarrow |\gamma| = \begin{cases} Q_{\mathrm{m}}, & z \to 1 \\ 1, & z \to \infty \end{cases} \tag{2-4-25}$$

与位移共振频点的求解类似，加速度共振频点 z_{r} 即为式（2-4-25）的一阶导数的零点，即

$$\frac{\mathrm{d}|\gamma|}{\mathrm{d}z} = 0 \rightarrow z_{\mathrm{r}} = \frac{1}{\sqrt{1-\dfrac{1}{2Q_{\mathrm{m}}{}^2}}} \tag{2-4-26}$$

因力学品质因数 $Q_{\mathrm{m}} > 0$，故而稳态频响加速度的归一化共振频点 $z_{\mathrm{r}} > 1$，即共振点在直线 $z=1$（速度共振频点）的右侧，如图 2-4-7 所示.

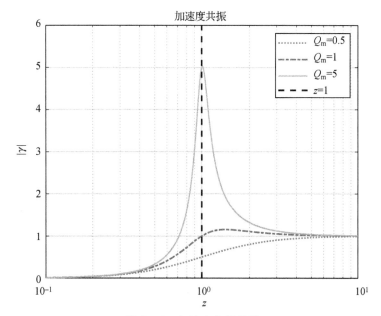

图 2-4-7　加速度共振曲线

图 2-4-7 对应的 MATLAB 仿真代码如下：

```
% 清空变量区并关闭所有图窗
clear;close all;

z=0.1:0.01:10;
Qm=[0.5,1,5];
gamma=zeros(3,length(z));

% When Qm=0.5
gamma(1,:)=Qm(1).*z./sqrt(1+(z-1./z).^2.*Qm(1).^2);
semilogx(z,gamma(1,:),':','Linewidth',1.5);
hold on;

% When Qm=1
gamma(2,:)=Qm(2).*z./sqrt(1+(z-1./z).^2.*Qm(2).^2);
semilogx(z,gamma(2,:),'-.','Linewidth',1.5);

% When Qm=5
gamma(3,:)=Qm(3).*z./sqrt(1+(z-1./z).^2.*Qm(3).^2);
semilogx(z,gamma(3,:),'Linewidth',1.5);

% 画一竖线,当归一化频率 z=1 时
```

```
y=0:0.5:6;
x=ones(1,length(y));
plot(x,y,'--','Linewidth',1.5,'Color','black');

legend ('\it Q_{\rmm}\rm=0.5','\it Q_{\rmm}\rm=1','\it Q_{\rmm}\rm=5',
    '\it z\rm=1');

axis([0.1 10 0 6]);
grid on;
xlabel('\it z');ylabel('\it|\gamma|');title('加速度共振');
```

当归一化频率 $z \gg 1$，即 $\omega \gg \omega_0$ 时，式（2-4-24）中的归一化加速度 γ 有以下近似表示形式：

$$\gamma = \cfrac{1}{1+\cfrac{1}{z}\left(\cfrac{1}{\mathrm{j}Q_\mathrm{m}}-\cfrac{1}{z}\right)} = 1 - \frac{1}{\mathrm{j}zQ_\mathrm{m}} + \left(1-\frac{1}{Q_\mathrm{m}^2}\right)\frac{1}{z^2} + o\left(\frac{1}{z^3}\right) \qquad (2\text{-}4\text{-}27)$$

此时的加速度则可近似为

$$a = \frac{\mathrm{d}v}{\mathrm{d}t} \approx \frac{F}{M_\mathrm{m}} \qquad (2\text{-}4\text{-}28)$$

由式（2-4-28）可以看出，加速度与频率近乎无关，系统的加速度频响均匀，即当外力固定时，加速度的大小仅取决于模型中振子的质量，换句话说，此时仅振子的惯性质量在起支配作用，故该区间称为质量（或惯性）控制区.

质量控制区的典型应用是动圈扬声器，其原理如图 2-4-8 所示.

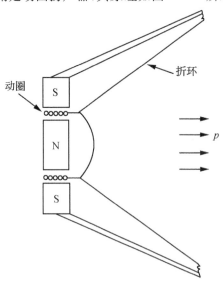

图 2-4-8　动圈扬声器原理示意图

其原理为：扬声器平均辐射功率可表示为

$$\overline{W} = \frac{1}{2}R_r v_0^2 = \frac{\rho_0}{4\pi c_0}S^2(\omega v_0)^2 \qquad (2\text{-}4\text{-}29)$$

式中, $R_r = \dfrac{\rho_0}{2\pi c_0} S^2 \omega^2 (kr \ll 1)$ 是半径为 r 的圆形活塞所对应的辐射阻,该公式的详细推导可参考后续的声辐射章节内容. 由式(2-4-29)可看出,因为加速度 $a = j\omega v$,故扬声器的平均辐射功率与加速度的平方成正比,因此只要工作在质量控制区,且驱动力对频率恒定,则辐射功率也恒定.

4. 稳态振动能量之动态平衡

设 $x(t)$ 是周期为 T 的周期函数,其周期平均值定义式为

$$\overline{x(t)} \equiv \frac{1}{T} \int_0^T x(t) \, \mathrm{d}t = \frac{1}{T} \int_t^{t+T} x(t) \mathrm{d}t \quad \left(T = \frac{2\pi}{\omega} \right) \tag{2-4-30}$$

设 $x(t)$ 和 $y(t)$ 是频率为 ω、实的时间简谐函数,其对应的复函数分别为 $X(t)$ 和 $Y(t)$,有

$$\begin{cases} x(t) = \mathrm{Re}[X(t)], X(t) = X_a \mathrm{e}^{j\omega t} \\ y(t) = \mathrm{Re}[Y(t)], Y(t) = Y_a \mathrm{e}^{j\omega t} \end{cases} \tag{2-4-31}$$

式中, X_a 和 Y_a 是对应的复振幅. 根据式(2-2-14),实数量 $x(t)$ 和 $y(t)$ 的积可表示为

$$xy = \frac{1}{2}\mathrm{Re}(XY) + \frac{1}{2}\mathrm{Re}(X^*Y) = \frac{1}{2}\mathrm{Re}(X_a Y_a \mathrm{e}^{2j\omega t}) + \frac{1}{2}\mathrm{Re}(X_a^* Y_a) \tag{2-4-32}$$

若其均为周期函数,则对应的周期平均值为

$$\overline{xy} = \frac{1}{2}\mathrm{Re}[X_a^* Y_a] = \frac{1}{2}\mathrm{Re}[X^* Y] \tag{2-4-33}$$

该结论后续可直接使用.

稳态振动中阻力 F_R 所对应的做功功率是

$$W_R = F_R v \quad (F_R = -R_m v) \tag{2-4-34}$$

根据式(2-4-33)可知,由阻力引起的周期平均损耗功率为

$$\overline{W_R} = \overline{F_R v} = \frac{1}{2}\mathrm{Re}[F_R^* v]$$

$$= \frac{1}{2}\mathrm{Re}[(-R_m v)^* v] = -\frac{1}{2}R_m |v|^2 \tag{2-4-35}$$

注意,上式中的力阻 R_m 一般取实数值. 同理可知外力 F_f 所对应的做功功率是

$$W_f = F_f v \quad (F_f = Z_m v) \tag{2-4-36}$$

故可推知外力馈入系统的周期平均功率为

$$\overline{W_f} = \overline{F_f v} = \frac{1}{2}\mathrm{Re}[F_f^* v] = \frac{1}{2}\mathrm{Re}[(Z_m v)^* v]$$

$$= \frac{1}{2}\mathrm{Re}[Z_m^* |v|^2] = \frac{1}{2}R_m |v|^2 \tag{2-4-37}$$

式(2-4-37)利用了力阻抗的定义式,即 $Z_m = R_m + jX_m$. 根据式(2-4-35)和式(2-4-37)可知,以下表达式始终成立.

$$\overline{W_R} + \overline{W_f} = 0 \tag{2-4-38}$$

式(2-4-38)说明系统外力馈入的能量与内部阻力所耗损的能量正好相等,符合能量守恒定律,即系统的总能量增量为零,达到了动态平衡.

2.5 隔振和拾振

本节我们讨论实际的声学计量或测试中经常遇到的两种典型应用场景,即隔离外界振动和提取内部振动.尽管其实现目的不同,但巧合的是,它们都可以使用简单的单弹簧模型来阐述其原理.

2.5.1 被动隔振原理

之前讨论的受迫振动,外部驱动力是直接施加在振动质量块上的,而实际工程应用中还有一些外部驱动力是通过系统中的弹簧来传递给质量块的.通常来说,这些场景可归属于隔振问题.例如,有些声学装置或电声器件,为了避免无关的外界振动干扰,往往需要采取一些隔振措施来保证其自身性能.

下面讨论一种较为简单的隔振模型,如图 2-5-1 所示,图中质量块 M_m 的位移为 ξ,而底部处于振动状态的地基的位移为 ξ_1.隔振的目的就在于使得质量块 M_m 的位移 ξ 尽可能小,即尽可能地不把地基的抖动传递给上方的质量块,使得质量块尽可能地不受外部环境振动的影响(例如,声学测试中常用的消声室,为了保证内部测试环境的安静,通常需要在房间底部设计好相应的弹簧结构,以尽量减少外部环境中的振动干扰室内的测试结果).

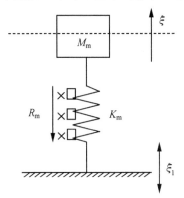

图 2-5-1 隔振系统示意图

首先,将质量块 M_m 看作一质点,通过受力分析可知,该质点受到的外力为弹簧的弹力和外部阻尼所构成的合力,而这两部分力可分别表示为

$$\begin{cases} F_K = -K_m\Delta\xi = -K_m(\xi-\xi_1) \\ F_R = -R_m\Delta v = -R_m(\xi'-\xi_1') \end{cases} \tag{2-5-1}$$

由式(2-5-1)可推得质点的振动方程为

$$M_m\xi'' + R_m(\xi'-\xi_1') + K_m(\xi-\xi_1) = 0 \tag{2-5-2}$$

式(2-5-2)又可写为

$$M_m\xi'' + R_m\xi' + K_m\xi = R_m\xi_1' + K_m\xi_1 = j\omega\left(R_m + \frac{K_m}{j\omega}\right)\xi_1 \tag{2-5-3}$$

式(2-5-3)中的等式右侧部分可看作质点所受等效外力 F,根据力阻抗 Z_m、外力 F 和位

移 ξ 的关系式,可求得

$$\xi=\frac{F}{\mathrm{j}\omega Z_\mathrm{m}}=\frac{\mathrm{j}\omega\left(R_\mathrm{m}+\dfrac{K_\mathrm{m}}{\mathrm{j}\omega}\right)\xi_1}{\mathrm{j}\omega Z_\mathrm{m}}=\left(R_\mathrm{m}+\frac{K_\mathrm{m}}{\mathrm{j}\omega}\right)\frac{\xi_1}{Z_\mathrm{m}} \tag{2-5-4}$$

若引入式(2-4-11)中的力学品质因数 $Q_\mathrm{m}=\dfrac{\omega_0 M_\mathrm{m}}{R_\mathrm{m}}$ 和无量纲归一化频率 $z=\dfrac{\omega}{\omega_0}$,则式(2-5-4)中的位移解可进一步改写为

$$\xi=\left(R_\mathrm{m}+\frac{K_\mathrm{m}}{\mathrm{j}\omega}\right)\frac{\xi_1}{Z_\mathrm{m}}=\frac{Q_\mathrm{m}+\mathrm{j}z}{(1-z^2)Q_\mathrm{m}+\mathrm{j}z}\xi_1 \tag{2-5-5}$$

根据式(2-5-5),若地基位移为一时间简谐量,即 $\xi_1=\xi_{10}\,\mathrm{e}^{\mathrm{j}\omega t}$,则质点位移也必为一简谐量,即 $\xi=\xi_0\,\mathrm{e}^{\mathrm{j}\omega t}$.

由此,我们可以引入位移传递比 D_ξ,其定义为质点位移的复振幅与地基位移复振幅之比,即

$$D_\xi=\left|\frac{\xi_0}{\xi_{10}}\right|=\sqrt{\frac{Q_\mathrm{m}^2+z^2}{(1-z^2)^2 Q_\mathrm{m}^2+z^2}}\xrightarrow[z\gg1]{z\gg Q_\mathrm{m}}\frac{1}{\sqrt{z^2 Q_\mathrm{m}^2+1}}\xrightarrow{z\to\infty}0 \tag{2-5-6}$$

式(2-5-6)说明位移传递比 D_ξ 与力学品质因数 Q_m 及归一化频率 z 有关,如图 2-5-2 所示.

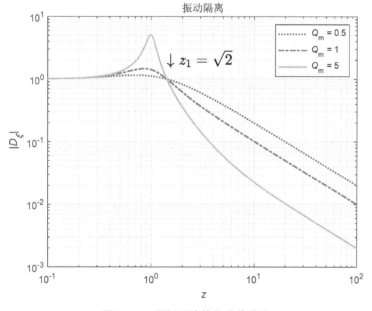

图 2-5-2　隔振系统的位移传递比

从图 2-5-2 和式(2-5-6)中可看出,当归一化频率达到 $z=\sqrt{2}$ 这个特殊点时,$D_\xi=1$,说明地面振动简谐频率 ω 是弹簧系统固有振动频率 ω_0 的 $\sqrt{2}$ 倍时,质点位移完全与地面位移振幅一致,此时无法达到隔振的目的.而当 $z\to\infty$ 时,$D_\xi\to0$,即当地基振动频率越远离弹簧系统固有频率,隔振性能越好.在这种前提条件下,隔振系统才真正起作用,换句话说,此时外界的振动传递给内部质量块的部分将受到很大的抑制.但要注意,如果一不小心,使得外界振动频率落到系统的共振频点附近时,则质量块的位移将比外界振动来得更为强烈,这对于隔振问题来说自然是应该尽量避免的.通常来说,若要使隔振系统覆盖较宽的工作频段,设

计人员需要将该系统的固有振动频率设定得越低越好.

图 2-5-2 对应的 MATLAB 仿真代码如下：

```
% 清空变量区并关闭所有图窗
clear;close all;

z=0.1:0.01:100;
Qm=[0.5,1,5];
D_xi=zeros(3,length(z));

% When Qm=0.5
D_xi(1,:)=sqrt((Qm(1).^2+z.^2)./((1-z.^2).^2.*Qm(1).^2+z.^2));
loglog(z,D_xi(1,:),':','Linewidth',1.5);
hold on;

% When Qm=1
D_xi(2,:)=sqrt((Qm(2).^2+z.^2)./((1-z.^2).^2.*Qm(2).^2+z.^2));
loglog(z,D_xi(2,:),'-.','Linewidth',1.5);

% When Qm=5
D_xi(3,:)=sqrt((Qm(3).^2+z.^2)./((1-z.^2).^2.*Qm(3).^2+z.^2));
loglog(z,D_xi(3,:),'Linewidth',1.5);

legend('\it Q_{\rmm}\rm=0.5','\it Q_{\rmm}\rm=1','\it Q_{\rmm}\rm=5');

axis([0.1 100 0.001 10]);
grid on;
xlabel('\it z');ylabel('\it |D_\xi|');title('振动隔离');

text(sqrt(2),2,' $ \downarrow z_1=\sqrt{2} $ ','Interpreter','latex','FontSize',
    16);
```

2.5.2 拾振原理

振动的拾取，简称拾振，是隔振的逆命题. 实际声学工程应用中常常需要使用拾振系统来测量位移、速度或加速度等物理量. 例如，研究机器产生的噪声，就要首先对机器的振动进行测量；而要鉴定前面讨论的隔振系统的性能时，也要对声学装置的振动情况进行量化. 在现代常见的移动通信场景中，为了提高通话时的语音质量，常常要求装置具备一定的抗噪能力，而实施抗噪措施前，首先需要获知周边环境中的噪声水平. 目前产业界普遍采用的手段是采用接触式传声器或骨传导传声器，这种传声器紧贴在人头某位置，通过该器件来直接拾取通过人体内部传来的声带的振动,以排斥空气中的噪声.这类传声器就是基于拾振原理来发挥作用的.

拾振问题的解决思路通常是利用内置振动系统拾取相对位移差来测量振动中的位移等参量.其典型分析模型如图 2-5-3 所示.将一弹簧质点振动模型放入一封闭系统内,整个系统附着于待测振动物体的表面,其振动位移为 $\xi_1=\xi_{10}\,\mathrm{e}^{\mathrm{j}\omega t}$,$\xi_{10}$ 是位移 ξ_1 的复振幅;而内部质量块 M_m 对应的位移为 ξ_2.拾振系统所感兴趣的拾取数据对象就是上述两振动位移的差值,即相对位移差,记为 $\xi=\xi_1-\xi_2$.

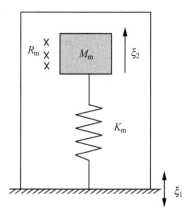

图 2-5-3　拾振系统示意图

根据受力分析可知,质量块 M_m 分别受到弹簧的弹力 F_K 和阻力 F_R,其表达式分别为

$$\begin{cases} F_K=-K_\mathrm{m}(\xi_2-\xi_1) \\ F_R=-R_\mathrm{m}(v_2-v_1)=-R_\mathrm{m}(\xi_2{}'-\xi_1{}') \end{cases} \tag{2-5-7}$$

故质点的运动方程为

$$M_\mathrm{m}\xi_2{}''+R_\mathrm{m}(\xi_2{}'-\xi_1{}')+K_\mathrm{m}(\xi_2-\xi_1)=0 \tag{2-5-8}$$

因为相对位移差 $\xi=\xi_1-\xi_2$,代入式(2-5-8)后整理可得

$$M_\mathrm{m}\xi''+R_\mathrm{m}\xi'+K_\mathrm{m}\xi=-M_\mathrm{m}\xi_1{}''=M_\mathrm{m}\omega^2\xi_1 \tag{2-5-9}$$

式(2-5-9)右侧部分可看作等效外力 $F=F_\mathrm{a}\mathrm{e}^{\mathrm{j}\omega t}$,即 $F_\mathrm{a}\mathrm{e}^{\mathrm{j}\omega t}=M_\mathrm{m}\omega^2\xi_1=M_\mathrm{m}\omega^2\xi_{10}\,\mathrm{e}^{\mathrm{j}\omega t}$.因为力阻抗 $Z_\mathrm{m}=R_\mathrm{m}+\mathrm{j}\omega M_\mathrm{m}+\dfrac{K_\mathrm{m}}{\mathrm{j}\omega}$,代入式(2-5-9)后,可得位移解为

$$\xi=\frac{1}{\mathrm{j}\omega}\frac{F}{Z_\mathrm{m}}=\frac{M_\mathrm{m}\omega^2\xi_{10}\,\mathrm{e}^{\mathrm{j}\omega t}}{\mathrm{j}\omega Z_\mathrm{m}}=\frac{M_\mathrm{m}\omega\xi_{10}}{\mathrm{j}Z_\mathrm{m}}\mathrm{e}^{\mathrm{j}\omega t} \tag{2-5-10}$$

若将该装置设计工作在质量(惯性)控制区,即有 $Z_\mathrm{m}\approx\mathrm{j}\omega M_\mathrm{m}$ 成立,则该系统此时可用作位移计,因为

$$|\xi|=\left|\frac{\omega M_\mathrm{m}\xi_{10}}{Z_\mathrm{m}}\right|\xrightarrow{Z_\mathrm{m}\approx\mathrm{j}\omega M_\mathrm{m}}|\xi_{10}| \tag{2-5-11}$$

而若将该系统设计工作在力阻控制区,即 $Z_\mathrm{m}\approx R_\mathrm{m}$,则可用作速度计,因为

$$|\xi|=\left|\frac{\omega M_\mathrm{m}\xi_{10}}{Z_\mathrm{m}}\right|\xrightarrow[v=\mathrm{j}\omega\xi]{Z_\mathrm{m}\approx R_\mathrm{m}}\left|\frac{M_\mathrm{m}v_{10}}{R_\mathrm{m}}\right|\propto|v_{10}| \tag{2-5-12}$$

同理,若将该系统设计工作在弹性控制区,即有 $Z_\mathrm{m}\approx\dfrac{K_\mathrm{m}}{\mathrm{j}\omega}$,则可用作加速度计,因为

$$\left| \xi \right| = \left| \frac{\omega M_{\mathrm{m}} \xi_{10}}{Z_{\mathrm{m}}} \right| \xrightarrow[\substack{a = \mathrm{j}\omega v = (\mathrm{j}\omega)^2 \xi}]{Z_{\mathrm{m}} \approx K_{\mathrm{m}}/\mathrm{j}\omega} \left| \frac{M_{\mathrm{m}} a_{10}}{K_{\mathrm{m}}} \right| \propto \left| a_{10} \right| \qquad (2\text{-}5\text{-}13)$$

上述三式中的 ξ_{10}、v_{10} 和 a_{10} 分别是待测物件的位移、速度和加速度对应的复振幅. 也就是说,拾振系统工作在相应的状态区间时,可通过拾取相对位移差来反映出待测物件的不同振动参量.

下面我们给出一个利用拾振原理的典型声学测量仪器:压电加速度计. 这是一种利用压电材料作为力电换能器的拾振器材,它专门用于获取振动物体的加速度,目前常用的压电材料有锆钛酸铅(PZT)等,这类器件的工作原理如图 2-5-4 所示.

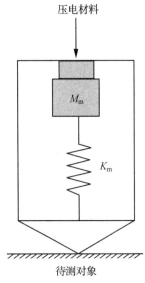

图 2-5-4　压电加速度计工作原理示意图

一般而言,压电材料会被放置于外壳与质量块之间. 由于外壳与内部质量块之间会产生相对运动,使得压电材料被压缩或拉伸. 由于材料自带的压电效应,会产生相应的感应电压. 该电压与压电材料的相对位移成正比,因此压电材料产生的电压幅值与频率的关系也可以用图 2-4-5 来表述(仅需附加一电压幅值与相对位移的比例系数即可). 由于加速度计一般要求能工作在较宽的频段内,即要求在恒定的加速度幅值作用下产生均匀的电压幅值,故而在设计时,应使整个系统工作在弹性控制区.

电-力-声类比

电磁波、力振动和声振动表面上分属于不同的领域,但究其实质,均可统一抽象归类为波动现象,故在数学上都可表征为相同形式的微分方程,即波动方程.这种数学形式上的相似类比性,代表了各类物理现象背后存在着的共同规律性.在此,我们希望借鉴电学领域中的成熟分析思路来研究力学、声学问题,即利用已掌握的电路特性来表征或设计力学、声学振动系统.

在研发扬声器、传声器等电声器件时,往往需要同时考虑到电、力、声等多个物理领域,在这种情景下,电-力-声类比分析法的运用将更突显其通用性.为方便起见,本章将讨论范围主要集中在集总参数系统,因为集总参数系统的唯一变量是时间,此时类比线路图最容易应用.

3.1　力-电类比

我们先来探讨力学元件与电学元件的类比关系.力-电类比一般有两种对应方法,分别是阻抗型类比和导纳型类比.下面我们将分别予以介绍.

3.1.1　力-电阻抗型类比

设有一简单的 RLC 串联电路,如图 3-1-1 所示.其对应的稳态解如下:

$$L_e \frac{dI}{dt} + R_e I + \frac{1}{C_e}\int I dt = E \qquad (3\text{-}1\text{-}1)$$

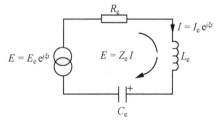

图 3-1-1　RLC 串联电路示意图

式(3-1-1)也可写为如下形式:

$$E = Z_e I, \quad Z_e = R_e + j\omega L_e + \frac{1}{j\omega C_e} \qquad (3\text{-}1\text{-}2)$$

假设上一章讨论的理想弹簧振动系统在外力 $F = F_a e^{j\omega t}$ 的作用下运动，此即为一简单的单振子系统，若令质点的质量为 M_m，运动时所受摩擦力阻为 R_m，则单振子系统的运动方程为

$$M_m \frac{\mathrm{d}v}{\mathrm{d}t} + R_m v + \frac{1}{C_m} \int v \mathrm{d}t = F \tag{3-1-3}$$

同理，若引入力阻抗 $Z_m = \dfrac{F}{v}$，则式（3-1-3）也可改写为

$$Z_m = R_m + j\omega M_m + \frac{1}{j\omega C_m} \tag{3-1-4}$$

比较式（3-1-1）和式（3-1-3）、式（3-1-2）和式（3-1-4）可以发现，两者具有相同的数学形式，因而可建立起力-电类比，具体对应关系如下：

$$F \rightleftharpoons E, \quad v \rightleftharpoons I, \quad M_m \rightleftharpoons L_e, \quad C_m \rightleftharpoons C_e, \quad R_m \rightleftharpoons R_e, \quad Z_m \rightleftharpoons Z_e \tag{3-1-5}$$

在这种对应类比关系中，力学系统的力阻抗类比于电路系统的电阻抗，因而称为阻抗型类比或正类比. 下面详细讨论各力学元件与电学元件的阻抗型类比关系.

1. 质量与电感

质量（mass）描述物体惯性（inertance），惯性力可表示为

$$F = M_m \frac{\mathrm{d}v}{\mathrm{d}t} \xrightarrow{\text{稳态}} j\omega M_m v \tag{3-1-6}$$

电感（inductance）元件两端的电压与电流变化率成正比，则

$$V = L_e \frac{\mathrm{d}I}{\mathrm{d}t} \xrightarrow{\text{稳态}} j\omega L_e I \tag{3-1-7}$$

因式（3-1-6）与式（3-1-7）形式相同，故而惯性质量可类比于电感元件.

$$F = j\omega M_m v \xrightarrow{M_m \rightleftharpoons L_e, F \rightleftharpoons V, v \rightleftharpoons I} V = j\omega L_e I \tag{3-1-8}$$

质量的阻抗型类比如图 3-1-2 所示.

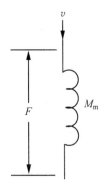

图 3-1-2　质量的阻抗型类比

2. 力顺与电容

力顺（mechanical compliance）描述了弹簧对作用于其上的外力的顺从性：

$$\xi = C_m F, \quad F = \frac{1}{C_m} \int v \mathrm{d}t \xrightarrow{\text{稳态}} \frac{v}{j\omega C_m} \tag{3-1-9}$$

电容（capacitance）描述了电荷存储能力：

$$q = C_e V, \quad V = \frac{1}{C_e}\int I \mathrm{d}t \xrightarrow{\text{稳态}} \frac{I}{j\omega C_e} \tag{3-1-10}$$

因式(3-1-9)与式(3-1-10)形式相同,故而力顺可类比于电容元件.

$$F = \frac{v}{j\omega C_m} \xrightleftharpoons{C_m \rightleftharpoons C_e, F \rightleftharpoons V, v \rightleftharpoons I} V = \frac{I}{j\omega C_e} \tag{3-1-11}$$

力顺的阻抗型类比如图 3-1-3 所示.

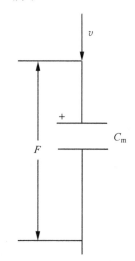

图 3-1-3　力顺的阻抗型类比

3. 力阻与电阻

力阻(mechanical resistance)反映了力学系统的损耗机制.

$$F = R_m v \tag{3-1-12}$$

电阻(electrical resistance)反映了电路系统的损耗机制.

$$V = R_e I \tag{3-1-13}$$

因式(3-1-12)与式(3-1-13)形式相同,故而力阻可类比于电阻元件.

$$F = R_m v \xrightleftharpoons{R_m \rightleftharpoons R_e, F \rightleftharpoons V, v \rightleftharpoons I} V = R_e I \tag{3-1-14}$$

力阻的阻抗型类比如图 3-1-4 所示.

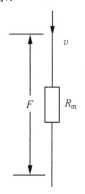

图 3-1-4　力阻的阻抗型类比

4. 外力与电动势

外力 F 导致质点的运动，产生速度 v，即 $F \to v$；而电动势 E 导致电荷的运动，产生电流 I，即 $E \to I$. 故而有类比：$F \rightleftharpoons E, v \rightleftharpoons I$.

外力的阻抗型类比如图 3-1-5 所示.

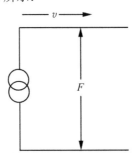

图 3-1-5　外力的阻抗型类比

结合前面的四点讨论，我们现在可以得出单振子系统的阻抗型类比电路图，如图 3-1-6 所示.

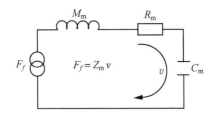

图 3-1-6　单振子系统的阻抗型类比电路图

3.1.2　力-电导纳型类比

接下来，我们将引入导纳型类比的推导思路. 前面介绍过在力学系统中，我们可利用拾振器来测量系统中任一质点的振动速度，而要测量力则必须将测力计插入系统内，这表明"流"过元件的是力，而元件两端呈现的是速度差. 从这一角度来看，也可以将外力类比于电流，将速度差类比于电压，即存在以下类比关系式：

$$F \rightleftharpoons I, \quad v \rightleftharpoons E, \quad M_\mathrm{m} \rightleftharpoons C_\mathrm{e}, \quad C_\mathrm{m} \rightleftharpoons L_\mathrm{e}, \quad G_\mathrm{m} \rightleftharpoons R_\mathrm{e}, \quad Z_\mathrm{m} \rightleftharpoons Y_\mathrm{e} \tag{3-1-15}$$

在这种类比中，力学系统的力阻抗 Z_m 类比于电路系统的电导纳 Y_e，故称为导纳型类比或反类比.

设有一简单的 RLC 并联电路，如图 3-1-7 所示.

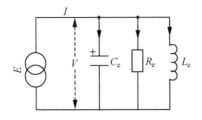

图 3-1-7　RCL 并联电路示意图

其对应的稳态解如下：

$$I = \sum i = C_e \frac{dV}{dt} + \frac{1}{R_e}V + \frac{1}{L_e}\int V dt \xrightarrow{\text{稳态}} Y_e V \tag{3-1-16}$$

式中，$Y_e = \frac{1}{R_e} + j\omega C_e + \frac{1}{j\omega L_e}$，为电路的总导纳. 下面讨论各力学元件与电学元件的导纳型类比关系.

1. 质量与电容

力学中的牛顿运动定律可表示为

$$v = \frac{1}{M_m}\int F dt \xrightarrow{\text{稳态}} \frac{1}{j\omega M_m}F \tag{3-1-17}$$

电学中的电荷感应定律可表示为

$$V = \frac{1}{C_e}\int I dt \xrightarrow{\text{稳态}} \frac{1}{j\omega C_e}I \tag{3-1-18}$$

因式(3-1-17)与式(3-1-18)形式相同，故而质量可类比于电容元件，即有

$$v = \frac{F}{j\omega M_m} \xtofrom[M_m \rightleftharpoons C_e,\ v \rightleftharpoons V,\ F \rightleftharpoons I]{} V = \frac{I}{j\omega C_e} \tag{3-1-19}$$

质量的导纳型类比如图 3-1-8 所示.

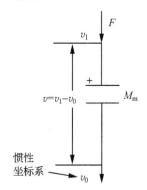

图 3-1-8　质量的导纳型类比

2. 力顺与电感

力顺与外力、速度的关系式为

$$v = C_m \frac{dF}{dt} \xrightarrow{\text{稳态}} j\omega C_m F \tag{3-1-20}$$

电感与电压、电流的关系式为

$$V = L_e \frac{dI}{dt} \xrightarrow{\text{稳态}} j\omega L_e I \tag{3-1-21}$$

因式(3-1-20)与式(3-1-21)形式相同，故而力顺可类比于电感元件，即有

$$v = j\omega C_m F \xtofrom[C_m \rightleftharpoons L_e,\ v \rightleftharpoons V,\ F \rightleftharpoons I]{} V = j\omega L_e I \tag{3-1-22}$$

力顺的导纳型类比如图 3-1-9 所示.

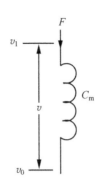

图 3-1-9　力顺的导纳型类比

3. 力导与电阻

由于外力的存在产生了速度差，因此力导的关系式为

$$v = G_{\mathrm{m}}F, \quad G_{\mathrm{m}} = \frac{1}{R_{\mathrm{m}}} \tag{3-1-23}$$

根据欧姆定律，电流的存在产生了电压差，因此关系式为

$$V = R_{\mathrm{e}}I \tag{3-1-24}$$

因式(3-1-23)与式(3-1-24)形式相同，故而力导可类比于电阻元件，即有

$$v = G_{\mathrm{m}}F \xrightarrow[\quad]{G_{\mathrm{m}} \rightleftharpoons R_{\mathrm{e}}, \ v \rightleftharpoons V, \ F \rightleftharpoons I} V = R_{\mathrm{e}}I \tag{3-1-25}$$

力导的导纳型类比如图 3-1-10 所示.

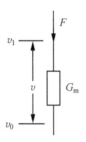

图 3-1-10　力导的导纳型类比

4. 力与电流源

外力 F 导致力学器件的相对运动，从而产生了速度差 v，即 $F \rightarrow v$；电流源 I 导致电荷的运动，从而在电学元件两端形成电压差 V，即 $I \rightarrow V$. 故而有类比 $F \rightleftharpoons I$，$v \rightleftharpoons V$，外力的导纳型类比如图 3-1-11 所示.

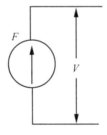

图 3-1-11　外力的导纳型类比

结合前面的四点讨论,我们现在可以得出单振子系统的导纳型类比电路图,如图 3-1-12 所示.

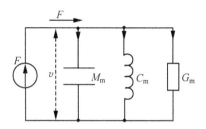

图 3-1-12　单振子系统的导纳型类比电路图

由上述讨论可知,对于同一个力学系统,既可以采用阻抗型类比,也可以采用导纳型类比. 从经验上来看,单独分析力学系统时采用导纳型类比比较方便,即力-电类比通常采用导纳型类比法. 在此给出导纳型力学线路分析法的要点:

（1）力线贯穿力学元件.

（2）速度是相对的,真正有意义的是力学元件两端的速度差. 在惯性坐标系中,元件相对于零速度运动,而零速度则被视为"接地".

（3）力作用于两个元件时,产生力分支;在任意力点,满足力学平衡条件 $\sum\limits_{i} F_i = 0$.

下面我们结合几个例题来看一下导纳型类比在力学系统中的应用.

例 3-3-1　一质量块 M_m 经由一力顺系数为 C_m 的理想弹簧连接到墙壁,质量块与地面的摩擦力阻为 R_m,系统如图 3-1-13 所示. 试画出该单振子系统的导纳型等效电路,并据此求得该系统的振动微分方程.

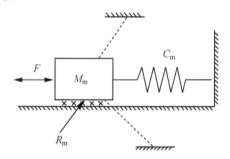

图 3-1-13　单振子系统模型图

解　根据导纳型类比思路,外力看作力线,一部分经由质量块分流,即惯性力部分;一部分经由力阻消耗,即阻力部分;最后一部分流过弹簧到地,即弹性力部分. 因此,外力（电流源）为流过质量（电容）、力导（电阻）和力顺（电感）的力（电流）之和,即

$$F = \frac{v}{\dfrac{1}{\mathrm{j}\omega M_m}} + \frac{v}{G_m} + \frac{v}{\mathrm{j}\omega C_m} = Z_m v \qquad (3\text{-}1\text{-}26)$$

对应的导纳型类比电路图如图 3-1-14 所示.

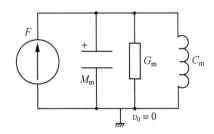

图 3-1-14 单振子系统的导纳型类比电路图

又因为 $v=\xi'=\mathrm{j}\omega\xi$，则式 (3-1-26) 对应的二阶微分方程为

$$M_\mathrm{m}\xi''+R_\mathrm{m}\xi'+K_\mathrm{m}\xi=F_\mathrm{a}\mathrm{e}^{\mathrm{j}\omega t} \tag{3-1-27}$$

例 3-1-2 设有一个简易弹簧隔振系统，如图 3-1-15 所示，试画出其对应的导纳型类比电路图，并求出隔振比.

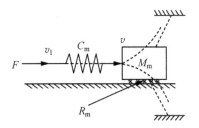

图 3-1-15 弹簧隔振系统

解 根据导纳型类比思路，外力看作力线，通过弹簧后分流，一部分经由力阻消耗，即阻力部分；另一部分流过质量块，即惯性力部分. 对应的导纳型类比电路图如图 3-1-16 所示.

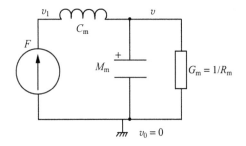

图 3-1-16 隔振系统的导纳型类比电路图

由力线分析和图 3-1-16 可知，流过力顺的力流与流过质量和力导的力流之和相等，即

$$\frac{v_1-v}{\mathrm{j}\omega C_\mathrm{m}}=\frac{v}{\dfrac{1}{\mathrm{j}\omega M_\mathrm{m}}}+\frac{v}{G_\mathrm{m}} \tag{3-1-28}$$

又因为 $v=\xi'=\mathrm{j}\omega\xi$ 和 $K_\mathrm{m}=\dfrac{1}{C_\mathrm{m}}$，则式 (3-1-28) 对应的二阶微分方程为

$$M_\mathrm{m}\xi''+R_\mathrm{m}\xi'+K_\mathrm{m}\xi=K_\mathrm{m}\xi_1 \tag{3-1-29}$$

利用复数的微积分求解法则和力阻抗的定义 $Z_\mathrm{m}=R_\mathrm{m}+\mathrm{j}\omega M_\mathrm{m}+\dfrac{K_\mathrm{m}}{\mathrm{j}\omega}$，可得对应的速度解和相应的隔振比分别为

$$v=\frac{1}{\mathrm{j}\omega C_\mathrm{m}Z_\mathrm{m}}v_1 \tag{3-1-30}$$

$$\left|\frac{v}{v_1}\right|=\frac{1}{\omega C_m\left|Z_m\right|} \tag{3-1-31}$$

例 3-1-3　下面给出了一个多弹簧的双振子振动模型,如图 3-1-17 所示.试画出对应的导纳型类比电路图.

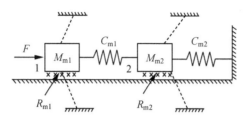

图 3-1-17　双振子振动模型

解　根据导纳型类比分析思路,外力 F 对应的力线在第一个质量块 M_{m1},即标号"1"处,分别分流为:一支穿过力导 $G_m=\dfrac{1}{R_m}$ 后终止于"地",一支穿过质量块 M_{m1} 终止于"地",最后一支穿过弹簧力顺 C_{m1} 到标号"2"处.这一部分对应于以下方程:

$$F=\frac{v}{\dfrac{1}{j\omega M_{m1}}}+\frac{v_1}{G_{m1}}+\frac{v_1-v_2}{j\omega C_{m1}} \tag{3-1-32}$$

而穿过 C_{m1} 的"2"处力线又将分别穿过 M_{m2}、G_{m2} 和 C_{m2},然后三路分支均终止于"地",即对应方程有

$$\frac{v_1-v_2}{j\omega C_{m1}}=\frac{v_2}{\dfrac{1}{j\omega M_{m2}}}+\frac{v_2}{G_{m2}}+\frac{v_2}{j\omega C_{m2}} \tag{3-1-33}$$

综上分析,可得整个系统的导纳型类比电路图,如图 3-1-18 所示.

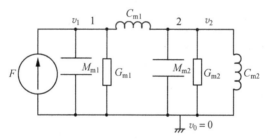

图 3-1-18　双振子系统的导纳型类比电路图

3.2　电-声类比

在分析声学问题时,若声学元件的几何尺度相比声波的波长小得多的话,则可暂时忽略由于声波的扩散传输所造成的影响,即此时可以把该声学系统归属于集总参数环境,换句话说,此时声学元件中的各部分运动可看作是均匀的,或认为其在做整体性运动.这样可便于与力-电情况相类比,从而画出电-声类比电路图.

3.2.1 亥姆霍兹共鸣器

亥姆霍兹共鸣器（Helmholtz resonator）是声学领域中最常见的一个分析模型，其基础结构由两部分构成：一部分是横截面半径为 a，面积为 $S=\pi a^2$，长度为 l_0 的短管；另一部分是容积为 V_0 的刚壁腔体。其中密度为 ρ_0 的流体连通内外，短管口受声压 p 驱动。其结构如图 3-2-1 所示。

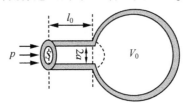

图 3-2-1　亥姆霍兹共鸣器

通常在对亥姆霍兹共鸣器进行分析和讨论前，还需要有以下三个假设前提：

（1）共鸣器的线度远小于声波的波长，即 a、l_0、$\sqrt[3]{V_0}\ll\lambda$.

（2）短管体积远小于腔体的体积，即 $Sl_0\ll V_0$.

（3）当腔体内介质压缩和膨胀时，腔壁不会变形，即腔体是刚性的，它不会把腔内介质的疏密过程传递到腔外去。

基于上述假设，此时可认为短管内的流体做整体性运动，换句话说，这一段空气柱的整体运动特性犹如一活塞。从几何分析角度，该活塞的质量 $M_m=\rho_0 l_0 S$，考虑到这个空气柱在向空间辐射声波，根据声辐射理论，当计及短管两端的声辐射效应时，其结果等效于有一个附加质量 M 负载于空气柱上（该部分的详细推导见最后一章），即短管还需计入一修正管长，因而此时总的等效管长可表示为

$$l=l_0+\Delta l=l_0+2\times\frac{8a}{3\pi}\approx l_0+1.7a \tag{3-2-1}$$

当短管空气柱做高速整体振动时，有可能受到管壁的摩擦，其对应的力阻设为 R_m.

另外，当短管内空气柱向腔内运动时，因腔壁是刚性的，腔内气体无他处可去，从而导致腔内气体做均匀压缩；反之，则引起腔内气体的膨胀，即短管内空气柱的往复运动将对应于腔体内部压强升高或降低。

下面定性讨论腔体内部状态的变化情况。设短管空气柱向腔体方向（设为正向）移动了距离 ξ，腔体内部发生压缩，其压强变化从原先静态的 P_0 变化为 P，两者的差值称为压力增量或逾量压强（以下简称"逾压"），此即为声压 $p=P-P_0$. 假设腔体内压缩膨胀过程是绝热的，其状态遵循物态方程：

$$(P_0+p)(V_0-S\xi)^\gamma=P_0 V_0^{\ \gamma} \tag{3-2-2}$$

其对应的声压解为

$$p=P_0\left[\left(1-\frac{S\xi}{V_0}\right)^{-\gamma}-1\right] \tag{3-2-3}$$

一般的声振动过程属于微扰动，位移 ξ 通常很小，换句话说，有 $S\xi\ll Sl_0\ll V_0$ 成立，再利用等价无穷小公式 $(1+x)^a-1\sim\alpha x$，故而式（3-2-3）有以下近似形式：

$$p\approx\gamma\frac{P_0 S}{V_0}\xi=\rho_0 c_0^{\ 2}\frac{S}{V_0}\xi \tag{3-2-4}$$

式中,引入一比例因子 $c_0{}^2=\dfrac{\gamma P_0}{\rho_0}$,后续我们可以看到此处的 c_0 即为普通状态下的声速.

上述的声压 p 是因短管空气柱运动所给予腔体的额外压力所引起的,因而根据牛顿第三定律,短管空气柱此时也会受到腔内逾压引起的反作用力,即为

$$F=-pS=-K_m\xi\left(K_m=C_m^{-1}=\rho_0 c_0{}^2\frac{S^2}{V_0}\right) \tag{3-2-5}$$

由式(3-2-5)可知,该力大小与位移 ξ 成正比,且方向相反.显然腔体作用在短管空气柱上的这一力相当于一个弹簧产生的弹性回复力,即腔体内空气此时可等效于一个“空气弹簧”,其对应的弹性系数为 $K_m=\dfrac{\rho_0 c_0{}^2 S^2}{V_0}$.可以发现,腔体体积 V_0 越大,则弹性系数 K_m 越小,或者力顺 C_m 越大.

通过以上分析可知,亥姆霍兹共鸣器中的短管空气柱部分包含了质量、力阻及力顺三个力学元件.当管口受声压 $p=P-P_0$ 的声波作用时,对短管空气柱做受力分析后,可得其运动方程为

$$M_m\xi''=-R_m\xi'+(P_0+p)S+(-P_0S-K_m\xi) \tag{3-2-6}$$

式(3-2-6)中的 $-R_m\xi'$ 即为空气柱摩擦带来的阻力部分;$(P_0+p)S$ 对应于静态大气压和声压合成的短管空气柱左侧受力;$(-P_0S-K_m\xi)$ 对应于静态大气压和腔体内部气体压缩膨胀形成的弹性回复力,这两项加在一起对应于短管空气柱右侧受力.又因为有 $v=\xi'$ 和 $K_m=C_m^{-1}$,将其代入上式后,经整理后可得

$$M_m\frac{dv}{dt}+R_m v+\frac{1}{C_m}\int v\,dt=pS \tag{3-2-7}$$

在声学分析中常用的分析参量,除了声压 p 外,还有一个参数是体积流速度,简称体速度,计为 $U=vS$.将其代入式(3-2-7)并两边除以面积 S 后,可得对应的声振动方程为

$$M_a\frac{dU}{dt}+R_a U+\frac{1}{C_a}\int U\,dt=p \tag{3-2-8}$$

式(3-2-8)含三个声学基本元件,其定义分别为:声质量 $M_a=\dfrac{M_m}{S^2}$、声阻 $R_a=\dfrac{R_m}{S^2}$ 和声顺 $C_a=C_m S^2$.容易发现,声学参数 (M_a,R_a,C_a) 与力学参数 (M_m,R_m,C_m) 量纲不同,因此在考虑力-声耦合问题时尤其要注意.

3.2.2　声 - 电阻抗型类比

假定亥姆霍兹共鸣器的短管空气柱所受声压为简谐驱动力,即可表示为 $p=p_a e^{j\omega t}$.当系统达到稳态时,对应的声振动方程变为

$$\left(j\omega M_a+R_a+\frac{1}{j\omega C_a}\right)U=p \tag{3-2-9}$$

在此引入声阻抗 Z_a,其定义是声压与体速度之比,单位量纲是 $Pa\cdot s/m^3$,其表达式如下:

$$Z_a=\frac{p}{U}=R_a+j\omega M_a+\frac{1}{j\omega C_a} \tag{3-2-10}$$

由于质量、力阻、力顺三部分的数学表示形式类同于电阻、电感和电容这三类基本电学

元件,因此可看出声-电类比较为适用于阻抗型类比,即有以下类比关系:

$$p \rightleftharpoons E, U \rightleftharpoons I, M_a \rightleftharpoons L_e, C_a \rightleftharpoons C_e, R_a \rightleftharpoons R_e \tag{3-2-11}$$

在此,我们给出阻抗型声学电路图的求解要点:

(1) 声流线:流过声学元件的流体质量流 U.

(2) 声压 p 具有相对性:表现为声学元件两端的压强差;对于大气压强 P_0 的端点,压强是常数,可认为"接地".

(3) 若质量流 U 产生分流 U_i,则在任意节点分流处均满足流体质量守恒定律,即 $\sum_i U_i = 0$.

下面我们结合几个例题来看一下阻抗型类比在声学系统中的应用.

例 3-2-1 试画出如图 3-2-2 所示的一亥姆霍兹共鸣器的阻抗型类比电路图.

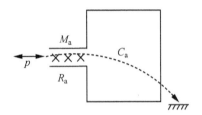

图 3-2-2 单亥姆霍兹共鸣器

解 根据声学阻抗型类比思路,可看出图 3-2-2 中的声流线 U 穿过短管的质量元件 M_a 和声阻元件 R_a 进入腔体声容 C_a,并最终止于"地"(大气压 P_0),因此可画出对应的声学阻抗型类比电路图,如图 3-2-3 所示.

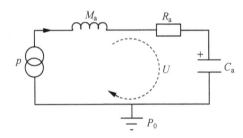

图 3-2-3 亥姆霍兹共鸣器的阻抗型类比线电路图

由图 3-2-3 可很容易得到对应的声路方程如下:

$$p = \left(j\omega M_a + R_a + \frac{1}{j\omega C_a} \right) U = Z_a U \tag{3-2-12}$$

例 3-2-2 如图 3-2-4 所示为一双级联亥姆霍兹共鸣器结构,试画出其对应的声学阻抗型类比电路图.

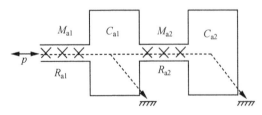

图 3-2-4 双级联亥姆霍兹共鸣器

解　根据声学阻抗型类比思路,可看出图 3-2-4 中的声流线 U 穿过第一个短管的质量元件 M_{a1} 和声阻元件 R_{a1},并进入首个腔体声容 C_{a1},之后声流线一部分终止于"地",另一部分分流进入第二个短管的质量元件 M_{a2} 和声阻元件 R_{a2},进入第二个腔体声容 C_{a2},并最后终止于"地".整个模型对应的声学阻抗型类比电路图如图 3-2-5 所示.

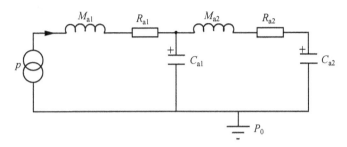

图 3-2-5　双级联亥姆霍兹共鸣器的阻抗型类比电路图

例 3-2-3　图 3-2-6 给出了一个声滤波器电路设计图,试根据阻抗型类比关系画出对应的声学元件模型图.

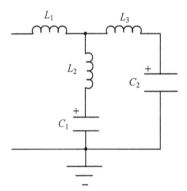

图 3-2-6　声滤波器电路设计图

解　根据声-电阻抗型类比的对应关系,即 $M_a \rightleftharpoons L_e$,$C_a \rightleftharpoons C_e$,可以画出对应的声学元件模型图,如图 3-2-7 所示.

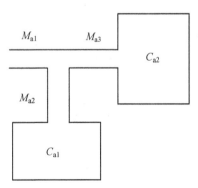

图 3-2-7　声滤波器模型图

3.3 类比电路的转换

从之前的分析和讨论中可以发现,对于力学振动系统,较适宜使用力线方法来得出导纳型类比电路图;而对于声学振动系统,则较适宜运用声流线方法得到阻抗型类比电路图.但在工程应用环境中,涉及的实际系统大多是力学、声学甚至电学混合共存的模型,典型的如扬声器、传声器等电声器件.对于该类复合电路,直接分析处理会很困难,有必要在正式运算前将其转换为统一的电路类型.

3.3.1 电路转换规则

不同类型类比电路之间的转换规则如下:

(1) 同一元件在两类电路间的互换:

- 电感 $\Leftrightarrow$ 电容,即 $\mathrm{j}\omega M_{\mathrm{m}} \rightleftharpoons \dfrac{1}{\mathrm{j}\omega M_{\mathrm{m}}}$.

- 电阻 $\Leftrightarrow$ 电导,即 $R_{\mathrm{m}} \rightleftharpoons G_{\mathrm{m}}$.

- 恒压源 $\Leftrightarrow$ 恒流源.

在进行电路类型转换时,必须将电感与电容、电阻与电导、恒压源与恒流源的符号互换.

(2) 在进行电路类型转换时,串联、并联关系要互换. 即一种类比电路中的元件串联相当于另一种类比电路中的元件并联.

(3) 一种类比电路中串联元件两端的"电压"之和相当于另一种类比电路中一分支点的"电流"总和.

例 3-3-1 试将图 3-3-1 中的导纳型类比电路图转换为阻抗型类比电路图.

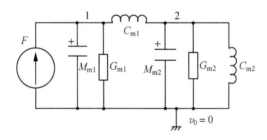

图 3-3-1 导纳型类比电路图

解 根据类比电路图之间的转换规则,原电容转为电感,原电感转为电容,原电导转为电阻,原恒流源转为恒压源,原并联元件转为串联元件,故而可得对应的图 3-3-2.

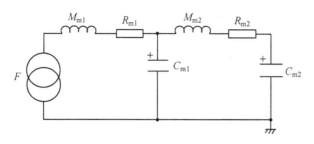

图 3-3-2　阻抗型类比电路图

3.3.2　变量器

常见的电声器件中常常遇到力-声耦合情形,比如力学电路的输出端连接着声学电路,但是力阻抗与声阻抗的量纲不一致,故两种电路不能直连,而要经过变量器的变换.

设有一简易的力-声耦合系统,如图 3-3-3 所示.

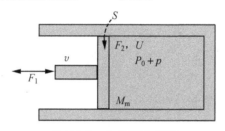

图 3-3-3　力-声耦合系统

图 3-3-3 中,有一外加简谐驱动力 F_1 作用在面积为 S、质量为 M_m 的活塞上,振动的活塞又依次推动后端腔体,形成腔内空气体积流 U 及逾压 p,此处为简化分析起见,可假设腔体内的逾压 p 是处处均匀的.在力-声交界处,即为力学系统与声学系统相互耦合的地方,其对应的力学、声学特性有以下关系:

- 力阻抗:$Z_m = \dfrac{F_2}{v}$.

- 声阻抗:$Z_a = \dfrac{p}{U}$.

- 因为 $U = vS$,$F_2 = pS$,故而有

$$Z_m = S^2 Z_a \tag{3-3-1}$$

在无线电线路的变压器中,如图 3-3-4 中的左图所示,其次级线圈两端的阻抗就等于初级线圈两端的阻抗乘以匝数比的平方,即有

$$Z_2 = n^2 Z_1 \tag{3-3-2}$$

式(3-3-1)和式(3-3-2)的数学形式相似,这说明在力学系统与声学系统耦合的地方相当于有一个变量比为 $n = \dfrac{1}{S}$ 的"变压器"存在,称为力-声变量器.通常对力、声共存的系统,在阻抗型力学电路图和阻抗型声学电路图中间要加入一个变量比为 $\dfrac{1}{S}$ 的变量器,如图 3-3-4 中的右图所示.

47

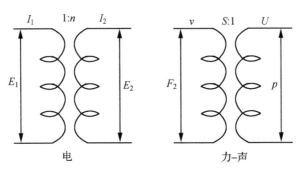

图 3-3-4　电学变压器与力-声变量器

上述力-声耦合中的量纲转换关系反映到基础元件中，即有以下关系式：

$$C_\mathrm{m} = S^{-2} C_\mathrm{a}, \quad M_\mathrm{m} = S^2 M_\mathrm{a}, \quad R_\mathrm{m} = S^2 R_\mathrm{a} \tag{3-3-3}$$

第4章　弹性体的振动

在第 2 章中,我们曾假设质点振动系统中反映性质的一系列参量,如质量、弹性系数、力阻等都与空间位置无关,即属于集总参数系统,此时系统运动只需用一个时间变量 t 就可描述,实现这一假设的前提是物体的几何尺寸要远小于声波的波长.

如果实际问题中物体的线度同振动传播的声波的波长处于同一数量级,或相互可比拟,则在该前提下就无法继续将振动物体抽象为质点了.此时的振动系统质量在空间上存在一定的连续分布,且空间中某一部分的质量本身还可能包含有弹性或阻尼性质,这类系统被称为分布参数系统,具有这种性质的物体则被称为弹性体.针对弹性体的振动特性描述,除了原有的时间变量外,还需要引入空间位置变量.本章我们将选取几种具有简单几何外形,且振动规律具备典型性的几何体来作简要讨论和分析.

4.1　弦及其振动

弦振动是一种较为直观的波动分析模型,生活中常见的弦乐器,如吉他、古筝、琵琶等就是依靠附着在乐器上拉紧的几根细弦的振动来发声的,而本节所讨论的是理想弦,它需要具备以下几点性质或要求:

- 有质量、性质柔顺的细丝或细绳.
- 两端拉紧、内部张力(tension)作为回复力.
- 弦自身的劲度(stiffness)与张力相比可忽略.

本节将理想弦作为分析对象的主要目的,并非在于解释某些弦乐器的发声机理,而是因弦的振动过程非常具有代表性.对弦振动的分析涉及许多数学物理领域常用的基础分析方法,甚至目前关于宇宙本质的热门理论(超弦理论)也认为正是高维空间中不同的弦振动方式才构成了我们现实世界中的基本粒子和基础作用力,因此掌握对弦振动分析的内容,对于后续声学内容的学习是非常重要的.

假设有一两端固定并被拉紧的一根细绳,其横截面与密度都均匀,即理想弦.在静止状态时,弦处于水平平衡位置,维持其平衡的是张力.若某一瞬间有一外力对其作用,而后随即撤去该外力,弦就会在自身张力作用下进行往复振动,且振动方向与弦相互垂直.由于弦是连续的整体,其各部分的运动还要向其他部分施加影响,即振动会进行传播,最终将在弦上形成一定的振动形状,如图 4-1-1 所示.

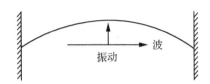

图 4-1-1　弦的振动

因为此时振动波的传播只能沿着弦长方向,而弦的各部分的振动方向又与弦长方向相垂直,故而弦的振动被称为横振动,传播出去的振动则被称为横波(transverse wave).

4.1.1　弦的横振动方程

在此,我们选择理想弦的一个元段,如图 4-1-2 所示,以 x 和 $x+\Delta x$ 表示这一元段弦的两个端点水平位置,则该元段在 x 轴的投影是 Δx. 当弦静止时,可认为弦的横向(沿 y 轴)位移 $\eta=0$. 弦本身因静态张力 T 而拉直,为简便起见,通常认为 T 是均匀的. 同时假设讨论的仅限于小振动,即横向位移 η 很小.

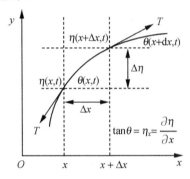

图 4-1-2　弦的横振动受力分析

当弦发生振动,其横向位移为 $\eta(x,t)$ 时,元段 Δx 拉伸成圆弧段,根据勾股定理,可知其伸长了距离 $\Delta s=\sqrt{\Delta x^2+\Delta \eta^2}-\Delta x$,而此时的动态张力 T 的增量与伸长率 $\dfrac{\Delta s}{\Delta x}$ 成正比,即

$$\Delta T \propto \lim_{\Delta x \to 0}\frac{\Delta s}{\Delta x}=\lim_{\Delta x \to 0}\frac{\sqrt{\Delta x^2+\Delta \eta^2}-\Delta x}{\Delta x}=\sqrt{1+\eta_x{}^2}-1 \approx \frac{1}{2}\eta_x{}^2 \tag{4-1-1}$$

当振动仅限小振幅时,可认为 $|\eta_x| \ll 1$,则上式中得到的动态张力增量可忽略不计,换句话说,小振动状态下的弦内动态张力仍可用静态张力 T 来近似.

根据图 4-1-2 的受力分析图,静态位于 x 处的弦上一点,其左侧对右侧的张力为 $-T$,方向沿弦的切向,该力在 x 轴、y 轴方向的投影分别为 $-T\cos\theta$ 和 $-T\sin\theta$,其中 θ 是弦的切向角,且有 $\tan\theta=\eta_x(x,t)=\dfrac{\partial}{\partial x}\eta(x,t)$. 同理,也可在 $x+\Delta x$ 处得出类似结论. 因此,长度为 Δx 的元段在横向和纵向所受到的合力分别为

$$\begin{cases} \lim\limits_{\Delta x \to 0}\Delta F_x=\lim\limits_{\Delta x \to 0}(T\cos\theta|_{x+\Delta x}-T\cos\theta|_x)=\left(T\dfrac{\partial}{\partial x}\cos\theta\right)\Delta x=\left(T\dfrac{\partial}{\partial x}\cos\theta\right)\mathrm{d}x \\ \lim\limits_{\Delta x \to 0}\Delta F_y=\lim\limits_{\Delta x \to 0}(T\sin\theta|_{x+\Delta x}-T\sin\theta|_x)=\left(T\dfrac{\partial}{\partial x}\sin\theta\right)\Delta x=\left(T\dfrac{\partial}{\partial x}\sin\theta\right)\mathrm{d}x \end{cases} \tag{4-1-2}$$

根据几何分析,可知有以下表达式:

$$\begin{cases} \cos\theta = \dfrac{1}{\sqrt{1+\tan^2\theta}} = \dfrac{1}{\sqrt{1+\eta_x{}^2}} = 1 - \dfrac{1}{2}\eta_x{}^2 + \cdots = 1 + o(\eta_x{}^2) \approx 1 \\[2mm] \sin\theta = \cos\theta\tan\theta = \dfrac{\eta_x}{\sqrt{1+\eta_x{}^2}} = \eta_x - \dfrac{1}{2}\eta_x{}^3 + \cdots = \eta_x + o(\eta_x{}^3) \approx \eta_x \end{cases} \tag{4-1-3}$$

因此,在线性近似($|\eta_x| \ll 1$)的前提下,式(4-1-2)中的两个方向的合力可近似为

$$\begin{cases} \mathrm{d}F_x = \lim\limits_{\Delta x \to 0}\Delta F_x = \left(T\dfrac{\partial}{\partial x}\cos\theta\right)\mathrm{d}x \approx 0 \\[2mm] \mathrm{d}F_y = \lim\limits_{\Delta x \to 0}\Delta F_y = \left(T\dfrac{\partial}{\partial x}\sin\theta\right)\mathrm{d}x \approx T\dfrac{\partial^2\eta}{\partial x^2}\mathrm{d}x \end{cases} \tag{4-1-4}$$

若设弦的线密度为 δ,则元段的质量为 $\delta\mathrm{d}x$,根据牛顿第二定律,可得到弦的横振动方程:

$$\delta\mathrm{d}x\frac{\partial^2\eta}{\partial t^2} \approx T\frac{\partial^2\eta}{\partial x^2}\mathrm{d}x \tag{4-1-5}$$

4.1.2　弦的横振动方程的一般解

上面我们通过受力分析,得到了弦的横振动方程,若引入一变量 $c = \sqrt{\dfrac{T}{\delta}}$,则式(4-1-5)可改写为

$$\frac{\partial^2\eta}{\partial x^2} - \frac{1}{c^2}\frac{\partial^2\eta}{\partial t^2} = 0 \tag{4-1-6}$$

式(4-1-6)是弦的横振动方程,可用来描述弦上任意位置的运动规律.

下面我们讨论弦的横振动方程的一般性通解.由于该方程是一个二阶偏微分方程,因此它的解应是两个独立变量 x 与 t 的函数,即可表示为 $\eta(x,t)$.若假设 δ、T 为常数,则刚引入的新变量 c 也是常数.我们引入一对新坐标 (ξ,ζ),其与原始的 (x,t) 之间的映射关系如下:

$$\begin{cases} \xi = ct - x \\ \zeta = ct + x \end{cases} \rightarrow \begin{cases} \dfrac{\partial}{\partial x} = -\dfrac{\partial}{\partial \xi} + \dfrac{\partial}{\partial \zeta} \\[2mm] \dfrac{1}{c}\dfrac{\partial}{\partial t} = \dfrac{\partial}{\partial \xi} + \dfrac{\partial}{\partial \zeta} \end{cases} \rightarrow \begin{cases} 2\dfrac{\partial}{\partial \xi} = \dfrac{1}{c}\dfrac{\partial}{\partial t} - \dfrac{\partial}{\partial x} \\[2mm] 2\dfrac{\partial}{\partial \zeta} = \dfrac{1}{c}\dfrac{\partial}{\partial t} + \dfrac{\partial}{\partial x} \end{cases} \tag{4-1-7}$$

则弦的横振动方程可变换为

$$\frac{\partial^2\eta}{\partial x^2} - \frac{1}{c^2}\frac{\partial^2\eta}{\partial t^2} = \left(\frac{\partial}{\partial x} + \frac{1}{c}\frac{\partial}{\partial t}\right)\left(\frac{\partial}{\partial x} - \frac{1}{c}\frac{\partial}{\partial t}\right)\eta = 0 \Rightarrow \frac{\partial^2\eta}{\partial \zeta\partial \xi} = 0 \tag{4-1-8}$$

式(4-1-8)说明 (ξ,ζ) 也是满足弦的横振动方程的解,因此通解 $\eta(x,t)$ 可表示为

$$\eta(x,t) = f(\xi) + g(\zeta) = f(ct-x) + g(ct+x) \tag{4-1-9}$$

这一结果表明,弦的横振动方程的通解分别是沿着 x 轴的正反方向、以速度 c 传播的行波,换句话说,无论波形如何,理想弦中的振动都可分解为以波速 c 朝彼此相反方向传播的两股行波.另外,从公式 $c^2 = \dfrac{T}{\delta}$ 中可看出,弦波的传播速度 c 是一个与弦的固有力学参量有关的常数值,弦的张力 T 越大或线密度 δ 越小,对应的波速 c 越大,换句话说,弦张得越紧或单位长度的弦越轻,则弦中的振动传播得越快;反之亦然.

4.1.3 弦的横振动方程的驻波解

下面我们用数学物理方法中常用的分离变量法（又称驻波法）来求解弦振动方程，设解为 $\eta(x,t)=X(x)\zeta(t)$，代入式(4-1-6)，可得

$$\zeta\frac{\mathrm{d}^2 X}{\mathrm{d}x^2}-\frac{1}{c^2}X\frac{\mathrm{d}^2\zeta}{\mathrm{d}t^2}=0\Rightarrow\frac{1}{\zeta}\frac{\mathrm{d}^2\zeta}{\mathrm{d}t^2}=\frac{c^2}{X}\frac{\mathrm{d}^2 X}{\mathrm{d}x^2} \tag{4-1-10}$$

要使式(4-1-10)在任意时刻恒成立，则上述等式两端只能等于一个与 x 和 t 均无关的常数。我们令其为 $-\omega^2$，即有 $\frac{1}{\zeta}\frac{\mathrm{d}^2\zeta}{\mathrm{d}t^2}=\frac{c^2}{X}\frac{\mathrm{d}^2 X}{\mathrm{d}x^2}=-\omega^2$，由此可得到一对方程组，如下所示：

$$\begin{cases} \zeta''+\omega^2\zeta=0 \\ X''+k^2 X=0 \end{cases} \tag{4-1-11}$$

式中，$k=\frac{\omega}{c}$.

根据高等数学知识，可知上面两组方程的实数形式的通解均可表示为三角函数的级数展开式，也就是

$$\begin{cases} \zeta(t)=a\cos(\omega t-\varphi) \\ X(x)=c\cos kx+d\sin kx \end{cases} \tag{4-1-12}$$

式中，a、c、d 均是待定常数，其具体数值取决于特定的边界条件。同时，式(4-1-12)中的两个解分别采用了三角级数展开解的两种不同表现形式，但本质上并无实质区别，特此说明一下。所以，弦的横振动方程的通解实数形式可表示为

$$\eta(x,t)=X(x)\zeta(t)=a\cos(\omega t-\varphi)\cdot(c\cos kx+d\sin kx) \tag{4-1-13}$$

而其对应的通解复数形式则为

$$\tilde{\eta}(x,t)=A\mathrm{e}^{\mathrm{j}(\omega t-kx)}+B\mathrm{e}^{\mathrm{j}(\omega t+kx)}=A\mathrm{e}^{\mathrm{j}k(ct-x)}+B\mathrm{e}^{\mathrm{j}k(ct+x)} \tag{4-1-14}$$

上式中的 A 和 B 也是待定常数，$A=\frac{(c+\mathrm{j}d)a\mathrm{e}^{-\mathrm{j}\varphi}}{2}$，$B=\frac{(c-\mathrm{j}d)a\mathrm{e}^{-\mathrm{j}\varphi}}{2}$. 上述通解表达式中的 $A\mathrm{e}^{\mathrm{j}(\omega t-kx)}$ 或 $A\mathrm{e}^{\mathrm{j}k(ct-x)}$ 代表沿正向传播的简谐行波，对应一般性通解中的 $f(ct-x)$. 与之类似，等式中的 $B\mathrm{e}^{\mathrm{j}(\omega t+kx)}$ 或 $B\mathrm{e}^{\mathrm{j}k(ct+x)}$ 代表沿反向传播的简谐行波，对应一般性通解中的 $g(ct+x)$. 因此，$\eta(x,t)$ 可看作两路相向的振动频率为 ω 的简谐行波之叠加。

下面证明式(4-1-13)与式(4-1-14)是等价的。

证明 因 $a\cos(\omega t-\varphi)=\mathrm{Re}[a\mathrm{e}^{\mathrm{j}(\omega t-\varphi)}]$，$2\cos\theta=\mathrm{e}^{\mathrm{j}\theta}+\mathrm{e}^{-\mathrm{j}\theta}$，$2\mathrm{j}\sin\theta=\mathrm{e}^{\mathrm{j}\theta}-\mathrm{e}^{-\mathrm{j}\theta}$，故

$$\eta(x,t)=a\cos(\omega t-\varphi)\cdot(c\cos kx+d\sin kx)$$

$$=\mathrm{Re}\left[a\mathrm{e}^{\mathrm{j}(\omega t-\varphi)}\left(c\frac{\mathrm{e}^{\mathrm{j}kx}+\mathrm{e}^{-\mathrm{j}kx}}{2}+d\frac{\mathrm{e}^{\mathrm{j}kx}-\mathrm{e}^{-\mathrm{j}kx}}{2\mathrm{j}}\right)\right]$$

$$=\mathrm{Re}\left[a\mathrm{e}^{\mathrm{j}\omega t}\mathrm{e}^{-\mathrm{j}\varphi}\left(\left(\frac{c}{2}+\frac{d}{2\mathrm{j}}\right)\mathrm{e}^{\mathrm{j}kx}+\left(\frac{c}{2}-\frac{d}{2\mathrm{j}}\right)\mathrm{e}^{-\mathrm{j}kx}\right)\right]$$

$$=\mathrm{Re}\left[\mathrm{e}^{-\mathrm{j}\varphi}\left(\left(\frac{c-\mathrm{j}d}{2}\right)a\mathrm{e}^{\mathrm{j}(\omega t+kx)}+\left(\frac{c+\mathrm{j}d}{2}\right)a\mathrm{e}^{\mathrm{j}(\omega t-kx)}\right)\right]$$

$$=\mathrm{Re}[A\mathrm{e}^{\mathrm{j}(\omega t-kx)}+B\mathrm{e}^{\mathrm{j}(\omega t+kx)}]=\mathrm{Re}[\tilde{\eta}(x,t)]$$

其中，$\begin{cases} A = \dfrac{(c+\mathrm{j}d)a\,\mathrm{e}^{-\mathrm{j}\varphi}}{2}, \\ B = \dfrac{(c-\mathrm{j}d)a\,\mathrm{e}^{-\mathrm{j}\varphi}}{2}, \end{cases}$　故得证.

4.1.4　弦的振动能量

根据定义可知，每一元段 $\mathrm{d}x$ 的弦的动能 $\mathrm{d}E_\mathrm{k} = \dfrac{1}{2}mv^2 = \dfrac{1}{2}\delta\,\mathrm{d}x\,\eta_t{}^2$，故整段弦的动能为

$$E_\mathrm{k} = \int \mathrm{d}E_\mathrm{k} = \frac{1}{2}\delta\int_0^l \eta_t{}^2\,\mathrm{d}x = \frac{1}{2}\delta\int_0^l \left(\frac{\partial\eta}{\partial t}\right)^2\,\mathrm{d}x \tag{4-1-15}$$

同理，由式(4-1-1)可知，元段 $\mathrm{d}x$ 因横向位移的伸长量 $\mathrm{d}s = \dfrac{1}{2}\eta_x{}^2\,\mathrm{d}x$，而势能就是弦偏离平衡位置时克服张力所做的功，故整段弦的势能为

$$E_\mathrm{p} = \int \mathrm{d}E_\mathrm{p} = \int T\,\mathrm{d}s = \frac{1}{2}T\int_0^l \eta_x{}^2\,\mathrm{d}x = \frac{1}{2}T\int_0^l \left(\frac{\partial\eta}{\partial x}\right)^2\,\mathrm{d}x \tag{4-1-16}$$

故我们可以很容易地得出弦的总能量 E 和每元段 $\mathrm{d}x$ 中的能量密度 $\varepsilon(x,t)$：

$$\begin{cases} E = E_\mathrm{k} + E_\mathrm{p} = \displaystyle\int_0^l \varepsilon(x,t)\,\mathrm{d}x \\ \varepsilon(x,t) = \dfrac{1}{2}\delta\eta_t{}^2 + \dfrac{1}{2}T\eta_x{}^2 = \dfrac{1}{2}\delta[\mathrm{Re}(\tilde{\eta}_t)]^2 + \dfrac{1}{2}T[\mathrm{Re}(\tilde{\eta}_x)]^2 \end{cases} \tag{4-1-17}$$

4.1.5　弦的边值问题

下面我们针对几种非常具有代表性的边界条件来求解弦的横振动方程.

1. 一端固定情形

设弦的一端点固定于左侧边界处，即位于 $x=0$ 处，弦本体位于 $x>0$ 的半无限区间内，取水平向右为正向. 根据之前的分析，弦的横振动方程的解可表示为两个沿相反方向传播的行波的叠加，即为

$$\eta = f(ct-x) + g(ct+x) \quad (x>0) \tag{4-1-18}$$

式中，$g(ct+x)$ 可看作朝向固定边界的入射波，换句话说，是一方向向左的反向行波；而 $f(ct-x)$ 则被视为反射波，是一远离边界、向右传播的正向行波.

固定边界条件意味着弦在此处 ($x=0$) 的振动位移等于零，即

$$\eta\big|_{x=0} = f(ct) + g(ct) = 0$$

即
$$g(ct) = -f(ct) \tag{4-1-19}$$

此边界条件意味着 $g(z) = -f(z)$，两者函数形式一样，仅差负号. 因此，满足一端固定边界条件的弦的横振动方程的解又可表示为

$$\eta(x,t) = f(ct-x) - f(ct+x) \tag{4-1-20}$$

很容易推知该解满足：$\eta(-x,t) = -\eta(x,t)$，$\eta_t(-x,t) = -\eta_t(x,t)$.

若考虑简谐形式，则可改写为 $\eta(x,t) = A\mathrm{e}^{\mathrm{j}(\omega t-kx)} + B\mathrm{e}^{\mathrm{j}(\omega t+kx)}$，因为固定边界条件 $\eta\big|_{x=0} = 0$，所以两个待定系数满足条件 $B = -A$，因此可改写为

$$\eta(x,t)=Ae^{j(\omega t-kx)}-Ae^{j(\omega t+kx)}=-2jAe^{j\omega t}\sin kx \tag{4-1-21}$$

该结果中与位置有关的项只有 $\sin kx$，说明弦上每一点都做简谐运动，具有驻波性.

2. 两端固定情形

由式（4-1-9）可知，对于无限长的理想弦而言，满足波动方程的弦振动解可看作两个相向的行波叠加和，即对应的函数 $f(ct-x)$ 和 $g(ct+x)$ 都是定义在 $-\infty<x<\infty$ 上的，而实际的弦都是有限长的.

假定有一长度为 l 的弦，其两端分别固定，则有以下边界条件成立：

$$\eta\big|_{x=0,l}=0\rightarrow\begin{cases}g(z)=-f(z)\\f(z)=f(z+2l)\end{cases} \tag{4-1-22}$$

因此，满足两端固定边界条件的解的表达式为

$$\eta(x,t)=f(ct-x)-f(ct+x) \tag{4-1-23}$$

同时，我们还可推知以下三点推论：

- $\eta(-x,t)=-\eta(x,t)$，即函数 $f(x)$ 在空间位置上满足反对称特性.
- $\eta(x+2l,t)=\eta(x,t)$，即函数 $f(x)$ 是空间上的周期函数，其空间周期为 $2l$.
- $\eta\left(x,t+\dfrac{2l}{c}\right)=\eta(x,t)$，即函数 $f(x)$ 是时间上的周期函数，其时间周期为 $\dfrac{2l}{c}$.

若推广到简谐波形式，由于左端边界固定（$\eta\big|_{x=0}=0$），根据式（4-1-21）可知，横振动方程的通解可表示为 $\eta(x,t)=-2jAe^{j\omega t}\sin kx$. 同时该结果表达式也应满足另一端，即右端的固定边界条件（$\eta\big|_{x=l}=0$），即有

$$\eta(l,t)=-2jAe^{j\omega t}\sin kl\rightarrow\sin kl=0\rightarrow k=k_n=\frac{n\pi}{l} \tag{4-1-24}$$

由式（4-1-24）可看出，要保证两端固定边界条件，波数 k 只能取无数多个固定的离散值 k_n. 又因为 $k=\dfrac{\omega}{c}$，所以此时角频率 ω 也只能取到固定的离散值，即 $\omega_n=k_nc=\dfrac{n\pi c}{l}$. 因此，对应的第 n 次谐波解可表示为

$$\eta_n(x,t)=-2jAe^{j\omega_n t}\sin k_n x=A_ne^{j\omega_n t}\sin k_n x \tag{4-1-25}$$

式中，$A_n=-2jA$. 需要特别说明的是，A_n 一般都是复数量，即为复振幅，含有实部和虚部；而 $\sin k_n x$ 则是实数量. 根据傅里叶级数展开理论，弦波解可表示为无穷多个谐波解的叠加，即可表示为

$$\eta=\sum_{n=1}^{\infty}\eta_n(x,t)=\sum_{n=1}^{\infty}A_ne^{j\omega_n t}\sin k_n x \tag{4-1-26}$$

若额外再给定充分的初始条件，则可以定量确定复振幅 A_n. 假设初始条件如下：

$$\mathrm{Re}(\eta)\big|_{t=0}=\eta_0(x),\ \mathrm{Re}(\eta_t)\big|_{t=0}=v_0(x)\ (0<x<l)$$

代入式（4-1-26）后，可得如下方程组：

$$\begin{cases}\displaystyle\sum_1^{\infty}\mathrm{Re}(A_n)\sin k_n x=\eta_0(x)\\\displaystyle-\sum_1^{\infty}\omega_n\mathrm{Im}(A_n)\sin k_n x=\eta_0(x)\end{cases}\rightarrow\begin{cases}\mathrm{Re}(A_n)=\dfrac{2}{l}\displaystyle\int_0^l\eta_0(x)\sin k_n x\,\mathrm{d}x\\\mathrm{Im}(A_n)=-\dfrac{2}{\omega_n l}\displaystyle\int_0^l v_0(x)\sin k_n x\,\mathrm{d}x\end{cases} \tag{4-1-27}$$

合并式(4-1-27)中的实部和虚部,得到复振幅 A_n 的完整表达式:

$$A_n = \mathrm{Re}(A_n) + \mathrm{j}\mathrm{Im}(A_n) = \frac{2}{l}\int_0^l \left[\eta_0(x) + \frac{v_0(x)}{\mathrm{j}\omega_n}\right]\sin k_n x \,\mathrm{d}x \qquad (4\text{-}1\text{-}28)$$

上式说明复振幅与初始位移和初始速度均有关,换句话说,若同一根弦初始时拨动的位置不同,则弦所产生的振动也各不相同,这也是弦乐器演奏手法背后隐含的物理原理.

4.1.6　弦的简正模式

从上面的讨论可知,对于两端固定的弦,其振频 f_n 只能取到一系列的离散值,且仅与弦本身的固有力学参量有关,称为弦的固有振动频率,其表达式如下:

$$f_n = \frac{\omega_n}{2\pi} = \frac{nc}{2l} = \frac{n}{2l}\sqrt{\frac{T}{\delta}} \qquad (4\text{-}1\text{-}29)$$

可以看到,与一个单振子系统仅有一个固有频率不同,弦的固有频率可以有 n 个,且按照 $n=1,2,3,\cdots$ 的次序离散变化,通常称这些固有频率为简正频率 f_n,n 次振动的简正波数为 $k_n = \frac{\omega_n}{c} = \frac{2\pi}{\lambda_n} = \frac{n\pi}{l}$,$\lambda_n$ 是相应的波长. 每一个 f_n 或 ω_n 都各自对应一个模式,称为简正模式或简正模态,即

$$\eta_n(x,t) = A_n \mathrm{e}^{\mathrm{j}\omega_n t}\sin k_n x \quad (A_n = |A_n|\mathrm{e}^{-\mathrm{j}\varphi}, n=1,2,\cdots) \qquad (4\text{-}1\text{-}30)$$

弦做自由振动时,一般 n 个模式都可能存在,此时弦振动应该是各种振动方式的叠加. 从数学上讲,每一简正模式都是满足弦振动方程的一个特解,所以该方程的一般解应该是所有简正模式的线性叠加,正如式(4-1-26)所示. 通常,我们将 $n=1$ 的模式称为基音(fundamental tone),对应的频率是基频;而 $n>1$ 的模式则统称为泛音(overtone),对应的频率为泛频. 典型的基频和泛频的振动如图 4-1-3 所示.

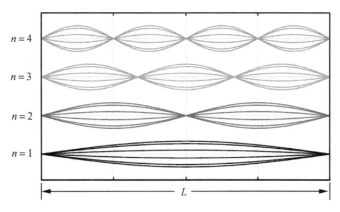

图 4-1-3　基频和泛频振动图

从图 4-1-3 中还可推知一个结论:两端固定的弦振动的第 n 阶简正模式中存在 $n+1$ 个波节(node)和 n 个波腹(antinode),且其为驻波(standing wave),可分解为等幅反向行波之叠加.

由式(4-1-29)可知,所有的泛频都是基频的整数倍,故又称谐频(harmonic frequency). 因为弦振动时激发的固有频率都是谐频,所以一般弦乐器听起来的音色是和谐的,即为谐音.

下面我们分析简正模式的振动能量. 先直接给出第一个结论,第 n 阶简正模式的能量可

表示为

$$E_n = \frac{1}{4}\delta l \, |\, \omega_n A_n\,|^2 \tag{4-1-31}$$

式(4-1-31)说明第 n 阶简正模式类似于单振子，其总能量是常数. 该式的证明过程如下.

证明 首先，第 n 阶简正模式可表示为 $\eta_n = \zeta_n(t)\sin k_n x$，其中 $\sin k_n x$ 是空间分量，仅与空间位置有关；而 $\zeta_n(t) = A_n e^{j\omega_n t}$ 是含时分量，与时间 t 有关.

$$E_n = \int_0^l \left\{ \frac{1}{2}\delta\left[\mathrm{Re}\left(\frac{\partial \eta_n}{\partial t}\right)\right]^2 + \frac{1}{2}T\left[\mathrm{Re}\left(\frac{\partial \eta_n}{\partial x}\right)\right]^2 \right\}\mathrm{d}x$$

$$= \frac{1}{2}\left[\delta[\mathrm{Re}(\zeta_n{}')]^2\int_0^l \sin^2 k_n x\,\mathrm{d}x + Tk_n^2[\mathrm{Re}(\zeta_n)]^2\int_0^l \cos^2 k_n x\,\mathrm{d}x\right]$$

$$= \frac{1}{4}\delta l\{[\mathrm{Re}(\zeta_n{}')]^2 + \omega_n^2[\mathrm{Re}(\zeta_n)]^2\} = \frac{1}{4}\delta l\{[-\omega_n\mathrm{Im}(\zeta_n)]^2 + \omega_n^2[\mathrm{Re}(\zeta_n)]^2\}$$

$$= \frac{1}{4}\delta l\omega_n^2[(\mathrm{Im}\zeta_n)^2 + (\mathrm{Re}\zeta_n)^2] = \frac{1}{4}\delta l\omega_n^2\,|\,\zeta_n\,|^2 = \frac{1}{4}\delta l\,|\,\omega_n A_n\,|^2$$

上述推导中利用了 $k_n = \frac{\omega_n}{c}, c^2 = \frac{T}{\delta}, \int_0^l \sin^2 k_n x\,\mathrm{d}x = \int_0^l \cos^2 k_n x\,\mathrm{d}x = \frac{l}{2}$ 这几个结论.

接着我们给出第二个结论，整根弦的总振动能量 E 就是各简正模式能量 E_n 的叠加，即

$$E = \sum_n E_n \tag{4-1-32}$$

证明 令 $\sin k_n x = X_n(x)$，根据三角函数的知识，可知函数 $X_n(x)$ 构成正交完备系，即满足以下关系式：

$$\int_0^l X_m(x)X_n(x)\mathrm{d}x = N_n\delta_{mn}\left(N_n = \frac{l}{2}\right)$$

因此，弦振动的横向位移函数 $\eta(x,t)$ 可按空间位置的正交级数来展开，即有

$$\eta(x,t) = \sum_n \zeta_n(t)X_n(x) \tag{4-1-33}$$

将式(4-1-33)代入整根弦的总能量计算式，可得

$$E = \int_0^l \left\{ \frac{1}{2}\delta\left[\mathrm{Re}\left(\frac{\partial \eta}{\partial t}\right)\right]^2 + \frac{1}{2}T\left[\mathrm{Re}\left(\frac{\partial \eta}{\partial x}\right)\right]^2 \right\}\mathrm{d}x$$

$$= \frac{1}{2}\int_0^l \left\{ \delta\left[\sum_n \mathrm{Re}\zeta_n{}'(t)X_n(x)\right]^2 + T\left[\sum_n \mathrm{Re}\zeta_n(t)X_n{}'(x)\right]^2 \right\}\mathrm{d}x$$

提取出上式中的第一部分，有

$$\frac{1}{2}\delta\int_0^l \left[\sum_n \mathrm{Re}\zeta_n{}'(t)X_n(x)\right]^2\mathrm{d}x = \frac{1}{2}\delta\int_0^l \sum_{m=1}^\infty \mathrm{Re}\zeta_m{}'(t)X_m(x) \cdot \sum_{n=1}^\infty \mathrm{Re}\zeta_n{}'(t)X_n(x)\mathrm{d}x$$

$$= \frac{1}{2}\delta\sum_{m,n=1}^\infty \mathrm{Re}\zeta_m{}'(t)\zeta_n{}'(t)\int_0^l X_m(x)X_n(x)\mathrm{d}x$$

$$= \frac{1}{2}\delta\sum_{m,n=1}^\infty \mathrm{Re}\zeta_m{}'(t)\zeta_n{}'(t)N_n\delta_{mn} = \frac{1}{2}\delta N_n\sum_{n=1}^\infty [\mathrm{Re}\zeta_n{}'(t)]^2$$

$$= \frac{1}{2}\delta\frac{l}{2}\sum_{n=1}^\infty \{-\omega_n\mathrm{Im}[\zeta_n(t)]\}^2 = \frac{1}{4}\delta l\omega_n^2\sum_{n=1}^\infty [\mathrm{Im}\zeta_n(t)]^2$$

同理，第二部分可改写为

$$\frac{1}{2}T\int_0^l\Big[\sum_n\mathrm{Re}\zeta_n(t)X_n{}'(x)\Big]^2\mathrm{d}x=\frac{1}{2}Tk_n{}^2N_n\sum_{n=1}^{\infty}\big[\mathrm{Re}\zeta_n(t)\big]^2=\frac{1}{4}\delta l\omega_n{}^2\sum_{n=1}^{\infty}\big[\mathrm{Re}\zeta_n(t)\big]^2$$

根据之前推导第一个结论中的结果,此时振动总能量可表示为

$$E=\frac{1}{4}\delta l\omega_n{}^2\sum_{n=1}^{\infty}\big[\mathrm{Im}\zeta_n(t)\big]^2+\frac{1}{4}\delta l\omega_n{}^2\sum_{n=1}^{\infty}\big[\mathrm{Re}\zeta_n(t)\big]^2=\frac{1}{4}\delta l\omega_n{}^2\sum_n|\zeta_n|^2=\sum_n E_n$$

得证.

从上述证明过程也可发现,式(4-1-32)从能量角度佐证了弦的振动可展开为各个简正模式的叠加.

4.1.7　外力驱动的弦振动

前面我们讨论的都是弦在瞬时外力作用下进行的自由振动,即弦在起振之后,施加的外力随即撤去.现在我们来讨论外部驱动力持续作用于弦的振动状况,下面仍然根据不同的边界条件进行分析.

1. 一端位移驱动产生的弦波

假设弦位于 $x>0$ 的半无限区域,弦在 $x=0$ 的一端受到横向位移 $\eta_0(t)$ 的驱动,即有边界条件:

$$\eta(0,t)=\eta_0(t) \tag{4-1-34}$$

若认为弦为半无限长或尚未遭遇远场边界造成反射,则此时仅存在沿 x 轴正向传播的解,因而有 $\eta(x,t)=f(ct-x)$.将此表达式代入边界条件后可得

$$f(ct)=\eta_0(t)\rightarrow f(z)=\eta_0\left(\frac{z}{c}\right) \tag{4-1-35}$$

所以此时弦振动的定解为 $\eta(x,t)=\eta_0\left(t-\dfrac{x}{c}\right)$.

思考题　若改为无限长弦($-\infty<x<\infty$),仍在 $x=0$ 处施以横向位移 $\eta_0(t)$ 的驱动,则此时对应的弦振动可表示为何种形式?

2. 任意位置处的外力驱动

设有一无限长细弦($-\infty<x<\infty$),若有一横向力 $F(t)$ 作用于 $x=x_0$ 处,此力与两侧张力相平衡,假定左侧弦的横向位移为 $\eta_L(x,t)$,而右侧弦的横向位移为 $\eta_R(x,t)$,故此时边界条件可表示为

$$\begin{cases}\eta_L\big|_{x=x_0}=\eta_R\big|_{x=x_0}\\[1mm]F(t)-T\dfrac{\partial\eta_L}{\partial x}\Big|_{x=x_0}+T\dfrac{\partial\eta_R}{\partial x}\Big|_{x=x_0}=0\end{cases} \tag{4-1-36}$$

考虑到细弦此时为无限长,意味着左、右两侧都不存在远端边界传来的反射波,所以左、右两侧位移必取如下形式:

$$\eta_L=\eta_L\left(t+\frac{x-x_0}{c}\right),\ \eta_R=\eta_R\left(t-\frac{x-x_0}{c}\right) \tag{4-1-37}$$

由于 $x=x_0$ 处弦的横向位移连续,因此 $\eta_L\big|_{x=x_0}=\eta_R\big|_{x=x_0}=\eta$,此即式中的第一个边界条件,将其代入式(4-1-37)后可得

$$\eta_{\mathrm{L}} = \eta\left(t + \frac{x - x_0}{c}\right), \quad \eta_{\mathrm{R}} = \eta\left(t - \frac{x - x_0}{c}\right) \tag{4-1-38}$$

将式(4-1-38)代入式(4-1-36)中的第二个边界条件,即力的平衡条件,得

$$F(t) - T\frac{1}{c}\eta'(t) + T\left(-\frac{1}{c}\right)\eta'(t) = 0$$

最终经整理后可得

$$\eta(t) = \frac{c}{2T}\int F(t)\,\mathrm{d}t \tag{4-1-39}$$

4.2 棒及其振动

棒是与弦不同的另一类弹性体,通常认为其是坚硬的,且其回复力是由自身的弹性(或劲度)所产生的,而相比之下张力可忽略不计.棒的振动在声学中也占有重要地位,尤其是在换能器领域应用广泛.例如,水声换能器、超声换能器大都呈现棒状结构,有些电声器件也采用棒状设计.同时,棒也可作为声波在弹性介质中传播的一种简易抽象模型,因而具有重要的研究意义.

本节讨论的棒是截面积均匀的细棒,如图 4-2-1 所示.此处的细是指其横向尺寸(直径 d)比纵向尺度(长度 l)要小得多,即满足 $d \ll l$.此时棒的同一截面上各点的运动可以看成是均匀的,这意味着可用棒中心轴的坐标来代表棒的纵向位置;棒的线密度 δ 也看作是均匀的(与位置 x 无关).

图 4-2-1 细棒

严格来说,棒的振动方式可分为三类:纵向的(longitudinal)、横向的(transverse)及扭转的(torsional),但实际应用中,仅考虑纵振动和横振动已足以描述棒的绝大部分运动状态,同时考虑到本书的定位和篇幅限制,故本节仅选取其中的纵振动方式来分析,同时讨论范围仍仅限于小振动情形,即满足线性近似的前提条件.

4.2.1 棒的纵振动方程

棒与弦的一个重要的不同点就在于回复力产生的原因不再主要取决于张力,而取决于其自身的劲度或弹性,这涉及两个新概念:应变(strain)和应力(stress).

取一长为 l、横截面积为 S 的均匀细棒,用 x 坐标表示其中心轴的位置.假设沿着棒的 x 方向施加一外力,它将使棒中各个位置的质点发生纵向位移.因为是均匀细棒,故而可认为棒横截面上的质点整体沿棒轴方向振动,如图 4-2-2 所示.

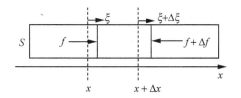

图 4-2-2　棒的振动位移

令静态时位于 x 处的界面位移为 $\xi = \xi(x, t)$，可见其是关于位置 x 和时间 t 的函数。而对于位于 $[x, x + \Delta x]$ 之间的棒的元段 Δx，其相应的伸长量可表示为

$$\Delta \xi = \xi(x + \Delta x, t) - \xi(x, t)$$

单位长度的棒的伸长量即为应变，即

$$\xi_x = \lim_{\Delta x \to 0} \frac{\Delta \xi}{\Delta x} = \frac{\partial}{\partial x} \xi(x, t) \tag{4-2-1}$$

棒由于自身存在弹性，故而会因出现应变而产生相应的应力，即横截面单位面积上的力。此处设定产生压缩作用的应力取正值，如图 4-2-2 所示。在线性近似条件下，根据胡克定律，可知应力正比于应变，即有

$$f(x, t) = -E \xi_x(x, t) = -E \frac{\partial}{\partial x} \xi(x, t) \tag{4-2-2}$$

式中，比例系数 E 称为杨氏模量（Young modulus）或弹性模量（modulus of elasticity），常用以衡量固体的弹性性能。由式（4-2-2）可得元段 $[x, x + \Delta x]$ 所受到的合力为

$$\Delta F(x) = f(x, t) S - f(x + \Delta x) S = -S \left(\frac{\Delta f}{\Delta x} \right) \Delta x \tag{4-2-3}$$

棒的元段 $[x, x + \Delta x]$ 在合力 ΔF 的作用下产生纵向振动。根据牛顿运动定律，Δx 元段的运动方程可表示为

$$\rho S \Delta x \frac{\partial^2 \xi}{\partial t^2} \approx -\Delta F \xrightarrow[\text{取 } \Delta x \to 0 \text{ 的极限}]{\text{两边除以 } S \text{、} \Delta x} \rho \frac{\partial^2 \xi}{\partial t^2} \approx -\frac{1}{S} \lim_{\Delta x \to 0} \frac{\Delta F}{\Delta x} = -\frac{1}{S} \frac{\partial F}{\partial x}$$

将式（4-2-3）和式（4-2-2）代入上式，即可得到棒的纵振动方程：

$$\frac{\partial^2 \xi}{\partial x^2} - \frac{1}{c^2} \frac{\partial^2 \xi}{\partial t^2} = 0 \quad \left(c = \sqrt{\frac{E}{\rho}} \right) \tag{4-2-4}$$

式中，ρ 是棒的密度；c 是棒的纵波波速，其值是杨氏模量与密度的比值的平方，这一结论可类比弦中的波速（张力与线密度的比值的平方）。从数学上看，式（4-2-4）与式（4-1-6）同为二阶常系数偏微分方程，因此棒的纵振动方程的一般性通解可表示为

$$\xi(x, t) = f(ct - x) + g(ct + x) \tag{4-2-5}$$

式中，$f(ct - x)$ 代表沿 x 轴正向的行波，$g(ct + x)$ 代表沿 x 轴负向的行波。

一般性通解所对应的谐波解可表示为

$$\xi(x, t) = A e^{j(\omega t - kx)} + B e^{j(\omega t + kx)} \tag{4-2-6}$$

式中，A、B 均是待定常数，由具体的边界条件确定。

4.2.2　棒的边值问题

下面我们继续讨论几种典型边界条件下棒的纵振动方程的具体求解。

1. 两端固定情形

假定长度为 l 的棒，其两端分别固定，换句话说，就是棒在两个边界处的位移均为零，即有以下边界条件成立：

$$\xi(x,t)\big|_{x=0}=\xi(x,t)\big|_{x=l}=0 \tag{4-2-7}$$

这一边界条件与两端固定弦的情况完全一样，且因为两者满足的振动方程具有相同的数学表达式形式，因而可推知两者的解的形式必然相同. 因此，式(4-2-4)在满足两端固定情况下的解可写为

$$\xi(x,t)=\sum_{n=1}^{\infty}A_n\mathrm{e}^{\mathrm{j}\omega_n t}\sin k_n x \quad \left(k_n=\frac{n\pi}{l},\omega_n=k_n c,f_n=\frac{nc}{2l}\right) \tag{4-2-8}$$

2. 两端自由情形

假定长度为 l 的棒，其两端均处于自由状态，换句话说，就是棒在两个边界处所受应力为零，即对应边界条件为

$$F\big|_{x=0,l}=0 \rightarrow \frac{\partial}{\partial x}\xi(x,t)\bigg|_{x=0,l}=0 \tag{4-2-9}$$

若令 $\eta=\xi_x$，则此时 η 代回上式所得的边界条件与两端固定情形在数学形式上完全一致. 因此，两端自由条件下的解可很容易推知为

$$\xi(x,t)=\int\eta(x,t)\mathrm{d}x+C(t)=\sum_{n=1}^{\infty}A_n\mathrm{e}^{\mathrm{j}\omega_n t}\cos k_n x \quad (C=0) \tag{4-2-10}$$

值得注意的是，此时的简正频率仍为 $f_n=\frac{\omega_n}{2\pi}=\frac{k_n c}{2\pi}=\frac{nc}{2l}$，即两端自由与两端固定棒的简正频率是相同的.

3. 一端自由、一端固定情形

假定长度为 l 的棒，其在 $x=0$ 处固定，在 $x=l$ 处自由. 根据之前的分析，可很容易写出目前的边界条件为

$$\xi(x,t)\big|_{x=0}=0, \frac{\partial}{\partial x}\xi(x,t)\bigg|_{x=l}=0 \tag{4-2-11}$$

假设棒做角频率为 ω 的简谐运动，即位移可表示为 $\xi(x,t)=\xi(x)\mathrm{e}^{\mathrm{j}\omega t}$，将其代入波动方程和边界条件，利用分离变量法化简后可得到 $\xi(x)$ 满足的方程和边界条件分别为

$$\begin{cases}\xi''(x)+k^2\xi(x)=0 \quad \left(k=\dfrac{\omega}{c}\right)\\ \xi(x)\big|_{x=0}=0, \xi'(x)\big|_{x=l}=0\end{cases} \tag{4-2-12}$$

由之前弦振动求解结论，我们很容易得知满足第一个边界条件的解可表示为

$$\xi(x)=A\sin kx \tag{4-2-13}$$

而该解势必也应该满足第二个边界条件，因此可得到频率方程及其对应的解为

$$\cos(kl)=0 \rightarrow k=k_n=\left(n-\frac{1}{2}\right)\frac{\pi}{l} \quad (n=1,2,\cdots) \tag{4-2-14}$$

由此可看出，波数 k 只能取 n 个特定离散值 k_n，分别对应 n 个简正模式. 因而，整个棒的振动位移的通解可表示为各简正模式的叠加，即有

$$\xi(x,t)=\sum_{n=1}^{\infty}\xi_n(x,t)=\sum_{n=1}^{\infty}A_n\mathrm{e}^{\mathrm{j}\omega_n t}\sin k_n x \tag{4-2-15}$$

特别需要说明的是,虽然数学形式上式(4-2-15)与式(4-2-8)看似相同,但是两式中的波数 k_n 是取不同的值,此时的简正频率为 $f_n=\dfrac{\omega_n}{2\pi}=\dfrac{k_n c}{2\pi}=(2n-1)\dfrac{c}{4l}$.

通过比较可以发现,一端自由、一端固定的棒的基频或泛频在同样长度 l 时与前两种情形中的规律会有所不同.换句话说,如果我们对相同的棒施加不同的边界条件,如两端自由与一端自由、一端固定,然后予以相同的外力驱动敲击,两种情况下棒所激发出来的基频、泛频均有差异,在此情况下,人们感知到它们所发出声音的音调与音色均不同.

4. 一端自由、一端负载情形

在不少实际应用场景中,棒的端点既非完全固定又非完全自由,而是具有一力学负载,通常为一质量负载.假定长度为 l 的棒,其在 $x=0$ 处自由,在 $x=l$ 处有一质量块 M_{m},则此时棒在 $x=l$ 端将受到一惯性力的作用,而该力应与棒中的应力相平衡.综上所述,两端的边界条件可表示为

$$\left.\frac{\partial \xi}{\partial x}\right|_{x=0}=0,\ M_{\mathrm{m}}\left(\frac{\partial^2 \xi}{\partial t^2}\right)\bigg|_{x=l}=-SE\left(\frac{\partial \xi}{\partial x}\right)\bigg|_{x=l} \tag{4-2-16}$$

因为棒的纵振动方程是二阶偏微分方程,可知通解必定具有以下形式:

$$\xi(x,t)=(A\cos kx+B\sin kx)\mathrm{e}^{\mathrm{j}\omega t} \tag{4-2-17}$$

将其代入第一个边界条件后,可推知待定常数 $B=0$,因此解的形式蜕变为

$$\xi(x,t)=A\cos kx\cdot\mathrm{e}^{\mathrm{j}\omega t} \tag{4-2-18}$$

该结果表达式也应满足第二个边界条件,将其代入后经化简可得本征方程:

$$\frac{\tan(kl)}{kl}=-\frac{M_{\mathrm{m}}}{M_{\mathrm{rod}}}=-\alpha\ \left(k=\frac{\omega}{c},M_{\mathrm{rod}}=\rho lS\right) \tag{4-2-19}$$

式中,M_{rod} 为棒的自身质量,$\alpha=\dfrac{M_{\mathrm{m}}}{M_{\mathrm{rod}}}$ 为负载质量与棒自身质量之比.

为简化分析起见,我们暂时只考虑三种特殊情况(注意此时的前提是 $x=0$ 处自由).

(1) $\alpha\to 0$,即 $\dfrac{M_{\mathrm{m}}}{M_{\mathrm{rod}}}\to 0$.

该条件意味着棒在 $x=l$ 处接入的负载质量极小,此时棒在 $x=l$ 处可近似认为是自由边界,换句话说,此时棒近似为两端自由条件.对应的本征方程,即式(4-2-19)将近似为

$$\tan(kl)=0\ \to\ \sin(kl)=0 \tag{4-2-20}$$

其中,$kl=0$ 的解其实表示了棒已经近似为质点.

(2) $\alpha\to\infty$,即 $\dfrac{M_{\mathrm{m}}}{M_{\mathrm{rod}}}\to\infty$.

该条件意味着棒在 $x=l$ 处接入的负载质量极大,此时棒在 $x=l$ 处可近似认为是固定边界,此时可近似为一端自由、一端固定条件.对应的本征方程近似为

$$\tan(kl)=\infty\ \to\ \cot(kl)=0 \tag{4-2-21}$$

(3) $\alpha=1$,即 $M_{\mathrm{m}}=M_{\mathrm{rod}}$.

该条件意味着棒在 $x=l$ 处接入的负载质量正好等于棒的自身质量.对应的本征方程近

似为

$$\tan(kl) = -kl \tag{4-2-22}$$

图 4-2-3 给出了该方程的若干个解的图示.

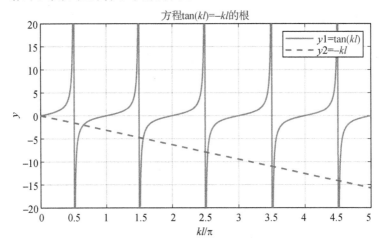

图 4-2-3　$\tan(kl) = -kl$ 的图解示意

图 4-2-3 对应的 MATLAB 仿真代码如下：

```
% 清空变量区并关闭所有图窗
clear;close all;

% 设定各项参数
x=0:0.01:5*pi;
y1=tan(x);
y2=-x;

% 画图
plot(x/pi,y1,'LineWidth',1.5);
hold on;grid on;
plot(x/pi,y2,'--','LineWidth',1.5);

% 添加图例说明
legend('\it y1=tan(kl)','\it y2=-kl');
axis([0 5 -20 20]);
xlabel('\it kl/\pi');ylabel('\it y');title('方程\it tan(kl)=-kl\rm 的根');
```

通过对上述三种特殊情况的分析,我们可以大致推断出以下结论:一端自由、一端负载的棒的振动基频介于两端自由与一端自由、一端固定的两种情形之间,这说明若原先棒的一自由端接入质量负载后,棒原先的振动基频会发生漂移,漂移程度取决于 $\dfrac{M_{\mathrm{m}}}{M_{\mathrm{rod}}}$. 随着负载质量的增大,基频点愈加向低频方向移动,即意味着越来越难以驱动该端,其极限接近于固定端情形.

5. 一端固定、一端负载情形

假定长度为 l 的棒,其在 $x=0$ 处固定,在 $x=l$ 处有一质量块 M_m. 根据前面的力学分析,我们可以很容易写出两端的边界条件:

$$\xi\big|_{x=0}=0,\quad M_m\left(\frac{\partial^2\xi}{\partial t^2}\right)\Big|_{x=l}=-SE\left(\frac{\partial\xi}{\partial x}\right)\Big|_{x=l} \qquad (4\text{-}2\text{-}23)$$

将棒的纵振动方程的通解,即式(4-2-17),代入第一个边界条件后,可知通解只能具有以下形式:

$$\xi(x,t)=B\sin kx\cdot e^{j\omega t} \qquad (4\text{-}2\text{-}24)$$

将其代入第二个边界条件后化简可得频率本征方程:

$$kl\tan(kl)=\frac{M_{rod}}{M_m}=\beta \ \text{或} \ \beta\cot(kl)=kl \qquad (4\text{-}2\text{-}25)$$

式中,$\beta=\dfrac{M_{rod}}{M_m}=\dfrac{1}{\alpha}$,为棒自身质量 M_{rod} 与负载质量 M_m 之比. 为简化分析起见,我们同样先分析三种特殊情况(注意此时的前提是 $x=0$ 处固定).

(1) $\beta\to 0$,即 $\dfrac{M_{rod}}{M_m}\to 0$.

该条件意味着棒在 $x=l$ 处接入的负载质量远大于棒自身质量,此时可近似为两端固定条件,而对应的本征方程近似为

$$\tan(kl)=0 \qquad (4\text{-}2\text{-}26)$$

(2) $\beta\to\infty$,即 $\dfrac{M_{rod}}{M_m}\to\infty$.

该条件意味着棒在 $x=l$ 处接入的负载质量远小于棒自身质量,此时可近似为一端固定、一段自由条件,而对应的本征方程近似为

$$\cot(kl)=0 \qquad (4\text{-}2\text{-}27)$$

因为 tan 和 cot 函数都具有周期性,所以理论上上述本征方程中存在无穷个 $z=kl$ 的解,即 $z_n=k_n l$.

(3) $\beta=1$,即 $M_m=M_{rod}$.

该条件意味着棒在 $x=l$ 处接入的负载质量正好等于棒的自身质量,对应的本征方程近似为

$$\cot(kl)=kl \qquad (4\text{-}2\text{-}28)$$

图 4-2-4 给出了该方程的若干个解的图示.

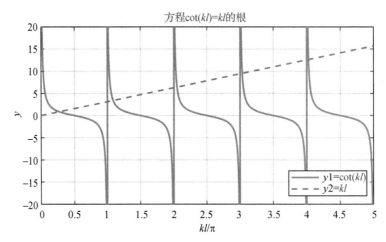

图 4-2-4　cot(kl)＝kl 的图解示意

图 4-2-4 对应的 MATLAB 仿真代码如下：

```
% 清空变量区并关闭所有图窗
clear;close all;

x=0:0.01:5*pi;
y1=cot(x);
y2=x;

plot(x/pi,y1,'LineWidth',1.5);
hold on;
plot(x/pi,y2,'--','LineWidth',1.5);
legend('\it y1=cot(kl)','\it y2=kl');
grid on;
axis([0 5 -20 20]);
xlabel('\it kl/\pi');ylabel('\it y');title('方程\it cot(kl)=kl\rm 的根');
```

下面我们给出一端固定、一端负载的棒在长波条件下的一种近似特例，读者可借此推导思路来体会声学中常用的近似等效手法. 长波近似成立的前提是要求满足以下条件：

$$kl \ll 1 \Rightarrow l \ll \frac{\lambda}{2\pi} \tag{4-2-29}$$

即意味着棒中传播的声波波长 λ 要远大于棒自身的线长尺度 l，而波长 λ 越长，就代表着振动频率 f 越低，故而长波近似又称为低频近似. 此时式（4-2-25）频率本征方程可近似为

$$kl \ll 1, \tan(kl) \approx kl \Rightarrow \beta = kl\tan(kl) \approx (kl)^2$$

又因为波数的定义，有 $k = \frac{\omega_0}{c}$，所以容易推得

$$\omega_0 \approx \frac{c}{l}\sqrt{\beta} = \frac{c}{l}\sqrt{\frac{\rho l S}{M_{\mathrm{m}}}} = \sqrt{\frac{K_{\mathrm{m}}}{M_{\mathrm{m}}}} \left(c = \sqrt{\frac{E}{\rho}}, kl \ll 1 \right) \tag{4-2-30}$$

式中，$K_m = \dfrac{ES}{l}$，称为等效弹性系数，即杨氏模量和棒的横截面的乘积与棒自身长度之比. 可以看出式(4-2-30)中的固有振动频率与弹簧的固有频率计算公式相同，即意味着此时棒负载端的振动特性与弹簧-振子模型中的质点块相似，此时可将棒等效看作一弹簧.

若进一步增设一个前提条件，假定负载质量 M_m 远大于棒自身质量 M_{rod}，即有 $\beta \ll 1$ 成立，则本征方程中的第一个解也有 $z_0 = k_0 l \ll 1$，此时本征方程可用泰勒级数展开为

$$\beta = k_0 l \tan(k_0 l) = z_0 \tan(z_0) = z_0{}^2 + \frac{1}{3}(z_0{}^2)^2 + \cdots + o(z_0{}^2) \text{ 或 } z_0{}^2 = \beta + o(\beta)$$

其对应的解为反级数：

$$z_0{}^2 = \beta - \frac{1}{3}(z_0{}^2)^2 + \cdots = \beta - \frac{1}{3}\beta^2 + \cdots$$

若只取前两项，可得最低本征频率为

$$\omega_0 = k_0 c = \frac{z_0}{l} c \approx \frac{c}{l} \sqrt{\beta - \frac{1}{3}\beta^2} \xrightarrow[K_m = \frac{ES}{l}]{c = \sqrt{\frac{E}{\rho}}} \sqrt{\frac{K_m}{M_m + \frac{1}{3}M_{rod}}} \tag{4-2-31}$$

对比式(4-2-31)中的分母与式(2-2-33)后可知，当 $\beta \ll 1$ 时，一端固定、一端大质量负载的棒的纵振动此时可等效为一有质量的弹簧，相比理想弹簧-振子模型，此时加入了质量修正项 $\frac{1}{3}M_{rod}$.

6. 一端固定、一端受简谐外力驱动情形

假定长度为 l 的棒，其在 $x = 0$ 处固定，在 $x = l$ 处受到一简谐外力 $F = F_a e^{j\omega t}$，由于外力驱动的存在，棒内部会产生相应的应力与之平衡. 此时两端的边界条件可表示为

$$\xi\big|_{x=0} = 0 - ES\frac{\partial \xi}{\partial x}\bigg|_{x=l} + F = 0 \tag{4-2-32}$$

根据之前的分析结论可知，第一个边界条件下的对应通解形式必为 $\xi(x,t) = B\sin kx \cdot e^{j\omega t}$ 这种形式，将其代入第二个边界条件后可得到最终解为

$$\xi(x,t) = \frac{1}{ESk}\frac{\sin(kx)}{\cos(kl)}F \tag{4-2-33}$$

式中，当分母位置上的 $\cos(kl) = 0$ 时，对应的位移解为无穷大，即代表发生了共振现象，对应的波数和频率分别为

$$k = k_n = \left(n - \frac{1}{2}\right)\frac{\pi}{l}, \quad f_n = (2n-1)\frac{c}{4l} \quad (n = 1, 2, \cdots) \tag{4-2-34}$$

上述结果正好对应于一端固定($x=0$)、一端自由($x=l$)的棒的纵振动的简正模式，也就是说，当简谐外力的驱动频率对应的波数正好等于一端固定、一端自由的棒的简正波数时，系统将产生共振现象.

下面我们给出该情景下的低频长波近似解，即系统满足 $kl \ll 1$. 假设棒上任意一点位置 x，则必有 $kx \leqslant kl \ll 1$，因此有

$$\xi(x,t) = \frac{1}{ESk}\frac{\sin(kx)}{\cos(kl)}F \approx \frac{1}{ESk}\frac{kx}{1}F = \frac{x}{ES}F \tag{4-2-35}$$

当 $x=l$ 时，上式可改写为

$$F=\frac{ES}{l}\xi\big|_{x=l}=K_{\mathrm{m}}\xi\big|_{x=l}\left(K_{\mathrm{m}}=\frac{ES}{l}\right)$$

由此可见，若波长远大于棒自身长度，即满足长波近似前提时，棒的振动特性可等效为一理想弹簧.

7. 一端自由、一端受简谐外力驱动情形

假定长度为 l 的棒，其在 $x=0$ 处受到一简谐外力 $F=F_{\mathrm{a}}\mathrm{e}^{\mathrm{j}\omega t}$ 驱动，在 $x=l$ 处自由. 此时两端的边界条件可表示为

$$F-\left(-ES\frac{\partial\xi}{\partial x}\Big|_{x=0}\right)=0\,,\ \frac{\partial\xi}{\partial x}\Big|_{x=l}=0 \tag{4-2-36}$$

根据之前的分析，我们可知晓满足 $x=l$ 处的边界条件的稳态解必有以下形式：

$$\xi(x,t)=A\mathrm{e}^{\mathrm{j}\omega t}\cos[k(l-x)]$$

将其代入外力驱动端的边界条件后化解，可得

$$\xi(x,t)=\frac{klF\cos[k(l-x)]}{(\mathrm{j}\omega)^2 M_{\mathrm{rod}}\sin(kl)}=\frac{F\cos[k(l-x)]}{(\mathrm{j}\omega)^2 M_{\mathrm{rod}}\mathrm{sinc}(kl)}\left(\mathrm{sinc}(kl)=\frac{\sin(kl)}{kl}\right) \tag{4-2-37}$$

当 $kl=n\pi$，即 $k=k_n=\dfrac{n\pi}{l}\,(n=1,2,\cdots)$ 时，位移解达到无穷大，即发生共振. 这一结果与两端固定或两端自由中的简正波数是一致的，也就是当外力驱动的频率与两端固定或两端自由的简正频率重合时，系统会发生共振现象. 由于简正模式有无穷多个，所以此时系统的共振频率点也有无穷多个.

此时若系统满足 $kl\ll 1$，则对应的低频长波近似解可表示为

$$(\mathrm{j}\omega)\xi\approx\frac{F}{\mathrm{j}\omega M_{\mathrm{rod}}} \tag{4-2-38}$$

此时，棒等效于一质量为 M_{rod} 的质点.

4.2.3 棒的力阻抗

设 F 是作用在棒中某界面上的力，则该处的力阻抗 Z_{m} 可以定义为力与速度之比，即

$$Z_{\mathrm{m}}=\frac{F}{v}\,,\ v=\xi_t=\frac{\partial\xi}{\partial t}=\mathrm{j}\omega\xi \tag{4-2-39}$$

由于速度 v 与力 F 的连续性，任意截面或界面两侧的力阻抗也应是连续的，即应有

$$Z_{\mathrm{m}}\big|_{x^-}=Z_{\mathrm{m}}\big|_{x^+}$$

同样，也可定义行波的力阻抗，假设行波的表达式为 $\xi=A\mathrm{e}^{\mathrm{j}(\omega t\mp kx)}$，其中指数项中取"一"号时代表正向行波，取"＋"号时代表反向行波，其任意截面处的力阻抗可表示为

$$Z_{\mathrm{m}}=\frac{F}{v}=-ES\frac{\xi_x}{\xi_t}=\pm\frac{ES}{c}=\pm\rho cS=\pm Z_0 \tag{4-2-40}$$

式中，Z_0 称为参考力阻抗，其反映棒的波动特性. 需要说明的是，此处的力阻抗并非代表能量的消耗，仅仅代表了能量的传递. 假设令 $\rho_L=\rho S$，其可看作棒的线密度，即单位长度的棒的质量，则 $Z_0=\rho_L c=\rho Sc$，也就是说，参考力阻抗即为棒的线密度与波速之乘积.

有了力阻抗的定义,我们也可将外力驱动下的棒看作外力的负载,下面给出两种边界条件下的例子.

1. 一端外力驱动、一端自由情形

假定长度为 l 的棒,其在 $x=0$ 处受到一简谐外力 F 驱动,在 $x=l$ 处自由. 根据之前的分析,要满足 $x=l$ 端的自由边界条件,位移解必为 $\xi=A\mathrm{e}^{\mathrm{j}\omega t}\cos k(l-x)$,其中 A 是待定系数,由初始条件决定. 根据力阻抗的定义,在 $x=0$ 处有

$$Z_\mathrm{m}\big|_{x=0}=\frac{-ES\dfrac{\partial\xi}{\partial x}}{\dfrac{\partial\xi}{\partial t}}\bigg|_{x=0}=\mathrm{j}\rho c S\tan(kl) \tag{4-2-41}$$

当系统满足低频近似条件,即 $kl\ll1$ 时,可写出力阻抗的近似式为

$$Z_\mathrm{m}\big|_{x=0}=\mathrm{j}\rho c S\left[(kl)+\frac{1}{3}(kl)^3+o(kl)^5\right]\approx\mathrm{j}\rho c Skl\left[1+\frac{1}{3}(kl)^2\right]$$

将其取倒数,可得

$$\frac{1}{Z_\mathrm{m}\big|_{x=0}}=\frac{1}{\mathrm{j}\rho c Skl}\frac{1}{\left[1+\dfrac{1}{3}(kl)^2\right]}\approx\frac{1}{\mathrm{j}\rho c Skl}\left[1-\frac{1}{3}(kl)^2\right]$$

$$=\frac{1}{\mathrm{j}(\rho lS)(ck)}+\frac{1}{\mathrm{j}(\rho lS)(ck)}\left(-\frac{1}{3}k^2l^2\right)$$

$$=\frac{1}{\mathrm{j}\omega M_\mathrm{m}}+\mathrm{j}\omega\left(\frac{1}{3}C_\mathrm{m}\right) \tag{4-2-42}$$

式中,$M_\mathrm{m}=\rho lS$,$C_\mathrm{m}=\dfrac{1}{K_\mathrm{m}}=\dfrac{l}{ES}$,$\omega=kc$. 若 $kl\to0$,则后一项 C_m 也可进一步近似省略,即 $Z_\mathrm{m}\approx\mathrm{j}\omega M_\mathrm{m}$,意味着此时棒的振动特性可等效为一质点.

2. 一端外力驱动、一端固定情形

假定长度为 l 的棒,其在 $x=0$ 处受到一简谐外力 F 驱动,在 $x=l$ 处固定. 根据之前的分析,要满足 $x=l$ 处的固定边界条件,位移解必为 $\xi=A\mathrm{e}^{\mathrm{j}\omega t}\sin[k(l-x)]$,其中 A 是待定系数,由初始条件决定. 根据力阻抗的定义,在 $x=0$ 处有

$$Z_\mathrm{m}\big|_{x=0}=\frac{-ES\dfrac{\partial\xi}{\partial x}}{\dfrac{\partial\xi}{\partial t}}\bigg|_{x=0}=-\mathrm{j}\rho c S\cot(kl) \tag{4-2-43}$$

当系统满足低频近似条件,即 $kl\ll1$ 时,可写出力阻抗的近似式为

$$Z_\mathrm{m}\big|_{x=0}=-\mathrm{j}\rho c S\left[\frac{1}{kl}-\frac{1}{3}(kl)+o(kl)^3\right]\approx-\mathrm{j}\rho c S\left[\frac{1}{kl}-\frac{1}{3}(kl)\right]$$

$$=\frac{1}{\mathrm{j}\omega C_\mathrm{m}}+\mathrm{j}\omega\left(\frac{1}{3}M_\mathrm{m}\right) \tag{4-2-44}$$

此时棒的振动特性可等效为一有质量的弹簧,若需进一步近似,则后一项 M_m 也可省略,即 $Z_\mathrm{m}\approx\dfrac{1}{\mathrm{j}\omega C_\mathrm{m}}$,意味着此时棒的振动特性可等效为一理想的无质量弹簧.

4.2.4 复合棒的纵振动

声学应用中常会遇到由两根不同杨氏模量、密度、声速、长度与横截面所构成的复合棒的振动问题，如图 4-2-5 所示．

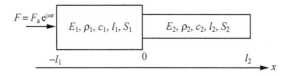

图 4-2-5 复合棒

图中的 E_i、ρ_i、c_i、l_i、S_i 分别为第 i 根棒的杨氏模量、密度、声速、长度、截面积．设复合棒左端（$x=-l_1$）处受简谐外力 $F=F_a \mathrm{e}^{\mathrm{j}\omega t}$，右端（$x=l_2$）处自由，则其边界条件可表示为

$$E_1 S_1 \frac{\partial \xi_1}{\partial x}\bigg|_{x=-l_1} = F_a \mathrm{e}^{\mathrm{j}\omega t}, \frac{\partial \xi_2}{\partial x}\bigg|_{x=l_2} = 0 \qquad (4\text{-}2\text{-}45)$$

同时在分界面（$x=0$）处，两侧的位移和应力均连续，即有衔接边界条件：

$$\begin{cases} \xi_1\big|_{x=0} = \xi_2\big|_{x=0} \\ E_1 S_1 \dfrac{\partial \xi_1}{\partial x}\bigg|_{x=0} = E_2 S_2 \dfrac{\partial \xi_2}{\partial x}\bigg|_{x=0} \end{cases} \qquad (4\text{-}2\text{-}46)$$

满足棒的纵振动方程的位移通解可表示为

$$\xi_i(x,t) = \left[A_i \cos(k_i x) + \frac{B_i}{E_i S_i k_i} \sin(k_i x) \right] \mathrm{e}^{\mathrm{j}\omega t} \quad (i=1,2)$$

括号中第二项系数写作 $\dfrac{B_i}{E_i S_i k_i}$，而非 B_i，主要是为了后续数学处理的方便，并无其他特殊含义，特此说明一下．将上述表达式代入衔接边界条件后，可得到左、右棒振动常系数之间的关系为 $A_1 = A_2 = A$，$B_1 = B_2 = B$．位移通解可简化表示为

$$\xi(x,t) = \left[A \cos(k_i x) + \frac{B}{E_i S_i k_i} \sin(k_i x) \right] \mathrm{e}^{\mathrm{j}\omega t} \quad (i=1,2)$$

将其再代入式（4-2-45），即左、右端的边界条件后，经化简可得两系数分别为

$$A = \frac{\cos(k_2 l_2)}{E_1 S_1 k_1 \sin(k_1 l_1)\cos(k_2 l_2) + E_2 S_2 k_2 \cos(k_1 l_1)\sin(k_2 l_2)} F_a$$

$$B = A E_2 S_2 k_2 \tan(k_2 l_2)$$

若假设两棒材质相同，且长度一致，即有 $E_1 = E_2 = E$，$c_1 = c_2 = c$，$l_1 = l_2 = l$，仅横截面不同，则可得此时两棒各自的位移解分别为

$$\begin{cases} \xi_1(x,t) = \dfrac{1}{Ek(S_1+S_2)} \left[\dfrac{\cos(kx)}{\sin(kl)} + \dfrac{S_2}{S_1}\dfrac{\sin(kx)}{\cos(kl)} \right] F_a \mathrm{e}^{\mathrm{j}\omega t} \\ \xi_2(x,t) = \dfrac{1}{Ek(S_1+S_2)} \left[\dfrac{\cos(kx)}{\sin(kl)} + \dfrac{\sin(kx)}{\cos(kl)} \right] F_a \mathrm{e}^{\mathrm{j}\omega t} \end{cases} \qquad (4\text{-}2\text{-}47)$$

容易发现，当上式结果中的分母部分为 0，即 $\sin(kl)=0$ 或 $\cos(kl)=0$ 时，位移将趋向于无穷大，也就是说，系统将发生共振现象．

我们分析一下此时复合棒两端的振幅之比，即

$$\xi_{12}=\left|\frac{\xi_2(l,t)}{\xi_1(-l,t)}\right|=\left|\frac{1}{\cos^2(kl)-\dfrac{S_2}{S_1}\sin^2(kl)}\right|=\left|\frac{1}{1-\left(1+\dfrac{S_2}{S_1}\right)\sin^2(kl)}\right|\xrightarrow[\sin(kl)=1]{kl=\frac{\pi}{2}}\frac{S_1}{S_2} \qquad (4\text{-}2\text{-}48)$$

可以发现当 $kl=\dfrac{\pi}{2}$ 时, 两端振幅比变成了两端的横截面之比, 根据式 (4-2-47) 的结论, 此时系统发生了共振. 若将 $\xi_1(l,t)$ 看作外力输入端位移, $\xi_2(l,t)$ 看作输出端位移, 则上述结果表明, 当复合棒系统满足 $l=\dfrac{\lambda}{4}\left(kl=\dfrac{\pi}{2}\right)$, 且 $S_1>S_2$ 时, 复合棒的细杆端具有振幅放大效应, 也就是说, 复合棒起到了增强振动幅度的作用或者说起到了聚能的作用. 这就是在超声波加工等应用中常采用的变幅杆原理.

进一步分析可以发现, 当 $kl=n\pi$ 时, 系统也会发生共振, 但此时两棒的振幅比 $\xi_{12}=1$, 并不能起到增幅的作用. 当然实际的变幅杆一般会将第一棒设置为一压电换能器, 而第二棒可根据需要设计为不均匀的即变截面, 如呈指数规律的变化截面, 在此就不再深入讨论了.

4.3　膜及其振动

本节我们讨论平面膜的振动, 膜可看作弦的二维扩展. 膜和弦一样, 要把它张紧才能引起振动, 也就是说, 膜与弦类似, 当其受外力扰动后, 恢复其平衡的力主要是张力, 材料自身的劲度同张力相比则可以忽略不计. 通常来说, 在大鼓上蒙的鼓皮或电容传声器上紧绷的振膜都可当作膜来处理.

4.3.1　膜的振动方程

设有一膜, 面元 $\mathrm{d}x\mathrm{d}y$ 可看作由长为 $\mathrm{d}x$、单位宽为 1 的无数根弦组成的总宽为 $\mathrm{d}y$ 的一小块膜. 我们将膜上任意一点离开原平衡位置垂直方向上的位移视为横向位移 $\eta(x,y,t)$, 横向位移的存在将引起其内部张力变化, 记为 T, 并假定张力在整个面元上为常值. 膜在该张力作用下会发生垂直方向上的横振动, 其具体的力学分析如图 4-3-1 所示.

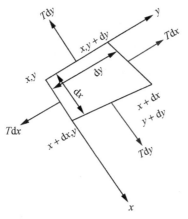

图 4-3-1　膜面元的受力分析图

因为张力 T 沿膜曲面的切向,即张力 T 与 x 坐标成 α 角,故作用在 x 处的弦元上的张力垂直分量为 $T\sin\alpha$. 因为此处仅考虑小振动情形,换句话说,α 较小,则根据等价无穷小的概念有 $T\sin\alpha \approx T\tan\alpha = T\left(\dfrac{\partial\eta}{\partial x}\right)_x$. 于是作用在整个 $\mathrm{d}y$ 边沿上的垂直方向上的回复力为 $T\left(\dfrac{\partial\eta}{\partial x}\right)_x \mathrm{d}y$,而在 $x + \mathrm{d}x$ 处的垂直方向上的回复力则为 $T\left(\dfrac{\partial\eta}{\partial x}\right)_{x+\mathrm{d}x} \mathrm{d}y$,所以作用在该面元 $(x \to x + \mathrm{d}x)$ 边沿上的垂直方向上的合力可表示为

$$T\left(\frac{\partial\eta}{\partial x}\right)_{x+\mathrm{d}x}\mathrm{d}y - T\left(\frac{\partial\eta}{\partial x}\right)_x\mathrm{d}y \approx T\frac{\partial^2\eta}{\partial x^2}\mathrm{d}x\mathrm{d}y$$

上述推导利用了泰勒级数展开的近似式,即 $f(x) = f(x_0) + f'(x_0)(x - x_0) + o(x_0)$. 同理,可得该面元在 $(y \to y + \mathrm{d}y)$ 边沿上的垂直合力为

$$T\left(\frac{\partial\eta}{\partial y}\right)_{y+\mathrm{d}y}\mathrm{d}x - T\left(\frac{\partial\eta}{\partial y}\right)_y\mathrm{d}y \approx T\frac{\partial^2\eta}{\partial y^2}\mathrm{d}x\mathrm{d}y$$

故而作用在整个膜面元上的垂直方向上的总弹性回复力为

$$F_z \approx T\frac{\partial^2\eta}{\partial x^2}\mathrm{d}x\mathrm{d}y + T\frac{\partial^2\eta}{\partial y^2}\mathrm{d}x\mathrm{d}y = T\left(\frac{\partial^2\eta}{\partial x^2} + \frac{\partial^2\eta}{\partial y^2}\right)\mathrm{d}x\mathrm{d}y = T\mathbf{V}^2\eta\mathrm{d}x\mathrm{d}y$$

式中 $\mathbf{V}^2 = \dfrac{\partial^2}{\partial x^2} + \dfrac{\partial^2}{\partial y^2}$,为二维直角坐标系的拉普拉斯算子. 我们令膜的面密度为 σ,则面元的质量可表示为 $\sigma\mathrm{d}x\mathrm{d}y$,同时假设单位面积的膜受到横向外力为 $f(x,y,t)$,则整个面元所受外力为 $f(x,y,t)\mathrm{d}x\mathrm{d}y$. 根据牛顿第二定律,可得到该面元的运动方程:

$$T\mathbf{V}^2\eta\mathrm{d}x\mathrm{d}y + f(x,y,t)\mathrm{d}x\mathrm{d}y = \sigma\mathrm{d}x\mathrm{d}y\left(\frac{\partial^2\eta}{\partial t^2}\right)$$

同时令 $c = \sqrt{\dfrac{T}{\sigma}}$,上式可化简为

$$\mathbf{V}^2\eta - \frac{1}{c^2}\frac{\partial^2\eta}{\partial t^2} = -\frac{1}{T}f(x,y,t) \tag{4-3-1}$$

此即为膜的受迫振动方程,也可看作膜中的二维波动方程. 若 $f(x,y,t) = 0$,即为膜的自由振动,此时振动方程表示为

$$\mathbf{V}^2\eta - \frac{1}{c^2}\frac{\partial^2\eta}{\partial t^2} = 0 \tag{4-3-2}$$

下面我们给出膜振动方程在不同坐标系下的表示.

(1) 直角坐标系 (x,y) 中的表示,适用于矩形膜.

在直角坐标系下,拉普拉斯算子 $\mathbf{V}^2 = \dfrac{\partial^2}{\partial x^2} + \dfrac{\partial^2}{\partial y^2}$,故此时膜振动方程为

$$\left(\frac{\partial^2}{\partial x^2} + \frac{\partial^2}{\partial y^2}\right)\eta - \frac{1}{c^2}\frac{\partial^2\eta}{\partial t^2} = -\frac{1}{T}f(x,y,t) \tag{4-3-3}$$

(2) 极坐标系 (r,θ) 中的表示,适用于圆形膜.

在极坐标系下,拉普拉斯算子 $\mathbf{V}^2 = \dfrac{1}{r}\dfrac{\partial}{\partial r}\left(r\dfrac{\partial}{\partial r}\right) + \dfrac{1}{r^2}\dfrac{\partial^2}{\partial\theta^2}$,故此时膜振动方程为

$$\frac{1}{r}\frac{\partial}{\partial r}\left(r\frac{\partial\eta}{\partial r}\right) + \frac{1}{r^2}\frac{\partial^2\eta}{\partial\theta^2} - \frac{1}{c^2}\frac{\partial^2\eta}{\partial t^2} = -\frac{1}{T}f(r,\theta,t) \tag{4-3-4}$$

4.3.2　轴对称圆膜的自由振动及其渐近解

本节来分析实际应用中最常见的圆形膜的振动,通常针对圆形膜都采用极坐标系来处理.为分析简便起见,本节我们只分析轴对称情形,即圆膜振动时位移 η 与极角 θ 无关,换句话说,位移 η 仅是径向距离 r 的函数,即 $\eta=\eta(r,t)$,而 $\frac{\partial \eta}{\partial \theta}=0$. 同时为简化分析,我们先令外力 $f(x,y,t)=0$,则式(4-3-4)演变为极坐标系下的轴对称圆膜的自由振动方程:

$$\frac{\partial^2 \eta}{\partial r^2}+\frac{1}{r}\frac{\partial \eta}{\partial r}=\frac{1}{c^2}\frac{\partial^2 \eta}{\partial t^2} \tag{4-3-5}$$

在此,我们先通过换元法引入一新变量,令 $\eta=\frac{\zeta}{\sqrt{r}}$,将其代回式(4-3-5)并化简后可得

$$\frac{\partial^2 \zeta}{\partial r^2}-\frac{1}{c^2}\frac{\partial^2 \zeta}{\partial t^2}+\frac{\zeta}{4r^2}=0 \tag{4-3-6}$$

下面我们给出上述方程的两种渐近解.

(1)远场解.

远场即意味着 $r\rightarrow\infty$,此时式(4-3-6)中的 $\frac{\zeta}{4r^2}\rightarrow0$,则方程近似为

$$\frac{\partial^2 \zeta}{\partial r^2}-\frac{1}{c^2}\frac{\partial^2 \zeta}{\partial t^2}\approx0$$

从数学形式上看,与弦中的波动方程并无区别,因此可以推知 ζ 也由两股相向而行的行波叠加而成,从而可得轴对称圆膜的位移解为

$$\eta=\frac{f(ct-r)+g(ct+r)}{\sqrt{r}} \tag{4-3-7}$$

式中,$f(ct-r)$ 代表从圆心沿径向向外传播的行波,而 $g(ct+r)$ 代表从外向圆心传播的行波.因为位移解 η 与 r 成反比,即意味着 η 是一波幅随距离衰减的行波.

(2)近场解.

近场即意味着 $r\rightarrow0$,且此时式(4-3-6)中的 $\frac{1}{c^2}\frac{\partial^2 \zeta}{\partial t^2}\rightarrow0$,则方程近似为

$$\frac{\partial^2 \zeta}{\partial r^2}+\frac{\zeta}{4r^2}\approx0$$

从上式中可推得位移解为

$$\eta=c_1(t)+c_2(t)\ln r \tag{4-3-8}$$

当外力 $f(x,y,t)=0$ 时,圆膜发生的振动即为自由振动.若此时圆膜并不满足轴对称情形,则一般性圆膜自由振动方程为

$$\frac{1}{r}\frac{\partial}{\partial r}\left(r\frac{\partial \eta}{\partial r}\right)+\frac{1}{r^2}\frac{\partial^2 \eta}{\partial \theta^2}-\frac{1}{c^2}\frac{\partial^2 \eta}{\partial t^2}=0 \tag{4-3-9}$$

此方程为二阶偏微分方程,可用分离变量法求解,令 $\eta(r,\theta,t)=R(r)\Theta(\theta)\mathrm{e}^{\mathrm{j}\omega t}$,将其代回圆膜自由振动方程,经整理可得

$$\frac{\mathrm{d}^2 R}{\mathrm{d}r^2}+\frac{1}{r}\frac{\mathrm{d}R}{\mathrm{d}r}+\left(k^2-\frac{m^2}{r^2}\right)R=0 \tag{4-3-10}$$

$$\frac{\mathrm{d}^2\Theta}{\mathrm{d}\theta^2}+m^2\Theta=0 \tag{4-3-11}$$

式(4-3-10)是柱贝塞尔方程,式中 $k=\dfrac{\omega}{c}$. 该方程的解理论上是柱函数 $J_m(kr)$ 和 $N_m(kr)$ 的线性组合叠加,即 $R(kr)=AJ_m(kr)+BN_m(kr)$. 其中 $J_m(kr)$ 是 m 阶贝塞尔函数;而 $N_m(kr)$ 是 m 阶诺依曼函数,其在零点是发散的,即 $N_m(kr)\to\infty(kr\to 0)$. 而对于实际应用中的一般性圆膜,其在圆心($r=0$)处的振动肯定是有限的,即必然要求系数 $B=0$,这一条件也被称为"自然"条件,是广义的边界条件.

式(4-3-11)是亥姆霍兹方程,其对应的解可表示为 $\Theta=C_m\cos(m\theta)+D_m\sin(m\theta)$. 因为是圆膜,极角 θ 绕一圈后必然回到原出发点,也就是说,θ 必须有 2π 周期. 为满足该周期边界条件,则方程中的 m 必须为整数(若为扇形膜,则 m 可取分数值,不一定为整数).

综上所述,要同时满足有界性和周期边界条件的谐波解可表示为

$$\eta_m(r,\theta,t)=J_m(kr)\left[C_m\cos(m\theta)+D_m\sin(m\theta)\right]\mathrm{e}^{\mathrm{j}\omega t} \quad (m=0,1,2,\cdots) \tag{4-3-12}$$

可以发现,当 $m=0$ 时,$\eta_0(r,\theta,t)=J_0(kr)C_m\mathrm{e}^{\mathrm{j}\omega t}$,此时解与角度 θ 无关,即对应于轴对称情形.

4.3.3　圆膜的简正模式及等效集总

下面我们讨论轴对称情形下的圆膜振动简正模式. 假设有一半径为 a 的圆膜,此时的轴对称解($m=0$)可以写为

$$\eta(r,t)=AJ_0(kr)\mathrm{e}^{\mathrm{j}\omega t} \tag{4-3-13}$$

因为膜产生振动主要依靠张力,即要使膜振动,须把膜张紧. 对于圆膜而言,就是要将其周界固定,这意味着已给出了圆膜的固定边界条件,即

$$\eta\big|_{r=a}=0 \tag{4-3-14}$$

代入式(4-3-13)后,即得到频率本征方程:

$$J_0(ka)=0 \tag{4-3-15}$$

式中,零阶贝塞尔函数的零点 μ_n 有无穷多个,$\mu_n=k_n a=2.405,5.520,\cdots$,如图 4-3-2 所示.

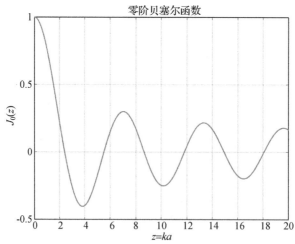

图 4-3-2　零阶贝塞尔函数 $J_0(z)$

由此可推知相应的简正波数 k_n、简正频率 f_n 和对应的简正模式 $\eta_n(r,t)$ 分别可表示为

$$\begin{cases} k_n=\dfrac{\mu_n}{a},\ f_n=\dfrac{\omega_n}{2\pi}=\dfrac{c}{2\pi a}\mu_n \\[2mm] \eta_n(r,t)=A_n J_0\left(\mu_n\dfrac{r}{a}\right)\mathrm{e}^{\mathrm{j}\omega t} \end{cases} \quad (n=1,2,\cdots) \tag{4-3-16}$$

若第 n 个模式的波节 $r_l=a\dfrac{\mu_l}{\mu_n}$ $(l=1,2,\cdots,n)$，则满足方程 $\eta_n(r_l,t)=0$，即在这些半径圆位置上，圆膜的横向位移为 0，这就是节圆的概念. 在此，我们给出一结论，即第 n 个模式中含有 n 个节圆.

理论上来说，频率本征方程对应的解有无数个，因而简正模式也应有无数个. 图 4-3-3 给出了几个典型的轴对称圆膜自由振动的简正模式.

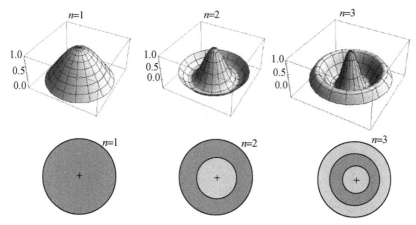

图 4-3-3　$n=1,2,3$ 时的轴对称圆膜自由振动的简正模式

下面我们讨论圆膜简正模式的等效集总问题. 为便于本节后续分析推导，我们在此先证明一个关于实数量 x 与复数量 X 之间的能量关系的结论，即

$$\overline{x^2}=\frac{1}{2}|X|^2 \tag{4-3-17}$$

证明　因 $x=\mathrm{Re}[X]=\dfrac{X+X^*}{2}$，其中 $X=X_a\mathrm{e}^{\mathrm{j}\omega t}$，故

$$x^2=\frac{X+X^*}{2}\cdot\frac{X+X^*}{2}=\frac{1}{4}\left[X^2+(X^*)^2+2XX^*\right]$$

$$=\frac{1}{4}\left(X_a^2\mathrm{e}^{2\mathrm{j}\omega t}+X_a^2\mathrm{e}^{-2\mathrm{j}\omega t}+2|X_a|^2\right)$$

对式（4-3-17）两边求周期平均，即得 $\overline{x^2}=\dfrac{1}{2}|X_a|^2=\dfrac{1}{2}|X|^2$，故而得证.

根据牛顿力学理论，当圆膜自由振动时，整个系统的总能量即为对应的平均动能与平均势能之和. 下面分别来求这两类能量.

（1）平均动能.

膜上的任意一点的第 n 模式的平均动能密度为

$$\overline{\frac{1}{2}\sigma\left(\frac{\partial\eta_n}{\partial t}\right)^2}=\frac{1}{4}\sigma\left|\frac{\partial\eta_n}{\partial t}\right|^2=\frac{1}{4}\sigma\omega_n^2|A_n|^2 J_0^2\left(\mu_n\frac{r}{a}\right)$$

则整张膜对应的第 n 模式的总平均动能为

$$\overline{E_k} = \iint_S \overline{\frac{1}{2}\sigma\left(\frac{\partial \eta_n}{\partial t}\right)^2} \mathrm{d}S = \frac{1}{4}(\pi a^2 \sigma)\omega_n^2 |A_n|^2 J_1^2(\mu_n)$$

上式的详细推导过程如下：

$$\overline{E_k} = \iint_S \overline{\frac{1}{2}\sigma\left(\frac{\partial \eta_n}{\partial t}\right)^2} \mathrm{d}S \xrightarrow[\mathrm{d}S = r\mathrm{d}r\mathrm{d}\theta]{\text{极坐标系下}} \int_r \int_\theta \frac{1}{4}\sigma\omega_n^2 |A_n|^2 J_0^2\left(\mu_n \frac{r}{a}\right) r\mathrm{d}r\mathrm{d}\theta$$

此时为轴对称圆膜的振动，故而横向位移与 θ 无关，因此

$$\int_r \int_\theta \frac{1}{4}\sigma\omega_n^2 |A_n|^2 J_0^2\left(\mu_n \frac{r}{a}\right) r\mathrm{d}r\mathrm{d}\theta = \int_r \frac{\pi}{2}\sigma\omega_n^2 |A_n|^2 J_0^2\left(\mu_n \frac{r}{a}\right) r\mathrm{d}r$$

$$= \frac{1}{4}(\pi a^2 \sigma)\omega_n^2 |A_n|^2 J_1^2(\mu_n)$$

上式推导过程中利用了贝塞尔函数的一个积分特性：

$$\int J_0^2(x) x\mathrm{d}x = \frac{1}{2}x^2[J_0^2(x) + J_1^2(x)]$$

（2）平均势能.

膜上的任意一点的第 n 模式的平均势能密度为

$$\overline{\frac{1}{2}T\boldsymbol{\nabla}\eta\cdot\boldsymbol{\nabla}\eta} = \frac{1}{2}T\overline{\eta_r^2} = \frac{1}{4}T\left|\frac{\partial\eta_n}{\partial r}\right|^2 = \frac{1}{4}T|A_n|^2\left(\frac{\mu_n}{a}\right)^2 J_1^2\left(\mu_n\frac{r}{a}\right)$$

则整张膜对应的第 n 模式的总平均势能为

$$\overline{E_p} = \iint_S \overline{\frac{1}{2}T\boldsymbol{\nabla}\eta\cdot\boldsymbol{\nabla}\eta}\mathrm{d}S = \frac{1}{4}(\pi a^2 T)k_n^2 |A_n|^2 J_1^2(\mu_n)$$

推导中利用了贝塞尔函数的另一个积分特性：

$$\int J_1^2(x) x\mathrm{d}x = \frac{1}{2}x^2[J_1^2(x) + J_0(x)J_1(x)]$$

由于 $c = \sqrt{\dfrac{T}{\sigma}}$，$k_n = \dfrac{\omega_n}{c}$，故而可以发现：$\overline{E_p} = \overline{E_k}$，也就是说，膜上的总平均势能等于总平均动能. 这一特性和前面讲过的质点振动系统类似，因此我们可以把第 n 模式等效于具有相同能量的质点系统，换句话说，从能量角度，我们能把简正模式的分布式膜振动系统等效看成一集中参数的弹簧-质点振动系统.

通常，我们把等效参照点设为膜中心，并要求等效的"质点"振动位移（$\eta_n = A_n \mathrm{e}^{\mathrm{j}\omega_n t}$）等于当前简正模式的中心位移.

（1）等效质量 M_e.

对于一质点振动系统，其平均动能为

$$\overline{E_k} = \overline{\frac{1}{2}M_e v^2} = \overline{\frac{1}{2}M_e(\eta_t)^2} = \frac{1}{4}M_e |\eta_t|^2 = \frac{1}{4}M_e \omega_n^2 |A_n|^2$$

根据动能等效性，其应该等于第 n 模式的总平均动能，即 $\frac{1}{4}(\pi a^2 \sigma)\omega_n^2 |A_n|^2 J_1^2(\mu_n)$，因此可知等效质量为

$$M_e = (\pi a^2 \sigma)J_1^2(\mu_n) \tag{4-3-18}$$

式中，$\pi a^2 \sigma$ 就是膜自身的质量. 式（4-3-18）意味着此时膜的等效质量等于膜自身质量加权了

一系数 $J_1{}^2(\mu_n)$,该加权系数正是来源于第 n 模式的振动.

（2）等效弹性系数 K_e.

对于一质点振动系统,其平均势能为

$$\overline{E_p}=\overline{\frac{1}{2}K_e\eta^2}=\frac{1}{4}K_e\mid\eta\mid^2=\frac{1}{4}K_e\mid A_n\mid^2$$

根据动能等效性,其应该等于第 n 模式的总平均势能,即 $\frac{1}{4}(\pi a^2 T)k_n{}^2\mid A_n\mid^2 J_1{}^2(\mu_n)$,

因此可知等效弹性系数为

$$K_e=\pi a^2 Tk_n{}^2 J_1{}^2(\mu_n)=\pi a^2\sigma\omega_n{}^2 J_1{}^2(\mu_n) \tag{4-3-19}$$

到目前为止,我们已经求得了等效质量 M_e 和等效弹性系数 K_e,因此可进一步求得等效
"质点"的共振频率为

$$\omega_{n,e}=\sqrt{\frac{K_e}{M_e}}=\omega_n \tag{4-3-20}$$

可以看到,其值恰好等于第 n 模式的固有简正圆频率,这进一步证明了等效系统的有
效性.

4.3.4　圆膜的阻尼振动

当圆膜处于理想状态,不受任何外力时,此时圆膜的振动仅取决于自身的张力,即为自
由振动情形,其振动方程可表示为

$$\sigma\frac{\partial^2\eta}{\partial t^2}=T\mathbf{V}^2\eta$$

式中,σ 是膜的面密度,T 是膜自身张力.

考虑到实际模型中存在的摩擦阻力,我们需要引入阻尼效应.假定力阻系数为 r_m,则单
位面积的膜受到的摩擦阻力为 $-r_m\eta_t$,因此阻尼振动方程应表示为

$$\sigma\frac{\partial^2\eta}{\partial t^2}=T\mathbf{V}^2\eta-r_m\frac{\partial\eta}{\partial t}$$

为便于分析,可进一步改写为

$$\frac{\partial^2\eta}{\partial t^2}+2\delta\frac{\partial\eta}{\partial t}-c^2\mathbf{V}^2\eta=0 \tag{4-3-21}$$

式中,$\delta=\dfrac{r_m}{2\sigma}$,$c^2=\dfrac{T}{\sigma}$.上述方程的谐波解可分为空间部分和时间部分,即有

$$\eta(r,\theta,t)=\eta(r,\theta)\mathrm{e}^{\mathrm{j}\omega t} \tag{4-3-22}$$

其空间分布 $\eta(r,\theta)$ 满足以下方程:

$$\mathbf{V}^2\eta+k^2\eta=0 \tag{4-3-23}$$

但需要注意的是,此处的波数需满足下式:

$$k^2 c^2=\omega^2-2\mathrm{j}\omega\delta \tag{4-3-24}$$

在固定边界的圆膜本征值问题中,此时简正模式仍是贝塞尔函数解,且 k 只能取实的本
征值(简正波数)k_n,而对应的简正频率 ω_n 则只能取复数,在此给出证明过程.

证明　因为圆膜边界处于固定状态,也就是 $J_0(kr)\mid_{r=a}=0$ 或 $J_0(ka)=0$,故 $k=k_n=$

$\dfrac{\mu_n}{a}$，其中 μ_n 是零阶贝塞尔函数的零点，a 是圆膜半径，因此 k_n 必为实数.

将式(4-3-24)改写整理一下，有 $\omega_n{}^2-2\mathrm{j}\delta\omega_n-k_n{}^2c^2=0$，利用一元二次方程求根公式可得

$$\omega_n=\mathrm{j}\delta\pm\sqrt{k_n{}^2c^2-\delta^2}$$

当然，真正有物理意义的解仅能取

$$\omega_n=\sqrt{k_n{}^2c^2-\delta^2}+\mathrm{j}\delta=\omega_n{}'+\mathrm{j}\delta \qquad (4\text{-}3\text{-}25)$$

其中，实部 $\omega_n{}'=\sqrt{k_n{}^2c^2-\delta^2}$ 是有阻尼时的实振动频率，虚部 $\mathrm{j}\delta$ 即代表阻尼造成的衰减作用.因此简正频率 ω_n 是一复数，得证.

此时，阻尼振动的谐波解可进一步表示为

$$\eta_n(r,\theta,t)=\eta_n(r,\theta)\mathrm{e}^{\mathrm{j}\omega_n t}=\eta_n(r,\theta)\mathrm{e}^{\mathrm{j}\omega_n{}'t}\mathrm{e}^{-\delta t} \qquad (4\text{-}3\text{-}26)$$

式中，$\mathrm{e}^{-\delta t}$ 是衰减因子.

4.3.5　圆膜的受迫振动

若有一圆膜表面受到一均匀简谐外力作用，当系统达到稳态时，横向位移 η 的简谐频率必定与外力简谐频率相同.假定单位面积的力为 $p=p_a\mathrm{e}^{\mathrm{j}\omega t}$，将其代入式(4-3-1)，可得圆膜的受迫振动方程为

$$\mathbf{V}^2\eta-k^2\eta=-\frac{p}{T}\quad\left(k=\frac{\omega}{c}\right) \qquad (4\text{-}3\text{-}27)$$

为分析简便起见，假定圆膜满足轴对称，即位移 η 与 θ 无关，即有 $\eta(r,\theta,t)=\eta(r,t)$.在极坐标系中，拉普拉斯算子可展开为如下形式：

$$\mathbf{V}^2\eta=\frac{1}{r}\frac{\partial}{\partial r}\left(r\frac{\partial\eta}{\partial r}\right)+\frac{1}{r^2}\frac{\partial^2\eta}{\partial\theta^2}=\frac{1}{r}\frac{\mathrm{d}}{\mathrm{d}r}\left(r\frac{\mathrm{d}\eta}{\mathrm{d}r}\right) \qquad (4\text{-}3\text{-}28)$$

将式(4-3-28)代入式(4-3-27)，则轴对称圆膜片稳态时的受迫振动方程可表示为

$$\frac{1}{r}\frac{\mathrm{d}}{\mathrm{d}r}\left(r\frac{\mathrm{d}\eta}{\mathrm{d}r}\right)+k^2\eta=-\frac{p}{T} \qquad (4\text{-}3\text{-}29)$$

可以看到，式(4-3-29)是一非齐次二阶常微分方程，其解应表示为齐次方程的通解与非齐次方程的特解之和.

齐次方程即意味着等式右侧的外力项取零，即对应于之前分析的自由振动情形，根据式(4-3-13)可知，齐次方程的通解可表示为 $A_0J_0(kr)\mathrm{e}^{\mathrm{j}\omega t}$.另外，非齐次特解可设为 $\eta_1\mathrm{e}^{\mathrm{j}\omega t}$，因为原方程右侧的 p 是均匀的，故而 $\dfrac{p}{T}$ 可看作一常数项，因此 η_1 也应为一常数，即与 r 无关.将待定特解代回原方程后可得 $\eta_1=-\dfrac{p_a}{Tk^2}$，因而式(4-3-4)的解可表示为

$$\eta=A_0J_0(kr)\mathrm{e}^{\mathrm{j}\omega t}-\frac{p_a}{Tk^2}\mathrm{e}^{\mathrm{j}\omega t} \qquad (4\text{-}3\text{-}30)$$

此时再利用"自然"边界条件，即圆膜周边为固定边界 $\eta|_{r=a}=0$，从而可求得待定系数为

$$A_0=\frac{p_a}{Tk^2J_0(ka)}$$

最终整理后可得圆膜受迫振动方程的解为

$$\eta(r,t)=\frac{p}{(\mathrm{j}\omega)^2\sigma}\left[1-\frac{J_0(kr)}{J_0(ka)}\right] \tag{4-3-31}$$

根据速度与位移的关系,还可直接写出圆膜受迫振动的振速为

$$\eta_t=\mathrm{j}\omega\eta=\left[1-\frac{J_0(kr)}{J_0(ka)}\right]\frac{p}{\mathrm{j}\omega\sigma} \tag{4-3-32}$$

在此,我们给出膜面上的平均速度:

$$\overline{\eta_t}=\mathrm{j}\omega\,\overline{\eta}=\mathrm{j}\omega\,\frac{1}{S}\iint_S\eta\mathrm{d}S=-\frac{p}{\mathrm{j}\omega\sigma}\frac{J_2(ka)}{J_0(ka)} \tag{4-3-33}$$

式中,$\overline{\eta}=\dfrac{1}{S}\iint_S\eta\mathrm{d}S$ 是膜在空间意义上的平均位移,式(4-3-33)的求解过程需要用到许多贝塞尔函数的知识,在此暂不赘述.

我们还可以求得膜的力阻抗 Z_m,根据力阻抗的定义,有

$$Z_\mathrm{m}=\frac{F}{v}=\frac{pS}{\overline{\eta_t}}=-\mathrm{j}\omega m\frac{J_0(ka)}{J_2(ka)} \tag{4-3-34}$$

式中,m 为膜的自身质量,即有 $m=S\sigma=\pi a^2\sigma$. 同时又因为 $\dfrac{J_0(ka)}{J_2(ka)}$ 是实数,故而力阻抗 Z_m 是一纯虚部量,换句话说,膜的力阻抗是一纯抗.

下面我们讨论两种特殊情形:

(1) 共振(resonance).

通过观察式(4-3-31)可以发现,当式中的分母项 $J_0(ka)=0$ 时,位移解将变为无穷大,即发生了共振现象. 此时的共振频率即为简正模式频率,即

$$\omega=kc=\omega_n=\frac{c}{a}\mu_n \tag{4-3-35}$$

(2) 反共振(anti-resonance).

通过观察式(4-3-33)可以发现,当式中的分子项 $J_2(ka)=0$ 时,平均位移将趋于零,即发生了反共振现象. 令 $J_2(z)=0$ 的根为 $\mu_m^{(2)}$,即 $\mu_m^{(2)}$ 是二阶贝塞尔函数 $J_2(z)$ 的零点,则反共振频率为

$$\omega=kc=\omega_m=\frac{c}{a}\mu_m^{(2)} \tag{4-3-36}$$

关于共振频率和反共振频率的取值点可参见图 4-3-4,其中纵轴 $C(ka)$ 可看作经归一化处理后的平均位移,是一无量纲函数.

$$C(ka)=\frac{T}{a^2}\frac{\overline{\eta}}{p}=\frac{J_2(ka)}{(ka)^2J_0(ka)} \tag{4-3-37}$$

图 4-3-4 反映了平均位移的频响特性. 当 $ka=\mu_n(n=1,2,\cdots)$ 时,位移趋于无穷大,即此时系统处于共振状态;当 $ka=\mu_n^{(2)}(n=1,2,\cdots)$ 时,位移趋于零,即系统处于反共振状态.

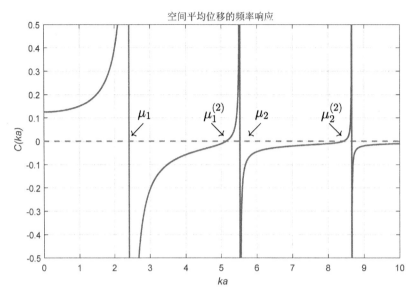

图 4-3-4 平均位移的频响特性

图 4-3-4 对应的 MATLAB 仿真代码如下：

```
% 清空变量区并关闭所有图窗
clear;close all;

ka=0:0.001:10;
J_0=besselj(0,ka);
J_2=besselj(2,ka);
C_ka=J_2./(ka.^2.*J_0);

plot(ka,C_ka,'LineWidth',1.5);
grid on;hold on;

plot(ka,zeros(1,length(ka)),'--','LineWidth',1.5);

xlabel('\it ka');ylabel('\it C(ka)');axis([0 10 -0.5 0.5]);
title('空间平均位移的频率响应');

str={{'$\swarrow$'},'$\mu_1$',{'$\swarrow$'},'$\mu_2$',{'$\searrow
    $'},'$\mu_1^{(2)}$',{'$\searrow$'},'$\mu_2^{(2)}$'};
text([2.45 2.65 5.75 5.95 4.7 4.5 8.0 7.8],[0.05 0.12 0.05 0.12 0.05 0.12 0.05
    0.12],str,'Interpreter','latex','FontSize',16);
```

图 4-3-5 给出了零阶和二阶贝塞尔函数的各自零点分布情况.

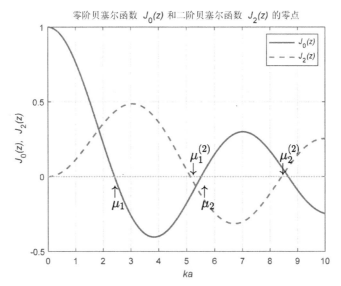

图 4-3-5　零阶和二阶贝塞尔函数的零点

图 4-3-5 对应的 MATLAB 仿真代码如下：

% 清空变量区并关闭所有图窗

clear；close all；

ka＝0；0.001；10；

J_0＝besselj(0,ka)；

J_2＝besselj(2,ka)；

plot(ka,J_0,'LineWidth',1.5)；

grid on；hold on；

plot(ka,J_2,'--','LineWidth',1.5)；

plot(ka,zeros(1,length(ka)),':','LineWidth',1.5)；

legend('\it J_{\rm0}(z)','\it J_{\rm2}(z)')；

xlabel('\it ka')；ylabel('\it J_{\rm0}(z),\it J_{\rm2}(z)')；

title('零阶贝塞尔函数\it J_{\rm0}(z)\rm 和二阶贝塞尔函数\it J_{\rm2}(z)\rm 的
　　零点')；

str＝{{'$\uparrow$'},'μ_1',{'$\uparrow$'},'μ_2',{'$\downar-
　　row$'},'$\mu_1^{(2)}$',{'$\downarrow$'},'$\mu_2^{(2)}$'}；

text([2.3 2.3 5.52 5.52 5.12 5.12 8.34 8.34],[−0.1 −0.18 −0.1 −0.18 0.05 0.
　　15 0.05 0.15],str,'Interpreter','latex','FontSize',16)；

最后，我们讨论一下圆膜受迫振动的低频长波近似情形. 一般当 $ka < 0.5$ 时，即可认为
其符合低频条件，此时零阶和二阶贝塞尔函数有如下渐进展开式：

$$\left.\begin{array}{l}J_0(z)=1-\dfrac{1}{4}z^2+o(z^4)\\[2mm]J_2(z)=\dfrac{1}{8}z^2+o(z^4)\end{array}\right\}\Rightarrow\dfrac{J_2(ka)}{J_0(ka)}=\dfrac{1}{8}(ka)^2+o(ka)^4$$

当 $ka\ll\mu_1=2.405$ 时，根据式(4-3-37)，可知

$$\bar\eta=\frac{pa^2}{T}\frac{J_2(ka)}{(ka)^2J_0(ka)}=\frac{1}{8}\frac{a^2}{T}p\left[1+o(ka)^2\right]\approx\frac{1}{8}\frac{a^2}{T}p \tag{4-3-38}$$

即膜的振动位移此时与振动频率无关.

我们还可从力阻抗角度去分析，根据式(4-3-34)，有

$$Z_m=-\mathrm{j}\omega m\frac{J_0(ka)}{J_2(ka)}\approx-\mathrm{j}\omega(\pi a^2\sigma)\frac{8}{(ka)^2}=\frac{1}{C_m} \tag{4-3-39}$$

式中，$C_m=\dfrac{1}{K_m}=\dfrac{1}{8\pi T}$. 可见，当膜的尺寸 $a\ll\lambda$，即满足低频长波近似条件时，膜的力阻抗是一力顺抗，此时小膜片的振动等效为一弹簧，且工作在弹性控制区.

第5章 理想流体中的声波

5.1 概 述

我们知道,物体的振动往往意味着声音的产生,如小提琴的弦振动、扬声器的纸盆振动等都能发出悦耳的音乐.本章我们将讨论物体的振动是如何在介质(medium)中传播的.此处的介质是指具有弹性的物质连续体,一般可分为两大类:流体和固体.通常来说,流体中只有回复力,无切向力,故内部仅存在纵波;而固体可同时具有回复力和切向力,可产生切向应变,故而内部可同时存在纵波、横波.

通常,人们将弹性介质质点的机械振动由近及远的传播称为声波,换句话说,声波就是一种机械波或压缩膨胀波,而弹性介质的存在是声波传播的必要条件.本书讨论的介质均假设其是由无穷多连续分布的质点所构成的,此类质点在宏观上足够小,以至于各部分物理特性可看作是均匀的一个小体积元.本章仅探讨气体、液体等流体介质,假定其均为理想流体,即满足无黏滞性、无热导、无声能损耗等特性,或者认为内部的声波传播速度远大于传热速度,故声波的传播过程可看作绝热过程.

一个完整的声传播系统如图 5-1-1 所示,其由声辐射器、弹性介质、声接收器等组成.本章我们重点讨论声波在理想流体介质中的传播特性.一般而言,关于流体质点物理量的描述有两种方法:

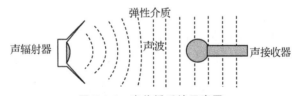

图 5-1-1 声传播系统示意图

(1) 欧拉描述(Eulerian description),即把流体看作场.

在任意时刻 t,流体的状态在空间 $r=(x,y,z)$ 中呈连续分布,此即为流场.据此,在给定的时刻,任何物理量 f 作为可实验观测的量,它是空间 r 的分布函数,即 $f=f(r,t)$.

(2) 拉格朗日描述(Lagrangian description),即认为流体由质点构成.

在任意时刻 t,位于 r 的质点是 t_0 时刻从 $r_0=(a,b,c)$ 位置处迁移而来的,即 $r=r(r_0,t)$.故而,物理量 f 作为描述质点的运动量或状态量,可表示为 $f=f(r(r_0,t),t)=f(r_0,t)$,同时我们还可得到物理量的时间变化率为

$$\frac{\mathrm{d}}{\mathrm{d}t}f(\boldsymbol{r},t)=\frac{\partial}{\partial t}f(\boldsymbol{r},t)+\boldsymbol{v}\cdot\boldsymbol{\nabla}f(\boldsymbol{r},t) \tag{5-1-1}$$

式中，$\frac{\mathrm{d}}{\mathrm{d}t}f(\boldsymbol{r},t)$ 是全导数，$\frac{\partial}{\partial t}f(\boldsymbol{r},t)$ 是本地导数，而 $\boldsymbol{v}\cdot\boldsymbol{\nabla}f(\boldsymbol{r},t)$ 是迁移导数. 由此我们可得一结论：全导数等于本地导数与迁移导数之和，即有

$$\frac{\mathrm{d}}{\mathrm{d}t}=\frac{\partial}{\partial t}+\boldsymbol{v}\cdot\boldsymbol{\nabla} \rightarrow \frac{\mathrm{d}}{\mathrm{d}t}\neq\frac{\partial}{\partial t}$$

从物理意义上看，时间全导数代表随着流体质点的运动，运动量或状态物理量的时间变化率，如 $\frac{\mathrm{d}}{\mathrm{d}t}\boldsymbol{v}(\boldsymbol{r},t)$、$\frac{\mathrm{d}}{\mathrm{d}t}T(\boldsymbol{r},t)$ 分别表示质点的加速度、质点温度变化率；而时间偏导数则代表空间固定位置处物理量的时间变化率，如 $\frac{\partial}{\partial t}\boldsymbol{v}(\boldsymbol{r},t)$、$\frac{\partial}{\partial t}T(\boldsymbol{r},t)$ 表示空间 $\boldsymbol{r}$ 处流速、温度的时间变化率.

5.2　声压与线性声学假设

前面已经提过，声波是介质质点在其平衡位置附近的机械振动，静介质的质点运动量（如 v）本身是扰动量. 介质的扰动必将引起压强 P、密度 ρ、温度 T 等诸多状态变量发生扰动变化，即

$$P_0\rightarrow P,\rho_0\rightarrow\rho,T_0\rightarrow T,\cdots$$

通常人们把这类扰动变化量称为逾量. 例如，压强扰动，即压强逾量 $p=\mathrm{d}P=P-P_0$；密度扰动，即密度逾量 $\rho'=\mathrm{d}\rho=\rho-\rho_0$；温度扰动，即温度逾量 $\tau=\mathrm{d}T=T-T_0$. 这些运动与状态的扰动量都可看作声学量.

为简化问题，通常需要对介质中的声波传播过程做出一些假设，从而将实际问题中常见的非线性声学现象在一定的前提条件下近似为线性模型，这样不仅可以使数理分析简化，又可使声波传播的基本规律和特性能得以简要阐明而不失普遍意义，此即为线性声学.

线性声学近似成立的基本假设是：所有的声学扰动量相比对应的静态量都是微扰动，换句话说，均是小逾量. 而且，需要特别指出的是，对于非流动介质，运动量 v 是扰动量. 在此前提下，对于任意扰动量的全导数可忽略迁移导数项，从而近似等于偏导数，即有

$$\frac{\mathrm{d}}{\mathrm{d}t}=\frac{\partial}{\partial t}+\boldsymbol{v}\cdot\boldsymbol{\nabla} \rightarrow \frac{\mathrm{d}}{\mathrm{d}t}\approx\frac{\partial}{\partial t}（线性声学）$$

相较于其他声学扰动量，压强逾量是最容易测得的，此即为声压 p（sound pressure）. 在声传播过程中，在同一时刻，不同体积元内的压强 p 通常不完全一致；对同一体积元而言，其内部压强 p 在不同时刻也可能会发生变化，故而声压 p 一般是关于空间和时间的函数.

由于通过声压测量可以间接求得质点的速度等其他物理量，故声压已成为目前实际应用中最为普遍采用的描述声波性质的物理量和实验测量项. 下面是几个关于声压的常见术语：

- 声场：存在声压的自由空间.

- 瞬时声压:声场中某一空间位置上在某一时刻的声压值.
- 峰值声压:在一定时间间隔中最大的瞬时声压值.
- 有效声压:在一周期或准周期时间间隔 T 中,瞬时声压对时间所取的方均根值,即

$$p_e = \sqrt{\frac{1}{T}\int_0^T p^2 \, \mathrm{d}t}$$

与电子测量仪器类似,常见的声学测量仪所测得的即为有效声压,因而人们习惯上指的声压,通常也就是指有效声压.声压的单位是帕(Pa),1 Pa=1 N/m^2.

下面举出一些典型例子,可让读者对声压大小有一较为直观的感受.例如,人耳对1 kHz声音的可听阈值约 2×10^{-5} Pa;微风轻轻吹动树叶的声音约 2×10^{-4} Pa;房间中的高声谈话声(相距1 m)约 $0.05\sim0.1$ Pa;交响乐演奏声(相距$5\sim10$ m)约 0.3 Pa;飞机发动机声音(相距5 m)约 200 Pa.

5.3 理想流体中的声波方程

声场的特征可通过介质中的声压 p、质点速度 v 及密度变化量 ρ' 来表征.本节目标就是要通过物理概念和定律来建立起声压随空间位置和时间变化之间的数学表达式,从而得到流体介质中的声波波动方程.

在声扰动过程中,声压 p 与质点速度 v 及密度变化量 ρ' 等量的变化是互相关联着的,无法单纯地考查声压 p 的变化.声振动作为一个宏观层面上的物理现象,其必然会满足三个基本定律,即质量守恒定律,描述压强、温度等状态参数的物态方程及牛顿第二定律.利用这三大定律可分别推导出介质的连续性方程(反映 v 与 ρ' 的关系)、物态方程(反映 p 与 ρ' 的关系)和运动方程(反映 p 与 v 的关系).

在分析基本方程之前,我们先讨论一下流体的可压缩性与容变率的关系.为简化起见,此处先以一维情形为例,如图 5-3-1 所示.

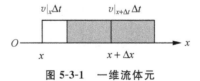

图 5-3-1 一维流体元

图中有一小段单位横截面积的一维流体,其速度 $v=v(x,t)$,在某一时刻 t,该流体元占据$[x,x+\Delta x]$,当 Δx 趋于零时,此元段可近似抽象视为一质点.经过 Δt 的时间后,该流体元占据的空间位置变为$[x+v(x,t)\Delta t,x+\Delta x+v(x+\Delta x,t)\Delta t]$.据此,可得到单位体积的增量 $\Delta\delta$ 为

$$\Delta\delta = \frac{v(x+\Delta x,t)\Delta t - v(x,t)\Delta t}{\Delta x} \xrightarrow{\Delta x\to 0} \frac{\partial v}{\partial x}\Delta t$$

通常,单位体积的增量 $\Delta\delta$ 也称为容变,其随时间的变化率 $\dfrac{\Delta\delta}{\Delta t}$ 则称为容变率,当时间尺度很小时($\Delta t\to 0$),可以得到以下表达式:

$$\frac{\mathrm{d}\delta}{\mathrm{d}t}=\lim_{\Delta t\to 0}\frac{\Delta\delta}{\Delta t}=\frac{\partial}{\partial x}v(x,t) \tag{5-3-1}$$

上述结论可推而广之,若三维流体的质点速度为 $\boldsymbol{v}=(v_x,v_y,v_z)$,经过 $\Delta t\to 0$ 的时间后,其容变为

$$\Delta\delta=\left(\frac{\partial v_x}{\partial x}+\frac{\partial v_y}{\partial y}+\frac{\partial v_z}{\partial z}\right)\Delta t$$

因而,三维流体质点的容变率可表示为

$$\frac{\mathrm{d}\delta}{\mathrm{d}t}=\lim_{\Delta t\to 0}\frac{\Delta\delta}{\Delta t}=\frac{\partial v_x}{\partial x}+\frac{\partial v_y}{\partial y}+\frac{\partial v_z}{\partial z}=\boldsymbol{\nabla}\cdot\boldsymbol{v} \tag{5-3-2}$$

式(5-3-2)说明,质点的容变率等于速度的散度.

若速度的散度不为零,就代表介质有压缩膨胀现象.对式(5-3-2)取线性近似并两边积分后,可得

$$\frac{\partial\delta}{\partial t}\approx\boldsymbol{\nabla}\cdot\boldsymbol{v}\xrightarrow{\int}\delta=\boldsymbol{\nabla}\cdot\int\boldsymbol{v}\,\mathrm{d}t \tag{5-3-3}$$

5.3.1　理想流体介质的三个基本方程

1. 连续性方程（基于质量守恒定律）

对于理想流体介质而言,质量守恒定律意味着介质中单位时间内流入体积元的质量与流出该体积元的质量之差应等于该体积元内质量的增加或减少. 此处仍以图 5-3-1 中的一维情形为例,设流体元在空间位置 $[x,x+\Delta x]$ 之间,且 Δx 趋于零,在某一时刻 t,其对应的质量为 $\rho(x,t)\Delta x$. 在经过 Δt 的时间后,从左右两侧边界流入的净质量为

$$(\rho v)\big|_x\Delta t-(\rho v)\big|_{x+\Delta x}\Delta t\approx-\frac{\partial}{\partial x}\big[\rho(x,t)v(x,t)\big]\Delta x\Delta t$$

根据模型图可知,正是两侧边界的流量差导致了经过 $\Delta t\to 0$ 的时间后体积元内流体质量的改变,即有

$$\rho(x,t+\Delta t)\Delta x-\rho(x,t)\Delta x\approx\frac{\partial}{\partial t}\rho(x,t)\Delta x\Delta t$$

根据质量守恒定律,上述两种方法中质量的改变量应该相等,故而可得密度与速度的关系式:

$$\frac{\partial\rho}{\partial t}=-\frac{\partial}{\partial x}(\rho v)\xrightarrow{\text{线性化}}\frac{\partial\rho'}{\partial t}+\rho_0\frac{\partial}{\partial x}v=0 \tag{5-3-4}$$

此即为一维情形的连续性方程及其线性化表示.式(5-3-4)中的线性化近似证明如下:

证明　式(5-3-4)中 $\rho=\rho_0+\rho'$,其中 ρ_0 是静态密度,可看作常数,不随时间 t 变化,因此有

$$\frac{\partial\rho}{\partial t}=\frac{\partial\rho'}{\partial t}$$

上式意味着流体密度的变化率等价于流体密度逾量的变化率.

同理,式(5-3-4)中 $\frac{\partial}{\partial x}(\rho v)$ 可化简为

$$\frac{\partial}{\partial x}(\rho v)=\frac{\partial}{\partial x}\left[(\rho_0+\rho)v\right]=\left[\frac{\partial}{\partial x}(\rho_0 v)+\frac{\partial}{\partial x}(\rho' v)\right]\approx\frac{\partial}{\partial x}(\rho_0 v)=\rho_0\frac{\partial}{\partial x}v$$

上式中密度逾量代表密度的微小扰动,而速度 v 是静态介质中的质点速度,根据之前的结论,其本身就属于扰动量,因而 $\rho' v$ 是二阶微扰量,故可忽略该高阶小量,得证.

式(5-3-4)揭示了流体密度与质点速度之间的关系,该结论可推广至三维情况,即有

$$\frac{\partial \rho'}{\partial t}+\rho_0\boldsymbol{\nabla}\cdot\boldsymbol{v}=0 \qquad (5\text{-}3\text{-}5)$$

证明　设有一质点体积 $\Delta V\rightarrow 0$,其密度为 ρ,则其质量为 $\rho\Delta V$.

根据质量守恒定律,应有 $\dfrac{\mathrm{d}}{\mathrm{d}t}(\rho\Delta V)=\dfrac{\mathrm{d}\rho}{\mathrm{d}t}\Delta V+\rho\dfrac{\mathrm{d}}{\mathrm{d}t}\Delta V=0$,即有

$$\frac{1}{\rho}\frac{\mathrm{d}\rho}{\mathrm{d}t}+\frac{1}{\Delta V}\frac{\mathrm{d}\Delta V}{\mathrm{d}t}=0$$

根据容变的定义,容变即为单位体积的增加,即有 $\mathrm{d}\delta=\dfrac{\mathrm{d}\Delta V}{\Delta V}$,同时根据式(5-3-2),容变率等于速度的散度,即有 $\dfrac{\mathrm{d}\delta}{\mathrm{d}t}=\boldsymbol{\nabla}\cdot\boldsymbol{v}$,于是

$$\frac{1}{\rho}\frac{\mathrm{d}\rho}{\mathrm{d}t}+\frac{\mathrm{d}\delta}{\mathrm{d}t}=0 \rightarrow \frac{\mathrm{d}\rho}{\mathrm{d}t}+\rho\boldsymbol{\nabla}\cdot\boldsymbol{v}=0$$

根据之前全导数关系可知,$\dfrac{\mathrm{d}\rho}{\mathrm{d}t}=\dfrac{\partial\rho}{\partial t}+\boldsymbol{v}\cdot\boldsymbol{\nabla}\rho$,因此

$$\frac{\mathrm{d}\rho}{\mathrm{d}t}+\rho\boldsymbol{\nabla}\cdot\boldsymbol{v}=\frac{\partial\rho}{\partial t}+\boldsymbol{v}\cdot\boldsymbol{\nabla}\rho+\rho\boldsymbol{\nabla}\cdot\boldsymbol{v}=\frac{\partial\rho}{\partial t}+\boldsymbol{\nabla}\cdot(\rho\boldsymbol{v})=0$$

又因为 $\rho=\rho_0+\rho'$,利用线性近似,可得上述方程的线性化形式为

$$\frac{\partial\rho'}{\partial t}+\rho_0\boldsymbol{\nabla}\cdot\boldsymbol{v}=0$$

故而得证.

2. 物态方程(基于状态方程)

在推导物态方程之前,我们先引入两个新术语.由上面介绍的容变 $\Delta\delta$,可引出压缩系数 β,也称为压缩率.在等熵前提下,压缩系数可定义为

$$\beta_s=\lim_{\Delta P\rightarrow 0}\left(-\frac{1}{V}\frac{\Delta V}{\Delta P}\right)_s=-\lim_{\Delta P\rightarrow 0}\frac{\Delta\delta}{\Delta P}\Big|_s=-\frac{\partial\delta}{\partial P}\Big|_s=\frac{1}{\rho}\frac{\partial\rho}{\partial P}\Big|_s \qquad (5\text{-}3\text{-}6)$$

与压缩率对应的概念是体弹性系数 κ,也称为体弹性模量,其定义式为

$$\kappa=\frac{1}{\beta}=-\frac{\partial P}{\partial\delta}=\rho\frac{\partial P}{\partial\rho} \qquad (5\text{-}3\text{-}7)$$

式中,压缩系数与体弹性系数成反比,这意味着越容易压缩的物体,其弹性就越差.在线性声学微扰动的前提下,介质的弹性系数或压缩系数均可看作一常数,即有

$$\beta\approx\beta_0,\ \kappa\approx\kappa_0=\frac{1}{\beta_0}$$

通常来说,流体至少需要两个状态变量描述其状态,如压强 P、温度 T、熵 s 等.譬如,密度 ρ 的状态方程形如:$\rho=\rho(P,T)$ 或 $\rho=\rho(P,s)$.大部分声波传播过程都被认为是一种绝热过程,此时熵 s 是常数,因此有 $\rho=\rho(P)$ 或 $P=P(\rho)$.因此,声扰动下的介质绝热状态变化可

表示为

$$d\rho = \frac{\partial \rho}{\partial P}\bigg|_s dP + \frac{\partial \rho}{\partial s}\bigg|_P ds \xrightarrow{\text{绝热过程}} \frac{\partial \rho}{\partial P}\bigg|_s dP$$

若定义 $c_s^2 = \dfrac{\partial P}{\partial \rho}\bigg|_s$，则上式可表示为

$$d\rho = \frac{1}{c_s^2}dP \xrightarrow{\text{线性化}} \rho' = \frac{1}{c_0^2}p \qquad (5\text{-}3\text{-}8)$$

此即为状态方程及其线性化表示.上式中的线性化近似证明如下：

证明 在处于微扰动的静态介质中，若取线性近似，则 c_s^2 可看作一常数，写作 c_0^2.对状态方程 $d\rho = \dfrac{1}{c_0^2}dP$ 两端求积分，可得 $\displaystyle\int_{\rho_0}^{\rho}d\rho = \int_{P_0}^{P}\dfrac{1}{c_0^2}dP$.又因为有 $\rho = \rho_0 + \rho'$ 和 $P = P_0 + p$，则原方程可表示为 $\rho' = \dfrac{1}{c_0^2}p$.得证.

式(5-3-8)表明在声绝热传播过程中，流体介质密度的扰动正比于压强（声压）的扰动.而推导过程中引入的 c_0 即为声速 c，其定义式还可表示为

$$c^2 = \frac{\partial P}{\partial \rho} = \frac{1}{\rho\beta} = \frac{\kappa}{\rho} \xrightarrow{\text{静态值}} c_0^2 = \frac{1}{\rho_0\beta_0} = \frac{\kappa_0}{\rho_0} \qquad (5\text{-}3\text{-}9)$$

式(5-3-9)说明声速反映了介质受声扰动时的压缩特性.在物理上，若介质的可压缩性较大，那么一个体积元状态的变化需要经过较长时间才能传到周围相邻的体积元，因而声扰动传播的速度就慢；反之，则较快，极限情况是在理想刚体内，介质不可压缩，此时声速趋于无穷大，换句话说，一个体积元状态的变化立刻传递给其他的体积元，即物体各部分将以相同的相位运动，相当于之前讨论的理想质点模型.

声速 c_0 还与温度有关.对于常见的空气介质，在标准大气压下，温度为 0 ℃时的声速为331.6 m/s.若环境温度为 t（单位：℃），则可通过以下公式近似推算空气中的声速：

$$c_0 \approx 331.6 + 0.6 \times t \qquad (5\text{-}3\text{-}10)$$

表 5-3-1 给出了室温下常见介质中声速的大小.

表 5-3-1　常见介质中的声速

介质	声速/(m/s)
空气	343
水	1 482
钢铁	5 960

需要特别说明的是，声速 c_0 代表的是声振动在介质中的传播速度，它与介质质点本身的振动速度 v 是两个完全不同的概念.线性近似成立的前提是 $v \ll c_0$，即介质质点振速远小于声波传播速度.

3. 运动方程（基于牛顿第二定律）

设质点为 $\Delta V = dxdydz$ 的微体积元（$\Delta V \to 0$），如图 5-3-2 所示.

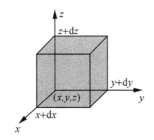

图 5-3-2　质点微体积元

先以最简单的一维情形举例,如分析 x 轴的受力,在 $(x, x+\mathrm{d}x)$ 段的两个 yz 边界面上受到的压力合力为

$$P\big|_x \mathrm{d}y\mathrm{d}z - P\big|_{x+\mathrm{d}x}\mathrm{d}y\mathrm{d}z \approx -\frac{\partial P}{\partial x}\Delta V$$

根据牛顿第二定律,可得

$$F = ma \rightarrow -\frac{\partial P}{\partial x}\Delta V = \rho\Delta V\frac{\mathrm{d}v_x}{\mathrm{d}t}$$

即有 $\rho\dfrac{\mathrm{d}v_x}{\mathrm{d}t} = -\dfrac{\partial P}{\partial x}$. 同理,$y$ 轴、z 轴也分别可得 $\rho\dfrac{\mathrm{d}v_y}{\mathrm{d}t} = -\dfrac{\partial P}{\partial y}$ 和 $\rho\dfrac{\mathrm{d}v_z}{\mathrm{d}t} = -\dfrac{\partial P}{\partial z}$,因此可推广至三维情况,即为

$$\rho\frac{\mathrm{d}\boldsymbol{v}}{\mathrm{d}t} = -\boldsymbol{\nabla}P \xrightarrow{\text{线性化}} \rho_0\frac{\partial\boldsymbol{v}}{\partial t} = -\boldsymbol{\nabla}p \tag{5-3-11}$$

式中,$\boldsymbol{v} = (v_x, v_y, v_z)$,$\boldsymbol{\nabla}P = \left(\dfrac{\partial P}{\partial x}, \dfrac{\partial P}{\partial y}, \dfrac{\partial P}{\partial z}\right)$. 此即为运动方程及其线性化表示,该式表明声压的梯度反映了速度的变化. 上式中的线性化近似证明如下:

证明　根据全导数关系可知,$\dfrac{\mathrm{d}\boldsymbol{v}}{\mathrm{d}t} = \dfrac{\partial\boldsymbol{v}}{\partial t} + \boldsymbol{v}\cdot\boldsymbol{\nabla}\boldsymbol{v}$,而质点速度 $\boldsymbol{v}$ 对于静态介质而言本身就是微扰量,因此 $\boldsymbol{v}\cdot\boldsymbol{\nabla}\boldsymbol{v}$ 属于高阶小量,可忽略不计,故而方程左边可做以下近似:

$$\rho\left(\frac{\partial\boldsymbol{v}}{\partial t} + \boldsymbol{v}\cdot\boldsymbol{\nabla}\boldsymbol{v}\right) \approx \rho\frac{\partial\boldsymbol{v}}{\partial t} = (\rho_0 + \rho')\frac{\partial\boldsymbol{v}}{\partial t} \approx \rho_0\frac{\partial\boldsymbol{v}}{\partial t}$$

式中,ρ' 也是微扰量,因此 $\rho'\cdot\boldsymbol{\nabla}\boldsymbol{v}$ 也属于可忽略的高阶小量. 而右边的 $P = P_0 + p$,对于静态介质,P_0 看作一常数,即 $\boldsymbol{\nabla}P_0 = 0$,故方程右边变为 $\boldsymbol{\nabla}P = \boldsymbol{\nabla}(P_0 + p) = \boldsymbol{\nabla}p$.

因此,经过线性化近似后方程变为 $\rho_0\dfrac{\partial\boldsymbol{v}}{\partial t} = -\boldsymbol{\nabla}p$,得证.

5.3.2　线性声波方程

前面已经提过,线性声学的近似有效性需满足一些前提条件,如声压远小于静态大气压 ($p \ll P_0$)、质点位移远小于声波的波长 ($\xi \ll \lambda$)、质点速度远小于声波的波速 ($v \ll c_0$). 目前我们已经得到了关于理想流体介质中三个基本方程的线性化表达式:

(1) $\dfrac{\partial\rho'}{\partial t} + \rho_0\boldsymbol{\nabla}\cdot\boldsymbol{v} = 0$,连续性方程的线性化.

(2) $\rho' = \dfrac{1}{c_0^2}p$,状态方程的线性化.

（3）$\rho_0 \dfrac{\partial \boldsymbol{v}}{\partial t} = -\boldsymbol{\nabla}p$，运动方程的线性化.

因为在实际的声学测量中，密度逾量 ρ' 难以直接测得，故考虑先消去 ρ'. 我们将 $\rho' = \dfrac{1}{c_0^{\ 2}}p$ 代入 $\dfrac{\partial \rho'}{\partial t} + \rho_0 \boldsymbol{\nabla} \cdot \boldsymbol{v} = 0$，然后两边再对时间 t 求一次偏导数，可得

$$\frac{1}{c_0^{\ 2}} \frac{\partial^2 p}{\partial t^2} + \rho_0 \frac{\partial}{\partial t} \boldsymbol{\nabla} \boldsymbol{v} = 0$$

而对式 $\rho_0 \dfrac{\partial \boldsymbol{v}}{\partial t} = -\boldsymbol{\nabla}p$ 两边求散度后，可得

$$\boldsymbol{\nabla}\rho_0 \frac{\partial \boldsymbol{v}}{\partial t} = -\boldsymbol{\nabla}^2 p$$

因为 ρ_0 是常数，且求时间偏导与求空间散度可以交换求解次序，即 $\rho_0 \dfrac{\partial}{\partial t} \boldsymbol{\nabla} \boldsymbol{v} = \boldsymbol{\nabla}\rho_0 \dfrac{\partial \boldsymbol{v}}{\partial t}$，两式联立后可得三维情形下关于声压 p 的声波波动方程.

$$\frac{1}{c_0^{\ 2}} \frac{\partial^2 p}{\partial t^2} - \boldsymbol{\nabla}^2 p = 0 \tag{5-3-12}$$

式中，拉普拉斯算子 $\boldsymbol{\nabla}^2 = \left(\dfrac{\partial^2}{\partial x^2} + \dfrac{\partial^2}{\partial y^2} + \dfrac{\partial^2}{\partial z^2} \right)$. 利用该波动方程求得声压 p 后，根据运动方程，可进一步求得质点速度：

$$\boldsymbol{v} = -\frac{1}{\rho_0} \int \boldsymbol{\nabla}p \, \mathrm{d}t \tag{5-3-13}$$

若对上式两边求旋度，利用梯度的旋度恒等于 0 这一结论，可得

$$\boldsymbol{\nabla} \times \boldsymbol{v} = -\frac{1}{\rho_0} \int \boldsymbol{\nabla} \times \boldsymbol{\nabla}p \, \mathrm{d}t = 0$$

该等式说明速度 $\boldsymbol{v}$ 是无旋的，因此可引入速度势 Ψ，两者的关系是

$$\boldsymbol{v} = -\boldsymbol{\nabla}\Psi \tag{5-3-14}$$

在原运动方程中，将速度 $\boldsymbol{v}$ 以速度势 Ψ 取代，对空间积分，可得

$$-\boldsymbol{\nabla}\left(\rho_0 \frac{\partial \Psi}{\partial t} \right) = -\boldsymbol{\nabla}p \ \rightarrow \ p = \rho_0 \frac{\partial \Phi}{\partial t}$$

式中，$\Phi = \Psi + \int C(t)\mathrm{d}t$，而 $C(t)$ 是仅含 t 的积分常数. 在物理意义上，Φ 与 Ψ 是等价的. 我们将上述的速度势概念引入之前的连续性方程，经化简后可得到关于速度势的波动方程：

$$\frac{1}{c_0^{\ 2}} \frac{\partial^2 \Phi}{\partial t^2} - \boldsymbol{\nabla}^2 \Phi = 0 \tag{5-3-15}$$

由于速度势 Φ 和声压 p 一样，也是一个标量，所以用它来描述声场也很方便. 若速度势 Φ 已知，则利用式（5-3-14）、式（5-3-15）可进一步求得质点的速度 $\boldsymbol{v}$ 和声压 p.

5.4　平面声波的基本性质

上一节中我们通过运用理想流体介质遵循的三大基本物理定律,获得了三个基本方程,并在此基础上推导出了关于声压 p 的声波波动方程. 波动方程定性反映了声波在理想流体介质中传播的共同规律. 若要深入定量分析现实工程案例中的具体声传播特性,还需要结合实际的声源及边界状况来确定. 从数学求解角度上来看,就是对波动方程求得满足特定边界条件下的解.

5.4.1　一维平面行波

为简便起见,本节选取波形中最为简单的平面行波来进行分析. 例如,有一声波仅沿 x 轴方向传播,而在 yz 平面上其所有质点的振幅和相位均相同,由于此时 yz 平面可看作其波阵面,故为平面波.

通常沿 x 轴正向传播的声压波可表示为 $p = p(c_0 t - x)$,我们可将其推广至三维空间. 假定三维空间中有一沿单位矢量 $\boldsymbol{n} = (n_x, n_y, n_z)$ 方向传播的声波,其声压和质点声速可分别表示为

$$p = p(c_0 t - \boldsymbol{n} \cdot \boldsymbol{r}), \quad \boldsymbol{v} = -\frac{1}{\rho_0} \int \boldsymbol{\nabla} p \mathrm{d}t = \frac{p}{\rho_0 c_0} \boldsymbol{n} \tag{5-4-1}$$

式中,$\boldsymbol{r} = (x, y, z)$,而 $\boldsymbol{n} \cdot \boldsymbol{r} = n_x x + n_y y + n_z z$. 在波动学中,将物理量的等值曲面称为波阵面,平面声波的波阵面则是与传播方向垂直的平面,其传播速度为 c_0.

证明　利用换元法,令 $\zeta = c_0 t - \boldsymbol{n} \cdot \boldsymbol{r}$,因为是平面声波,故而 ζ 应为一常数.

因此有 $c_0 t_0 - \boldsymbol{n} \cdot \boldsymbol{r}_0 = c_0 t - \boldsymbol{n} \cdot \boldsymbol{r}$,整理后为 $c_0(t - t_0) = \boldsymbol{n} \cdot (\boldsymbol{r} - \boldsymbol{r}_0)$. 所以

$$c_0 = \lim_{t \to t_0} \frac{\boldsymbol{n}(\boldsymbol{r} - \boldsymbol{r}_0)}{(t - t_0)} = \boldsymbol{n} \cdot \frac{\partial \boldsymbol{r}}{\partial t} = \frac{\partial}{\partial t}(\boldsymbol{n} \cdot \boldsymbol{r})$$

该式代表了单位时间内波阵面传播的距离,即为声波传播速度,得证.

在理论分析中,我们最感兴趣的是在稳定简谐声源作用下产生的稳态声场. 这主要有两方面原因:第一,声学中大部分声源是随时间做简谐运动的;第二,根据傅里叶分析理论,任意时间函数的振动原则上都可以分解为许多不同频率的简谐函数的叠加. 因此,只要将简谐运动分析清楚了,就可以通过不同频率简谐运动的叠加来间接求得复杂时间函数的振动规律. 总而言之,简谐时变的声场就是分析复杂时变声场的基础.

基于上述原因,我们将沿 x 轴传播的简谐平面声波表示为

$$p = p_a \mathrm{e}^{\mathrm{j}(\omega t \mp kx)} \left(k = \frac{\omega}{c_0} = \frac{2\pi}{\lambda} \right) \tag{5-4-2}$$

式中,p_a 是声压的复振幅;ω 是声源简谐运动的圆频率,反映运动在时间尺度上的快慢;k 是波数,其值代表 2π 长度内波的数目,反映运动在空间尺度上的快慢;简谐因子指数部分里的 $(\omega t - kx)$ 代表波沿 x 轴正向传播,$(\omega t + kx)$ 代表波沿 x 轴反向传播.

相应地,一维平面声波的质点速度可表示为

$$v = v_{\mathrm{a}} \mathrm{e}^{\mathrm{j}(\omega t \mp kx)} \left(v_{\mathrm{a}} = \pm \frac{p_{\mathrm{a}}}{\rho_0 c_0} \right) \tag{5-4-3}$$

式中，v_{a} 是质点速度的复振幅，特别需要留意的是，其值与声压的复振幅之间的关系与波的传播方向有关，沿 x 轴正向传播时取正号，沿 x 轴反向传播时取负号.

证明 式（5-4-1）表述了三维空间中质点速度与声压的关系，现为一维情形，故而 $n = \pm 1$，分别代表沿 x 轴正向、反向传播. 原式可简化为

$$v = \pm \frac{1}{\rho_0 c_0} p = \pm \frac{1}{\rho_0 c_0} p_{\mathrm{a}} \mathrm{e}^{\mathrm{j}(\omega t \mp kx)} = v_{\mathrm{a}} \mathrm{e}^{\mathrm{j}(\omega t \mp kx)}$$

故而，$v_{\mathrm{a}} = \pm \dfrac{p_{\mathrm{a}}}{\rho_0 c_0}$，得证.

一维简谐声波表达式中的指数项即为相角，令 $\phi = \omega t \mp kx$，若 ϕ 在某一平面上均为一常数，此平面即为相平面. 而相平面传播的速度即为平面声波对应的波速，即 c_0.

若将上述沿 x 轴传播的简谐声波推广至任意方向，则有表达式

$$p = p_{\mathrm{a}} \mathrm{e}^{\mathrm{j}\phi}, \quad \phi = \omega t - \boldsymbol{k} \cdot \boldsymbol{r} \tag{5-4-4}$$

式中，$\boldsymbol{k}$ 是波矢，其定义式为 $\boldsymbol{k} = -\nabla \phi = k\boldsymbol{n}$，其模长 $\| \boldsymbol{k} \| = k = \dfrac{\omega}{c_0}$.

5.4.2　声阻抗率和介质特性阻抗

我们曾引入声阻抗的概念，其定义式为 $Z_{\mathrm{a}} = \dfrac{p}{U}$，即声阻抗为声压与体积速度之比. 在之前的章节中，我们主要研究的是声集总参数系统，但现在研究对象切换到了空间中的声场，而在分布式参数系统环境中，体积速度 U 的含义是不明确的，应该换用质点速度 v. 通常，将声场中某位置的声压与该位置的质点速度之比定义为该位置的声阻抗率（specific acoustic impedance），记为 z_{s}，其单位是 Pa·s/m，定义式为

$$z_{\mathrm{s}} = \frac{p}{v} \tag{5-4-5}$$

严格来说，上式分母中应该是 v_n，即质点速度 $\boldsymbol{v}$ 在法向 $\boldsymbol{n}$ 上的投影，而且该分式中分子、分母都是复数，因此声阻抗率 z_{s} 也是复数量. 通常把实部 $\mathrm{Re}[z_{\mathrm{s}}]$ 称为声阻率，其并不代表能量转换为了热能，而是代表了能量此刻传播到了其他空间位置；虚部 $\mathrm{Im}[z_{\mathrm{s}}]$ 称为声抗率，其反映了非传播的能量部分.

对于平面声波而言，此时 z_{s} 与频率无关，仅与方向有关，其具体取值如下：

$$z_{\mathrm{s}} = \rho_0 c_0 \text{（正向平面声波）}$$
$$z_{\mathrm{s}} = -\rho_0 c_0 \text{（反向平面声波）} \tag{5-4-6}$$

由此可见，在平面声场中，各位置的声阻抗率数值上都相同，且为一实数量，即仅含有声阻分量，无声抗分量. 这说明平面声场中各空间位置上都没有能量的储存，在前一个位置上的能量可以完全地传播到后一个位置.

需要特别指出的是，乘积 $\rho_0 c_0$ 值是介质固有的一个常数，且在声波的反射问题上具有特殊的地位，同时它具有声阻抗率的量纲，所以称 $\rho_0 c_0$ 为介质的特性阻抗（characteristic impedance）. 可以发现，平面声波的声阻抗率数值上恰好等于介质的特性阻抗，类比电学领域来描述的

话,即为平面声波处处与介质的特性阻抗相匹配,而阻抗匹配正是平面声波能量得以传递到无穷远处的原因.

5.5　声场中的能量关系

当声波进入原静态介质中时,声扰动会使介质质点在平衡位置附近发生往复振动,从而使得介质具有了振动动能;同时声扰动也会令介质内部产生压缩和膨胀现象,于是介质又有了形变势能.这两部分能量之和即为声波带给介质的总能量.当声波向下一空间位置传播时,声能量也随之转移,换句话说,声波的传递过程实质上就是声振动能量的传播过程.

5.5.1　声波能量和声能密度

设想在声场中取一足够小的体积微元,其体积为 $\Delta V_0 \to 0$,压强为 P_0,密度为 ρ_0.由于声扰动致使该体积微元获得了动能,其数值为

$$\Delta E_k = \frac{1}{2}(\rho \Delta V)v^2 = \frac{1}{2}(\rho_0 \Delta V_0)v^2$$

因为质量守恒定律,故而上式中 $\rho \Delta V = \rho_0 \Delta V_0$,而 $v^2 = \boldsymbol{v} \cdot \boldsymbol{v}$.

由于声扰动,体积微元的体积从 $\Delta V_0 \to \Delta V$,这部分能量是声压对该体积元所做的功,并以势能的形式储存了下来,故有

$$\Delta E_p = -\int_{\Delta V_0}^{\Delta V} p \mathrm{d}(\Delta V) \approx \frac{\Delta V_0}{\rho_0 c_0^2}\int_0^p p \mathrm{d}p = \frac{1}{2}\beta_{s0} p^2 \Delta V_0$$

式中,$\beta_{s0} = \dfrac{1}{\rho_0 c_0^2}$ 为静态介质的压缩系数.

根据牛顿力学原理,体积元内总的声能量是动能与势能之和,即为

$$\Delta E = \Delta E_k + \Delta E_p = \frac{\Delta V_0}{2}(\rho_0 v^2 + \beta_{s0} p^2) \tag{5-5-1}$$

由此可很容易进一步得出单位体积内的声能量,即声能密度 ε,其表达式如下:

$$\varepsilon = \frac{\Delta E}{\Delta V_0} = \frac{1}{2}(\rho_0 v^2 + \beta_{s0} p^2) \tag{5-5-2}$$

需要说明的是,上式是一个既适用于平面声波,也适用于球面声波及其他类型声波的普遍表达式.对声能密度 ε 求时间偏导数,并对等式两边分别求积分后可得

$$\frac{\partial \varepsilon}{\partial t} = -\boldsymbol{\nabla} \cdot (p\boldsymbol{v}) \xrightarrow{\ \iiint_V \mathrm{d}V\ } \frac{\partial}{\partial t}\iiint_V \varepsilon \mathrm{d}V = -\oiint_S p\boldsymbol{v} \cdot \mathrm{d}\boldsymbol{S}$$

上式说明体积微元 V 内声能的增加量等于从边界 S 流入的能量,此即是声能守恒定律.

对于平面声波而言,有 $v = \pm\dfrac{p}{\rho_0 c_0}$,因此平面声波的动能密度 $\dfrac{1}{2}\rho_0 v^2$ 与势能密度 $\dfrac{1}{2}\beta_{s0} p^2$ 在数值上相等,因为有

$$\frac{1}{2}\rho_0 v^2 = \frac{1}{2}\rho_0\left(\frac{p}{\rho_0 c_0}\right)^2 = \frac{1}{2}\beta_{s0} p^2$$

上式说明对于平面行波而言,在任意位置上,瞬时动能密度都等于瞬时势能密度.换句话说,平面声场中任何位置上动能与势能的变化是同相位的.这显然与之前讨论的质点自由振动情形不同,对于质点振动而言,只有平均动能密度等于平均势能密度,而瞬时动能密度一般并不等于瞬时势能密度.而且对于平面行波,当动能达到最大/最小值时,势能也为最大/最小值,因此系统的总能量也必然会在零到最大值之间波动.平面声波这种能量随时间变化的性质是第二种和质点自由振动不一样的规律,这是因为此时的系统不再是一封闭保守系统,能量并不是存储在系统中,而是具有传递特性,这是平面行波的另一个重要特征.

对于平面声波,其声能密度还可表示为

$$\varepsilon = \frac{1}{2}(\rho_0 v^2 + \beta_{s0} p^2) = \rho_0 v^2 = \beta_{s0} p^2 = \frac{p^2}{\rho_0 c_0^2} \tag{5-5-3}$$

这可以看作式(5-5-2)在平面声波情形下的一个特例表示.

若平面行波具有周期性或准周期性,还可写出平均声能密度:

$$\bar{\varepsilon} = \frac{|p|^2}{2\rho_0 c_0^2} = \frac{p_e^2}{\rho_0 c_0^2} \tag{5-5-4}$$

式中,$p_e = \frac{p_a}{\sqrt{2}}$,为有效声压.在理想流体介质的平面声场中,声压幅值是一个不随距离变化的常数,故平均声能密度处处相等.

5.5.2　声功率和声强

我们把单位时间内通过垂直于声传播方向的任意曲面 S 的平均声能量称为声功率或声能通量,其表达式为

$$W = \iint_S \boldsymbol{v} \cdot p \mathrm{d}\boldsymbol{S} \tag{5-5-5}$$

式中,被积分部分(pv)可看作单位时间内流过垂直于传播方向单位面积上的声能量,称为声能流密度.

我们将周期平均声能流密度称为声强,其是一个矢量,表达式为

$$\boldsymbol{I} = \overline{p\boldsymbol{v}} = \frac{1}{2}\mathrm{Re}[p^* \boldsymbol{v}] = I \cdot \boldsymbol{n}(\boldsymbol{v} = v\boldsymbol{n}) \tag{5-5-6}$$

若为平面行波,则可进一步写为

$$\boldsymbol{I} = \frac{1}{2}\mathrm{Re}\left[p^* \frac{p}{\rho_0 c_0}\boldsymbol{n}\right] = \frac{1}{2}\frac{|p|^2}{\rho_0 c_0}\boldsymbol{n} = \bar{\varepsilon} c_0 \boldsymbol{n} \quad (I = \bar{\varepsilon} c_0) \tag{5-5-7}$$

5.6　声压级、声强级和响度级

因为声振动的能量范围极为广阔,不同场景下可能相差十多个数量级.例如,通常人们对话声功率仅为 10^{-5} W,而航天飞机的引擎噪声声功率则高达 10^9 W.从数学上看,对如此宽范围的能量使用对数标度比使用绝对标度要更为合适.另外,从人的生理角度上看,当人耳接收到声振动时,主观上产生的响度感觉并非正比于强度绝对值,而是与强度的对数值近

似成正比. 因此,基于这两方面原因,声学中普遍使用对数标度来度量声压和声强,称为声压级(sound pressure level,SPL)和声强级(sound intensity level,SIL),其单位常用分贝(dB)表示.

1. 声压级

声压级的定义式为

$$SPL = 20 \times \lg \frac{p_e}{p_{ref}} \tag{5-6-1}$$

式中,p_e 是待测声压的有效值;p_{ref} 是参考声压. 一般设定人耳在空气中对 1 kHz 声音有所察觉的阈值声压为 2×10^{-5} Pa,即意味着在绝大多数情况下,低于这一声压值,人耳就无法察觉到声振动了,这种情况即对应零分贝.

2. 声强级

声强级的定义式为

$$SIL = 10 \times \lg \frac{I}{I_{ref}} \tag{5-6-2}$$

式中,I 是待测声强;I_{ref} 是参考声强,一般设定为 10^{-12} W/m²,这是与参考声压 2×10^{-5} Pa 相对应的声强(空气特性阻抗取值为 400 N·s/m).

声压级和声强级之间存在如下关系:

$$SIL = SPL + 10\lg \frac{400}{\rho_0 c_0} \tag{5-6-3}$$

为了使读者对声压级大小有直观的感受,这里举一些生活中的典型例子:人耳对 1 kHz 声音的可听阈为 0 dB,微风吹拂树叶的声音约 14 dB,交响乐队演奏声(相距 5 m 时)约 84 dB. 通常,一声音比另一声音声压大一倍时,对应其声压级大约大 6 dB,而人耳对声音强弱的分辨能力约为 0.5 dB.

3. 响度级

生理学研究表明,人耳接收声波的频率范围为 20 Hz～20 kHz(低于此范围的,称为次声波;高于此范围的,称为超声波). 人耳和大脑相配合,还能从有本底噪声的环境中听出某些频率的声音("鸡尾酒会效应"),换句话说,人的听觉系统具有滤波器的功能. 人耳对于声振动的响应,已不纯粹是一物理问题,还包含神经、心理等主观因素. 实验表明,人耳接收声振动以后,主观上产生的响度感觉不仅近似与强度的对数成正比,同时还与声波的频率有关. 同一声压但不同频率的声音,人耳听起来可能不一样响,也就是说,相同声压级下,人耳对不同频率的声音具有不一样的感知灵敏度.

为了定量地确定某一声音的轻与响的程度,实际工程应用中引入了响度级这一概念. 我们将 1 kHz 的纯音作为参考标准,将某频率的声音达到同样响度时 1 kHz 的纯音的声压级定义为该声音的响度级,单位为方(phon). 人们通过多次实验,获得了一般人对不同频率的纯音感觉为同样响的响度级与频率的关系曲线,称为等响曲线,如图 5-6-1 所示.

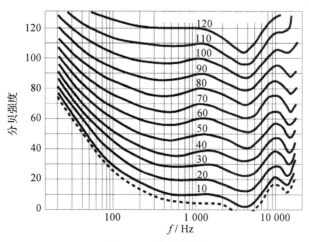

图 5-6-1 等响曲线

　　其中,将人耳刚能听到的声音的响度曲线,即零响度曲线称为可听阈;将人耳感受到疼痛的响度曲线称为痛觉阈.

第6章 声波的反射和透射

在上一章里,我们讨论了平面声波在无限空间的同一介质中自由传播的规律.但在实际环境中,声波在传播路径上往往会遇到各种各样不同的介质.绝大多数情况下,声波在到达两个不同介质的分界面上时,其中的一部分声波会被反射回来,而剩下的另一部分声波则透射过去.声波的反射、透射现象是声波传输过程中极为典型的物理场景.本章就来分析声波在两种不同介质的分界面上所发生的物理现象和其背后的物理原理,这对于实际工程应用具有重要的指导意义.

6.1 矢量和场论

由于本章涉及的数理知识较多,故首先补充一些推导中常会用到的关于矢量和场的结论及概念.

6.1.1 矢量

矢量与标量最大的不同,就是矢量不仅有数值,而且有具体的指向性,同时两个矢量的乘法也有两种不同的定义形式.

1. 矢量的点乘

矢量的点乘又称内积、标量积,其结果为一标量,表达式为

$$\boldsymbol{a} \cdot \boldsymbol{b} = |\boldsymbol{a}||\boldsymbol{b}|\cos\theta \tag{6-1-1}$$

式中,θ 是两个矢量的夹角,且规定 $0 \leqslant \theta \leqslant \pi$.

根据点乘定义式,容易发现其满足交换律,即

$$\boldsymbol{a} \cdot \boldsymbol{b} = \boldsymbol{b} \cdot \boldsymbol{a}$$

2. 矢量的叉乘

矢量的叉乘又称外积、矢量积,其结果为一矢量,表达式为

$$\boldsymbol{a} \times \boldsymbol{b} = |\boldsymbol{a}||\boldsymbol{b}|\sin\theta\, \boldsymbol{n} \tag{6-1-2}$$

式中,$\boldsymbol{n}$ 是一同时垂直于 $\boldsymbol{a}$ 和 $\boldsymbol{b}$ 的单位矢量,且其指向由 $\boldsymbol{a}$、$\boldsymbol{b}$ 和 $\boldsymbol{n}$ 三矢量共同组成的右手定则所指定.

根据叉乘定义式,由于其结果带有方向性,其并不满足交换律,即

$$\boldsymbol{a} \times \boldsymbol{b} \neq \boldsymbol{b} \times \boldsymbol{a}$$

6.1.2　场论初步

通常，场也可分为两大类，即标量场和矢量场. 常见的如温度场、密度场和电位场，都属于标量场；而流速场、电场、磁场，则属于矢量场. 关于空间场的计算，常涉及以下几种运算.

1. 梯度（gradient）

梯度运算作用于标量场，最终将得到一矢量结果. 设有一标量为 φ，则其梯度在三维坐标系中可表示为

$$\boldsymbol{\nabla}\varphi=\frac{\partial\varphi}{\partial x}\boldsymbol{i}+\frac{\partial\varphi}{\partial y}\boldsymbol{j}+\frac{\partial\varphi}{\partial z}\boldsymbol{k} \tag{6-1-3}$$

式中，哈密顿算子 $\boldsymbol{\nabla}=\left(\frac{\partial}{\partial x}\boldsymbol{i}+\frac{\partial}{\partial y}\boldsymbol{j}+\frac{\partial}{\partial z}\boldsymbol{k}\right)$，$\boldsymbol{i}$、$\boldsymbol{j}$、$\boldsymbol{k}$ 分别是 x、y、z 轴上的单位法向矢量.

梯度运算的几何含义是标量梯度 $\boldsymbol{\nabla}\varphi$ 的方向与经过点 (x,y,z) 的等量面 $\varphi=C$ 的法线方向重合，其指向了标量 φ 变化率最大的方向.

我们还可以给出方向导数的定义，令 $\boldsymbol{l}=(\cos\alpha,\cos\beta,\cos\gamma)$ 是一单位矢量，则标量 φ 关于 $\boldsymbol{l}$ 的方向导数可定义为

$$\operatorname{grad}\varphi=\frac{\partial\varphi}{\partial l}=\boldsymbol{l}\cdot\boldsymbol{\nabla}\varphi=\frac{\partial\varphi}{\partial x}\cos\alpha+\frac{\partial\varphi}{\partial y}\cos\beta+\frac{\partial\varphi}{\partial z}\cos\gamma \tag{6-1-4}$$

式中的方向导数即为标量 φ 在矢量 $\boldsymbol{l}$ 上的变化率，等效于 φ 的梯度在 $\boldsymbol{l}$ 上的投影.

2. 散度（divergence）

散度运算作用于矢量场，最终将得到一标量结果. 设有一矢量为 $\boldsymbol{R}=X\boldsymbol{i}+Y\boldsymbol{j}+Z\boldsymbol{k}$，则其散度在三维坐标系中可表示为

$$\operatorname{div}\boldsymbol{R}=\boldsymbol{\nabla}\cdot\boldsymbol{R}=\frac{\partial X}{\partial x}+\frac{\partial Y}{\partial y}+\frac{\partial Z}{\partial z} \tag{6-1-5}$$

散度是矢量场在空间某点聚散性的度量，其数值可用来描述矢量场中的某点是汇聚点还是发散点.

3. 旋度（curl）

旋度运算与散度运算类似，也作用于矢量场，其最终结果仍是一矢量. 设有一矢量为 $\boldsymbol{R}$，则其旋度在三维坐标系中可表示为

$$\operatorname{rot}\boldsymbol{R}=\boldsymbol{\nabla}\times\boldsymbol{R}=\begin{vmatrix} \boldsymbol{i} & \boldsymbol{j} & \boldsymbol{k} \\ \dfrac{\partial}{\partial x} & \dfrac{\partial}{\partial y} & \dfrac{\partial}{\partial z} \\ X & Y & Z \end{vmatrix} \tag{6-1-6}$$

旋度是用来表征矢量场在空间某点涡旋强度的度量. 在此，我们总结一下矢量场、标量场和梯度、散度、旋度之间的关系：

① 标量场 $\varphi \xrightarrow{\text{梯度 grad}}$ 矢量场 $\boldsymbol{\nabla}\varphi$.

② 矢量场 $\boldsymbol{R} \xrightarrow{\text{散度 div}}$ 矢量场 $\boldsymbol{\nabla}\cdot\boldsymbol{R}$.

③ 矢量场 $\boldsymbol{R} \xrightarrow{\text{旋度 rot}}$ 矢量场 $\boldsymbol{\nabla}\times\boldsymbol{R}$.

④ div rot $\mathbf{R}=0$，即旋度场的散度为 0，该结论意味着自旋不往外聚散.

⑤ rot grad $\varphi=0$，即梯度场的旋度为 0，该结论意味着变化率最大方向直线往外不涡旋.

⑥ div grad $\varphi=\dfrac{\partial^2\varphi}{\partial x^2}+\dfrac{\partial^2\varphi}{\partial y^2}+\dfrac{\partial^2\varphi}{\partial z^2}=\mathbf{\nabla}^2\varphi$，式中 $\mathbf{\nabla}^2$ 是拉普拉斯算子.

最后补充一下关于张量(tensor)的几点结论：

① 零阶张量 → 标量.

② 一阶张量 → 矢量.

③ 二阶张量 → 方阵.

6.2　声波的垂直入射

声波在实际环境中经常会遇到各种障碍物.其实只要声波从一种介质进入另一种介质，后者对在前者中传播的声波而言就是一种障碍物.从本节开始，我们会分析和讨论声波在两种介质平面分界面上的传播特性，涉及波的反射、透射等现象.为便于分析，我们先考虑简单的垂直入射情形.

6.2.1　边界条件

通常，我们将界面(interface)指代具有不同声学特性阻抗 ($\rho_0 c_0$) 的介质交界面.当垂直入射时，声波的反射及透射都是在两种不同介质的分界面处发生的，分界面上的声学特性和规律即为此时声音传播所需遵循的边界条件.

设有两种延伸至无穷远处的理想流体，特性阻抗分别为 $\rho_1 c_1$ 和 $\rho_2 c_2$，如图 6-2-1 所示.

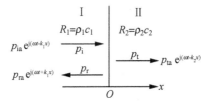

图 6-2-1　声波垂直入射

由介质的连续性可知，此时两种介质分界面上的声学边界条件如下：

① 两侧的声压相等，即 $p_1=p_2$.

② 两侧的法向速度相等，即 $\boldsymbol{v}_1 \cdot \boldsymbol{n}=\boldsymbol{v}_2 \cdot \boldsymbol{n}$.

而根据声阻抗率的定义式，我们很容易推知，界面两侧的法向声阻抗率也相等，因为

$$z=\frac{p}{v_n}=\frac{p}{\boldsymbol{v} \cdot \boldsymbol{n}} \rightarrow z_{n1}=z_{n2}=z_n$$

6.2.2　垂直入射的反射和透射

根据图 6-2-1 所示，平面入射声波(plane incident acoustic wave)的声压和质点速度可分别表示为

$$\begin{cases} p_{\mathrm{i}} = p_{\mathrm{ia}}\mathrm{e}^{\mathrm{j}(\omega t - k_1 x)} \\ v_{\mathrm{i}} = v_{\mathrm{ia}}\mathrm{e}^{\mathrm{j}(\omega t - k_1 x)} \end{cases} \left(v_{\mathrm{ia}} = \frac{p_{\mathrm{ia}}}{\rho_1 c_1} \right)$$

而平面反射声波（reflected wave）的声压和质点速度分别为

$$\begin{cases} p_{\mathrm{r}} = p_{\mathrm{ra}}\mathrm{e}^{\mathrm{j}(\omega t + k_1 x)} \\ v_{\mathrm{r}} = v_{\mathrm{ra}}\mathrm{e}^{\mathrm{j}(\omega t + k_1 x)} \end{cases} \left(v_{\mathrm{ra}} = -\frac{p_{\mathrm{ra}}}{\rho_1 c_1} \right)$$

相应地，平面透射声波（transmitted wave）的声压和质点速度分别为

$$\begin{cases} p_{\mathrm{t}} = p_{\mathrm{ta}}\mathrm{e}^{\mathrm{j}(\omega t - k_2 x)} \\ v_{\mathrm{t}} = v_{\mathrm{ta}}\mathrm{e}^{\mathrm{j}(\omega t - k_2 x)} \end{cases} \left(v_{\mathrm{ta}} = \frac{p_{\mathrm{ta}}}{\rho_2 c_2} \right)$$

上述结果中关于质点速度复振幅与声压复振幅的关系是应用了式（5-4-3）中的结论，即对于平面声波而言，有 $v = \pm\dfrac{p}{\rho c}$，其中的正号代表沿正向传播的声波，负号代表沿反向传播的声波．有兴趣的读者也可自行用基本方程中的运动方程来推出这一结论．

入射一侧的声场是入射波与反射波之和，而出射一侧则只有透射波．结合上述的声学边界条件，可推知在边界（$x=0$）处，有

$$\begin{cases} p_{\mathrm{i}} + p_{\mathrm{r}} = p_{\mathrm{t}} & （声压连续） \\ v_{\mathrm{i}} + v_{\mathrm{r}} = v_{\mathrm{t}} & （法向质点速度连续） \end{cases} \tag{6-2-1}$$

将入射波、反射波和透射波的结果代入式（6-2-1），可得

$$\begin{cases} 1 + \dfrac{p_{\mathrm{r}}}{p_{\mathrm{i}}} = \dfrac{p_{\mathrm{t}}}{p_{\mathrm{i}}} \\ \dfrac{p_{\mathrm{i}}}{\rho_1 c_1} + \left(-\dfrac{p_{\mathrm{r}}}{\rho_1 c_1} \right) = \dfrac{p_{\mathrm{t}}}{\rho_2 c_2} \end{cases}$$

令 $r_p = \dfrac{p_{\mathrm{r}}}{p_{\mathrm{i}}}$，称为声压反射系数；$t_p = \dfrac{p_{\mathrm{t}}}{p_{\mathrm{i}}}$，称为声压透射系数；而 $R_1 = \rho_1 c_1$，为介质 I 的特性阻抗；$R_2 = \rho_2 c_2$，为介质 II 的特性阻抗．则上式可改写为

$$\begin{cases} 1 + r_p = t_p \\ \dfrac{1 - r_p}{R_1} = \dfrac{t_p}{R_2} \end{cases} \tag{6-2-2}$$

通过求解上式方程组，可得声压的反射系数、透射系数分别为

$$r_p = \frac{p_{\mathrm{r}}}{p_{\mathrm{i}}}\bigg|_{x=0} = \frac{p_{\mathrm{ra}}\mathrm{e}^{\mathrm{j}(\omega t + 0)}}{p_{\mathrm{ia}}\mathrm{e}^{\mathrm{j}(\omega t - 0)}} = \frac{p_{\mathrm{ra}}}{p_{\mathrm{ia}}} = \frac{R_2 - R_1}{R_2 + R_1} \tag{6-2-3}$$

$$t_p = \frac{p_{\mathrm{t}}}{p_{\mathrm{i}}}\bigg|_{x=0} = \frac{p_{\mathrm{ta}}\mathrm{e}^{\mathrm{j}(\omega t - 0)}}{p_{\mathrm{ia}}\mathrm{e}^{\mathrm{j}(\omega t - 0)}} = \frac{p_{\mathrm{ta}}}{p_{\mathrm{ia}}} = \frac{2R_2}{R_2 + R_1} \tag{6-2-4}$$

同理，也可推得质点振速的反射比和透射比分别为

$$r_v = \frac{v_{\mathrm{ra}}}{v_{\mathrm{ia}}} = \frac{v_{\mathrm{r}}}{v_{\mathrm{i}}}\bigg|_{x=0} = \frac{-\dfrac{p_{\mathrm{r}}}{\rho_1 c_1}}{\dfrac{p_{\mathrm{i}}}{\rho_1 c_1}}\bigg|_{x=0} = \frac{R_1 - R_2}{R_2 + R_1} = -r_p \tag{6-2-5}$$

$$t_v = \frac{v_{\mathrm{t}}}{v_{\mathrm{i}}}\bigg|_{x=0} = \frac{\dfrac{p_{\mathrm{t}}}{R_2}}{\dfrac{p_{\mathrm{i}}}{R_1}} = \frac{2R_1}{R_2 + R_1} = t_p\frac{R_1}{R_2} \tag{6-2-6}$$

　　由此可见,质点振速的反射系数 r_v 与声压反射系数 r_p 两者仅相差一个负号,而通常质点振速的透射系数 t_v 不等于声压透射系数 t_p,因为大多数时候,两种不同介质的特性阻抗并不相等,即 $R_1 \neq R_2$.上述结果说明垂直入射的声波在分界面上反射与透射的比例大小仅取决于介质的特性阻抗,换句话说,介质的特性阻抗对声传播有着重要的影响.下面分几种情况讨论.

　　(1) 阻抗匹配.

　　若 $R_1 = R_2$,即两种不同介质虽然密度、声速均不同,但密度和声速的乘积恰好相等,则此时有 $r_p = r_v = 0, t_p = t_v = 1$,声波此时在分界面上发生了全透射,无任何反射波存在.该场景类比于电学中端口网络中的阻抗匹配,此时能量在端口处的传递效率达到最大,无任何反射能量.通常来说,天然材料很难满足这类条件.

　　(2) 硬边界.

　　若 $R_2 > R_1$,即后一种介质的声特性阻抗大于前一种介质的声特性阻抗,此时有 $0 < r_p < 1, -1 < r_v < 0, 1 < t_p < 2, 0 < t_v < 1$.

　　若 $R_2 \gg R_1$,则 $r_p \approx 1, r_v \approx -1, t_p \approx 2, t_v \approx 0$.这些结果表明,在超硬边界上,反射波声压与入射波声压同相位,分界面处的总声压达到最大值,为两倍的入射声压;而反射波质点速度与入射波质点速度相位相差 π,正好反相叠加,故界面处总振速趋于零.这一结果还可视为由于后一种介质声特性阻抗极大,故其内部质点振速趋向于零,即基本不动.

　　(3) 软边界.

　　若 $R_1 > R_2$,即前一种介质的声特性阻抗大于后一种介质的声特性阻抗,此时有 $-1 < r_p < 0, 0 < r_v < 1, 0 < t_p < 1, 1 < t_v < 2$.

　　若 $R_1 \gg R_2$,则 $r_p \approx -1, r_v \approx 1, t_p \approx 0, t_v \approx 2$.这些结果表明,在超软边界上,反射波声压与入射波声压相位相差 π,二者反相叠加,故界面处总声压趋向于零,仿佛就像声压被极软的边界给化解掉了;而由于后一种介质的声特性阻抗极小,故而入射波的质点振速碰到分界面时好像非弹性碰撞一样,还会“过冲”,且反射波质点振速与入射波质点振速同相位,故而总振速达到最大值,是入射振速的两倍.

　　结合前面介绍的声强的概念,还可得到在分界面上声强的反射系数 r_I 和透射系数 t_I 分别为

$$r_I = \frac{I_r}{I_i} = \frac{\dfrac{p_{ra}^2}{2\rho_1 c_1}}{\dfrac{p_{ia}^2}{2\rho_1 c_1}} = r_p^2 = \left(\frac{R_1 - R_2}{R_1 + R_2}\right)^2 \tag{6-2-7}$$

$$t_I = \frac{I_t}{I_i} = \frac{\dfrac{p_{ta}^2}{2\rho_2 c_2}}{\dfrac{p_{ia}^2}{2\rho_1 c_1}} = \frac{R_1}{R_2} t_p^2 = \frac{4R_1 R_2}{(R_1 + R_2)^2} \tag{6-2-8}$$

　　上面两式说明:声强的反射、透射系数与入射方向无关.而且 $r_I + t_I = 1$,换句话说,即意味着有 $I_r + I_t = I_i$,代表入射声能等于反射声能与透射声能之和,这是声能守恒定律的又一体现.

　　最后我们讨论一下平面法向声阻抗率与反射系数之间的关系.根据声阻抗率的定义,可知在分界面的入射侧 $(x = 0^-)$ 有

$$z_s\big|_{x=0^-}=\frac{p_i+p_r}{v_i+v_r}=\frac{p_i(1+r_p)}{v_i(1+r_v)}=\frac{p_i(1+r_p)}{\dfrac{p_i}{\rho_1 c_1}(1-r_p)}=R_1\frac{1+r_p}{1-r_p}$$

又因为界面上法向声阻抗率连续，即有 $z_s\big|_{x=0^-}=z_s\big|_{x=0^+}=z_s\big|_{x=0}$，因此可推知

$$r_p=\frac{z_s-R_1}{z_s+R_1} \tag{6-2-9}$$

式(6-2-9)说明，知道界面法向声阻抗率 z_s 后，就可求得反射系数 r_p；已知反射系数 r_p，可反过来求得界面法向声阻抗率 z_s.

在声波垂直入射场景中，界面透射侧的法向声阻抗率正好就是第二种介质的特性阻抗，即有 $z_s\big|_{x=0^+}=\rho_2 c_2=R_2$，因此可进一步求得

$$r_p=\frac{R_2-R_1}{R_2+R_1}$$

这与式(6-2-3)的结论是一致的.

6.3 声波的斜入射

上一节我们讨论了声波的垂直入射场景，分析了介质的特性阻抗对声波在界面上反射、透射的影响. 本节将探讨声波在两种不同介质分界面上斜入射的情形，此时部分声波将按一定的角度反射回原介质，另有一部分将透射入第二种介质，而且在绝大多数情况下，这部分透射声波会偏离原先的入射方向，从而产生折射现象.

6.3.1 折射定律

当声波在分界面上发生斜入射时，产生的反射波和折射波的大小不仅取决于分界面两侧介质各自的特性阻抗，同时还与入射角度有关. 设有一入射平面声波，其行进方向与分界面法线存在一夹角 θ_i，如图 6-3-1 所示.

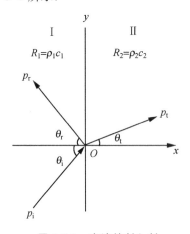

图 6-3-1 声波的斜入射

我们通常可将沿空间任意方向行进的平面声波表示为

$$p = p_a e^{j(\omega t - \boldsymbol{k} \cdot \boldsymbol{r})} = p_a e^{-j\boldsymbol{k} \cdot \boldsymbol{r}} e^{j\omega t} \tag{6-3-1}$$

式中,$\boldsymbol{k}$ 是波矢量,简称波矢,其代表波阵面法线方向上长度为 $\boldsymbol{k}$ 的矢量,可表示为 $\boldsymbol{k} = k\boldsymbol{n}$,而 $\boldsymbol{n} = \cos\alpha \boldsymbol{i} + \cos\beta \boldsymbol{j} + \cos\gamma \boldsymbol{k}$ 是波阵面法线的单位矢量,其中的 α,β,γ 分别是波阵面法线与 x,y,z 三个坐标轴间的夹角,而 $\cos\alpha,\cos\beta,\cos\gamma$ 即为该法线的方向余弦. 式中的 $\boldsymbol{r}$ 是位置矢量,可表示为 $\boldsymbol{r} = x\boldsymbol{i} + y\boldsymbol{j} + z\boldsymbol{k}$.

根据上面的结论,我们可以写出入射声场为

$$p_i = p_{ia} e^{j(\omega t - \boldsymbol{k}_i \cdot \boldsymbol{r})}, \quad \boldsymbol{k}_i = k_1 \boldsymbol{n}_i = (k_{ix}, k_{iy}, 0)$$
$$R_1 \boldsymbol{v}_i = p_i \boldsymbol{n}_i, \quad \boldsymbol{n}_i = (\cos\theta_i, \sin\theta_i, 0)$$

式中,$k_{ix} = k_1 \cos\theta_i$,$k_{iy} = k_1 \sin\theta_i$,$k_1$ 是介质 I 中的波数.

反射声场可表示为

$$\begin{cases} p_r = p_{ra} e^{j(\omega t - \boldsymbol{k}_r \cdot \boldsymbol{r})}, \quad \boldsymbol{k}_r = k_1 \boldsymbol{n}_r = (k_{rx}, k_{ry}, 0) \\ R_1 \boldsymbol{v}_r = p_r \boldsymbol{n}_r, \quad \boldsymbol{n}_r = (-\cos\theta_r, \sin\theta_r, 0) \end{cases}$$

其中 $k_{rx} = -k_1 \cos\theta_r$,$k_{ry} = k_1 \sin\theta_r$. 由此,我们可以得出入射侧的总声场为

$$\begin{cases} p_1 = p_i + p_r = p_{ia} e^{j(\omega t - \boldsymbol{k}_i \cdot \boldsymbol{r})} + p_{ra} e^{j(\omega t - \boldsymbol{k}_r \cdot \boldsymbol{r})} \\ \boldsymbol{v}_1 = \boldsymbol{v}_i + \boldsymbol{v}_r = \dfrac{p_i}{R_1} \boldsymbol{n}_i + \dfrac{p_r}{R_1} \boldsymbol{n}_r \end{cases}$$

其中入射侧总质点速度 $\boldsymbol{v}_1$ 的法向分量,即法向速度可表示为

$$\boldsymbol{v}_1 \cdot \boldsymbol{e}_x = \left(\frac{p_i}{R_1} \boldsymbol{n}_i + \frac{p_r}{R_1} \boldsymbol{n}_r \right) \cdot \boldsymbol{e}_x = v_{ni} + v_{nr}$$

$$= \frac{p_i}{R_1} \cos\theta_i + \frac{p_r}{R_1} (-\cos\theta_r) = \frac{p_i}{z_{ni}} + \frac{p_r}{z_{nr}}$$

式中,$\boldsymbol{e}_x = (1,0,0)$ 代表了 x 轴的正向单位矢量,同时可推知,z_{ni} 和 z_{nr} 分别是入射波和反射波的法向声阻抗率,其表达式分别为

$$z_{ni} = \frac{p_i}{v_{ni}} = \frac{R_1}{\cos\theta_i}, \quad z_{nr} = \frac{p_r}{v_{nr}} = -\frac{R_1}{\cos\theta_r} \tag{6-3-2}$$

而对应的出射侧的透射声场可表示为

$$p_t = p_{ta} e^{j(\omega t - \boldsymbol{k}_t \cdot \boldsymbol{r})}, \quad \boldsymbol{k}_t = k_2 \boldsymbol{n}_t = (k_{tx}, k_{ty}, 0)$$
$$R_2 v_t = p_t n_t, \quad n_t = (\cos\theta_t, \sin\theta_t, 0)$$

其中 $k_{tx} = k_2 \cos\theta_t$,$k_{ty} = k_2 \sin\theta_t$,$k_2$ 是介质 II 中的波数. 透射侧质点速度的法向分量为

$$\boldsymbol{v}_2 \cdot \boldsymbol{e}_x = \boldsymbol{v}_t \cdot \boldsymbol{e}_x = \frac{p_t}{R_2} \boldsymbol{n}_t \cdot \boldsymbol{e}_x = \frac{p_t}{R_2} \cos\theta_t$$

由上式可推知透射波的法向声阻抗率 z_{nt} 的表示式为

$$z_{nt} = \frac{p_2}{v_{nt}} = \frac{R_2}{\cos\theta_t} \tag{6-3-3}$$

通过比较式(6-3-2)和式(6-3-3),可以发现,界面上的法向声阻抗率既与介质特性阻抗有关,又与声波的传播方向有关.

式(6-3-1)中的 $e^{j\omega t}$ 是与时间变化有关的简谐因子,而 $e^{-j\boldsymbol{k} \cdot \boldsymbol{r}}$ 则与空间位置变化有关,在分界面($x=0$)处,可推知 $\boldsymbol{k}_i \cdot \boldsymbol{r}|_{x=0} = (k_{ix} \cdot x + k_{iy} \cdot y + 0 \cdot z)|_{x=0} = k_{iy} y$,同理 $\boldsymbol{k}_r \cdot \boldsymbol{r}|_{x=0} = k_{ry} y$,$\boldsymbol{k}_t \cdot \boldsymbol{r}|_{x=0} = k_{ty} y$,而边界条件要求分界面两侧的声压连续、法向质点振速连续,故而有

$$\begin{cases} p_i + p_r = p_t \\ v_{ni} + v_{nr} = v_{nt} \end{cases} \rightarrow \begin{cases} p_{ia}\,e^{-jk_{iy}\cdot y} + p_{ra}\,e^{-jk_{ry}\cdot y} = p_{ta}\,e^{-jk_{ty}\cdot y} \\ \dfrac{p_{ia}\,e^{-jk_{iy}\cdot y}}{z_{ni}} + \dfrac{p_{ra}\,e^{-jk_{ry}\cdot y}}{z_{nr}} = \dfrac{p_{ta}\,e^{-jk_{ty}\cdot y}}{z_{nt}} \end{cases} \tag{6-3-4}$$

式 (6-3-4) 两侧均已约去了简谐时间因子 $e^{j\omega t}$. 若要使得两个边界条件恒成立, 则所有的 k_y 分量必须相等, 也就是对于 $x = 0$ 平面上的任意 y 值均成立, 其必要条件就是 $k_{iy} = k_{ry} = k_{ty}$, 即

$$k_1 \sin\theta_i = k_1 \sin\theta_r = k_2 \sin\theta_t \rightarrow \begin{cases} \theta_i = \theta_r \\ \dfrac{\sin\theta_i}{\sin\theta_t} = \dfrac{k_2}{k_1} = \dfrac{c_1}{c_2} \end{cases} \tag{6-3-5}$$

式 (6-3-5) 说明, 入射角 θ_i 与反射角 θ_r 相等, 由此可知在入射侧界面法向上有 $z_{ni} = -z_{nr}$ 成立. 由于绝大多数情况下两种不同介质中的波数或声速不同, 故而一般入射角与折射角不相等, 即 $\theta_t \neq \theta_i$. 我们把入射角 θ_i 与折射角 θ_t 的正弦之比定义为折射率 (refractive index), 其定义式为

$$n = \frac{\sin\theta_i}{\sin\theta_t} \tag{6-3-6}$$

式 (6-3-6) 也被称为斯奈尔定律 (Snell's law), 其反映声波斜入射到某一分界面时引起的反射与折射关系. 从折射率计算式可以很容易看出, 若前后两种介质的声速差距越大, 则折射角相对入射角的变化也越大.

6.3.2 斜入射时的反射和透射

当满足斯奈尔定律时, 令 $z_{s1} = z_{ni} = -z_{nr}$ 和 $z_{s2} = z_{nt}$, 则边界条件对应的式 (6-3-4) 可简化为

$$\begin{cases} p_{ia} + p_{ra} = p_{ta} \\ \dfrac{p_{ia} - p_{ra}}{z_{s1}} = \dfrac{p_{ta}}{z_{s2}} \end{cases} \rightarrow \begin{cases} 1 + r_p = t_p \\ \dfrac{1 - r_p}{z_{s1}} = \dfrac{t_p}{z_{s2}} \end{cases} \tag{6-3-7}$$

由此, 可得声压反射、透射系数分别为

$$r_p = \frac{p_{ra}}{p_{ia}} = \frac{z_{s2} - z_{s1}}{z_{s2} + z_{s1}} = \frac{R_2\cos\theta_i - R_1\cos\theta_t}{R_2\cos\theta_i + R_1\cos\theta_t} = \frac{m\cos\theta_i - \sqrt{n^2 - \sin^2\theta_i}}{m\cos\theta_i + \sqrt{n^2 - \sin^2\theta_i}} \tag{6-3-8}$$

$$t_p = \frac{p_{ta}}{p_{ia}} = \frac{2z_{s2}}{z_{s2} + z_{s1}} = \frac{2R_2\cos\theta_i}{R_2\cos\theta_i + R_1\cos\theta_t} = \frac{2m\cos\theta_i}{m\cos\theta_i + \sqrt{n^2 - \sin^2\theta_i}} \tag{6-3-9}$$

上述化简中利用了式 (6-3-2)、式 (6-3-3) 的结论, 式中 $m = \dfrac{\rho_2}{\rho_1}$ 是密度比, $n = \dfrac{k_2}{k_1} = \dfrac{c_1}{c_2}$ 是折射率. 从式 (6-3-8)、式 (6-3-9) 可以发现, 声压反射系数 r_p 和透射系数 t_p 此时都与入射角 θ_i 有关.

入射侧的质点法向速度为

$$v_x = \boldsymbol{v}_1 \cdot \boldsymbol{e}_x = (\boldsymbol{v}_i + \boldsymbol{v}_r) \cdot \boldsymbol{e}_x = v_{ni} + v_{nr} = \frac{p_i}{z_{ni}} + \frac{p_r}{z_{nr}} = \frac{p_i - p_r}{z_{s1}}$$

上式中利用了结论 $z_{s1} = z_{ni} = -z_{nr}$. 根据定义式, 界面上的法向声阻抗率可表示为

$$z_n = \frac{p}{v_x} = \frac{p_i + p_r}{v_{ni} + v_{nr}} = z_{s1} \frac{1 + r_p}{1 - r_p} \tag{6-3-10}$$

而由于界面上法向声阻抗率连续,即有 $z_n = z_{s2}$,代回式(6-3-10)后整理可得

$$r_p = \frac{z_{s2} - z_{s1}}{z_{s2} + z_{s1}} \tag{6-3-11}$$

界面两侧各成分声波的声强为

$$\boldsymbol{I}_i = I_i \boldsymbol{n}_i, \quad \boldsymbol{I}_r = I_r \boldsymbol{n}_r, \quad \boldsymbol{I}_t = I_t \boldsymbol{n}_t$$

其各自数值部分可表示为

$$I_i = \frac{|p_i|^2}{2R_1}, \quad I_r = \frac{|p_r|^2}{2R_1} = I_i |r_p|^2, \quad I_t = \frac{|p_t|^2}{2R_2} = \frac{R_1}{R_2} I_i |t_p|^2$$

根据式(5-5-6)可知,入射侧的总声强可表示为

$$\boldsymbol{I}_1 = \frac{1}{2} \mathrm{Re}[p_1^* \cdot \boldsymbol{v}_1] = \frac{1}{2} \mathrm{Re}[(p_i + p_r)^* (\boldsymbol{v}_i + \boldsymbol{v}_r)] = \frac{1}{2} \mathrm{Re}[p_i^* \boldsymbol{v}_i + p_r^* \boldsymbol{v}_i + p_i^* \boldsymbol{v}_r + p_r^* \boldsymbol{v}_r]$$

$$= \boldsymbol{I}_i + \boldsymbol{I}_r + \frac{1}{2} \mathrm{Re}[p_i^* \boldsymbol{v}_r + p_r^* \boldsymbol{v}_i] = \boldsymbol{I}_i + \boldsymbol{I}_r + \Delta \boldsymbol{I}$$

式中,$\Delta \boldsymbol{I} = \frac{1}{2} \mathrm{Re}[p_i^* \boldsymbol{v}_r + p_r^* \boldsymbol{v}_i]$ 是干涉项,且其不为零. 因此入射侧的总声强将由入射波、反射波和干涉项三个矢量叠加而成,其自身带有方向性.

若只考虑界面法线方向上的能量分量,则入射波法向声强分量的数值部分为

$$I_{ni} = \boldsymbol{I}_i \cdot \boldsymbol{e}_x = \frac{1}{2} \mathrm{Re}(p_i^* v_{ni}) = I_i \cos\theta_i$$

同理,反射波声强的法向分量为 $I_{nr} = -I_r \cos\theta_i$ 和透射波声强的法向分量为 $I_{nt} = I_t \cos\theta_t$. 因此,法向声强反射、透射系数可分别表示为

$$r_{In} = \frac{-I_{nr}}{I_{ni}} = \frac{I_r}{I_i} = |r_p|^2 \tag{6-3-12}$$

$$t_{In} = \frac{I_{nt}}{I_{ni}} = \frac{\dfrac{R_1}{\cos\theta_i}}{\dfrac{R_2}{\cos\theta_t}} |t_p|^2 = \frac{z_{s1}}{z_{s2}} (t_p t_p^*) = \frac{4 z_{s1} z_{s2}^*}{|z_{s1} + z_{s2}|^2} \tag{6-3-13}$$

可验证其满足以下关系式:$r_{In} + t_{In} = 1$. 这说明在分界面法线方向上,反射波的能流与透射波的能流之和等于入射波的能流,即声能量是守恒的.

6.3.3　几种特殊的斜入射

前面我们得到了斜入射时通用的反射、透射规律,此处我们给出几种特殊前提下的斜入射,其将产生各自不同的物理现象.

1. 全透射

若入射角 θ_{i0} 满足 $m\cos\theta_{i0} - \sqrt{n^2 - \sin^2\theta_{i0}} = 0$,即有以下表达式成立:

$$\sin\theta_{i0} = \sqrt{\frac{m^2 - n^2}{m^2 - 1}} \tag{6-3-14}$$

根据式(6-3-8),此时 $r_p = 0$,而利用式(6-3-7)中的结论,可推知 $t_p = 1$,即当声波入射角等于 θ_{i0} 时,在分界面上将不产生反射波,声波会全部透射到介质 Ⅱ 中. 因此,θ_{i0} 被称为全透射角. 当然并不是说只要入射角度符合要求,任意两种介质的分界面上都会出现全透射现象,

仅当式(6-3-14)中的角度值有实数解时,才会发生全透射现象.换句话说,发生全透射需满足以下条件:

$$0 \leqslant \frac{m^2 - n^2}{m^2 - 1} \leqslant 1 \Rightarrow \begin{cases} m > n > 1 \rightarrow \rho_2 c_2 > \rho_1 c_1, c_1 > c_2 \\ m < n < 1 \rightarrow \rho_2 c_2 < \rho_1 c_1, c_1 < c_2 \end{cases}$$

此条件颇为苛刻,天然存在的声传播介质中很少有满足上述条件者.但目前人们已经可以通过人工设计制造声学超材料(acoustic metamaterials)来达到上述要求,其背后的原理大都是借由控制材料内部微结构单元来达到局域共振,从而间接实现全透射现象.目前声学超材料已经成为声学研究中的一大前沿热点,但其详细内容已超出本教材的范畴,读者可参考相关文献了解详情,在此不再赘述.

其实全透射发生时,通过推导可发现此时有 $z_{s1} = z_{s2}$,即界面法向阻抗匹配,这可以类比到电学端口网络中的阻抗匹配,从而实现能量的全额传递.

2. 全反射

根据斯奈尔定律,即式(6-3-6),可知当介质 II 中的声速大于介质 I 中的声速时,折射角将始终大于入射角,即 $c_2 > c_1$ 时,有 $\theta_t > \theta_i$. 可以想象,当入射角 θ_i 从 $0°$ 开始逐渐增大时,折射角自然也随之增大,当入射角达到某一特定角度 θ_{ic} 时,有 $\theta_t = 90°$,这意味着折射波沿着分界面传播.根据斯奈尔定律,我们可求出 $\theta_t = 90°$ 时,对应的入射角 θ_{ic} 为

$$\theta_{ic} = \arcsin n \tag{6-3-15}$$

将式(6-3-15)代入式(6-3-8),可知此时反射系数 $r_p = 1$,即反射波幅值等于入射波幅值,这一结果意味着入射声波能量全部反射回介质 I 中,我们将这种现象称为全反射,对应的入射角 θ_{ic} 被称为全反射临界角.

根据分界面上声压反射系数与声压透射系数的关系式 $1 + r_p = t_p$,可知此时 $t_p = 2$.需要特别说明的是,这并不意味着介质 II 中存在透射波,而仅是在分界面上存在静态压力的传递.这一点与声波遇到刚性界面时的情形类似,此时可看作介质 II 中的法向声阻抗率 z_{s2} 远远大于介质 I 中的 z_{s1},或者对于介质 I 而言,介质 II 表现得"非常硬",故而无有效透射能量能进入其中.

若入射角 θ_i 在达到全反射临界角 θ_{ic} 后进一步增大,根据斯奈尔定律所求得的 $\sin\theta_t > 1$,该结果意味着此时不存在实数角 θ_t,也说明了此时在介质 II 中已没有通常意义上的折射波.同时由于反射角仍等于入射角,相应的反射系数 r_p 将变为一复数,但其绝对值恒等于 1,说明相对于入射波而言,此时的反射波产生了一个相位跃变.

我们已经知晓当入射角 $\theta_i > \theta_{ic}$ 时,对应的透射角 θ_t 将存在复数解,我们令 $\theta_t = \frac{\pi}{2} + j\psi$,则

$$\sin\theta_t = \frac{\sin\theta_i}{n} \xrightarrow{\theta_t = \frac{\pi}{2} + j\psi} \cosh\psi = \frac{\sin\theta_i}{n}, \begin{cases} \sin\theta_t = \cosh\psi \\ \cos\theta_t = -j\sinh\psi \end{cases}$$

而此时的透射波矢可表示为

$$\boldsymbol{k}_t = (k_{tx}, k_{ty}, 0), \begin{cases} k_{tx} = k_t\cos\theta_t = -j\kappa, \\ k_{ty} = k_t\sin\theta_t = k_i\sin\theta_i \end{cases} (\kappa = k_t\sinh\psi > 0)$$

因此,透射声场可写为

$$p_t = p_{ta} e^{j(\omega t - \mathbf{k}_t \cdot \mathbf{r})} = p_{ta} e^{j\omega t} e^{-j(k_{tx}x + k_{ty}y + 0)} = p_{ta} e^{j(\omega t - k_{ty}y)} e^{-\kappa x} \tag{6-3-16}$$

可以看到,该声场沿着界面法线方向(以下简称"法向")(图 6-3-1 中的 x 轴正向)呈指数衰减,而沿界面方向(图 6-3-1 中的 y 轴正向)则是一行波.由此可知,全反射发生时对应的透射声场,其本质上是一沿着界面传播的表面行波,称为倏逝波(evanescent wave),其幅值沿界面法向呈指数衰减,呈现高度的空间局域性,说明其并无实质能量真正进入介质Ⅱ中,故倏逝波的存在并未违反能量守恒定律.倏逝波有时也被称为近场波,因其可以携带信息且具备很高的能量密度,在信息传输、无线传能、无损探测、超分辨显微成像等方向具有广阔的应用前景.有兴趣的读者可参考其他资料,此处不再介绍.

当声波由空气入射到水面上时,就可能发生全反射现象,空气-水界面的折射率 n 是 0.23,对应的全反射临界角约为 $13°$,这是一个很小的角度,意味着水面上方四周传来的声音基本都满足全反射的条件.当你潜入水中时,是否顿时觉得一下子安静了很多呢,这其实是周围空气中的声波在水面上发生了全反射现象又回到了空气中,故而真正透射到水中的声音大大减少了.

3. 掠入射

当声波入射角度很大,即 $\theta_i \to 90°$ 入射时,我们称其为掠入射.若令 $\alpha_i = 90° - \theta_i$,则有 $\alpha_i \to 0°$,我们将其称为掠入射角,如图 6-3-2 所示.

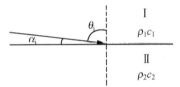

图 6-3-2　掠入射示意图

对应的声压反射系数 r_p 的计算式可改写为

$$r_p = \frac{m\sin\alpha_i - \sqrt{n^2 - \cos^2\alpha_i}}{m\sin\alpha_i + \sqrt{n^2 - \cos^2\alpha_i}} \approx \frac{m\alpha_i - \sqrt{n^2 - 1}}{m\alpha_i + \sqrt{n^2 - 1}} \approx -1 + \frac{2m}{\sqrt{n^2 - 1}}\alpha_i \tag{6-3-17}$$

同理,声压透射系数 t_p 也可表示为

$$t_p = \frac{2m\sin\alpha_i}{m\sin\alpha_i + \sqrt{n^2 - \cos^2\alpha_i}} \approx \frac{2m\alpha_i}{m\alpha_i + \sqrt{n^2 - 1}} \approx \frac{2m\alpha_i}{\sqrt{n^2 - 1}} \tag{6-3-18}$$

不难发现,当掠入射发生时,由于 α_i 趋于零,则式(6-3-17)和式(6-3-18)将变为

$$\lim_{\alpha_i \to 0} r_p = -1 = 1 \cdot e^{j\pi}, \quad \lim_{\alpha_i \to 0} t_p = 0 \tag{6-3-19}$$

式(6-3-19)说明反射波与入射波幅值相等,相位相差 π.由于此时两者反相叠加,造成入射一侧界面上的合成总声压趋近于零,同时几乎无透射声压,该结果类似于声波入射到一软边界.

另外,通过观察式(6-3-17),我们可以推知以下结论:不论是从介质Ⅰ入射到介质Ⅱ,还是从介质Ⅱ入射到介质Ⅰ,即不论入射方向,只要满足掠入射的前提条件,都会发生全反射,即有 $|r_p| \to 1$.同时需要注意的是,该结论对介质Ⅰ或介质Ⅱ的特性阻抗无要求.

4. 近垂直透射

若入射介质声速远大于透射介质声速,即 $c_1 \gg c_2$,根据斯奈尔定律,即式(6-3-6),容易发现，对于几乎任意大小的入射角 θ_i，透射角均有 $\theta_t \approx 0°$，即透射声波近乎垂直于分界面. 常见的发生场景如声波入射到多孔吸声材料，或声波从水中入射到空气中，如图 6-3-3 所示.

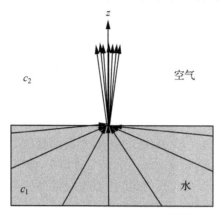

图 6-3-3 水声在水-空气分界面上的透射

在图 6-3-3 中的水-空气界面上，由于水中声速远大于空气中声速，故而符合近垂直透射的前提条件. 水中入射角 θ_i 变化范围可在 $0°\sim90°$ 之间，而对应的透射角 θ_t 的取值范围仅在 $0°\sim13.1°$ 之间. 而且此时的法向声强透射系数非常小（$t_I \approx 0.11\%$），即只有很小一部分能量被透射到水面上的空气中，这也是为何水下声音很少能传导到岸上的原因.

6.4 层级结构中的声传播

前面两节我们讨论了声波在两种空间无限延伸的不同介质分界面上的传播情况，可以看出，两种介质各自的声特性阻抗、声波的入射角度等因素决定了相应的反射波和透射波的各项物理性质. 在实际环境中，尤其是工程应用领域内，还有一种常见的声波传播场景，即声波通过包含中间层的多层层级结构. 为简化数学推导步骤和便于读者理解，本节主要着眼于垂直入射场景下的分析.

6.4.1 中间层的反射和透射

设有一厚度为 D、特性阻抗为 $R_2 = \rho_2 c_2$ 的介质被放置于特性阻抗为 $R_1 = \rho_1 c_1$ 的另一无限介质中，如图 6-4-1 所示，换句话说，中间夹层左右两侧为同一介质（对应于图中的区域Ⅰ和Ⅲ），而中间夹层则是另一介质（对应于图中的区域Ⅱ）.

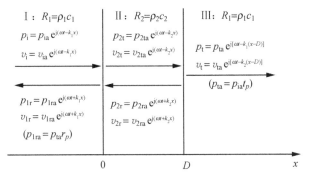

图 6-4-1 声波通过中间层

区域 I 中有一平面声波 (p_i, v_i) 垂直入射到中间层位于 $x=0$ 处的界面时, 由于界面两侧的声特性阻抗不同, 于是其中一部分反射回到区域 I 中, 即形成了反射波 (p_{1r}, v_{1r}); 另一部分透射入中间层进入介质 II 中, 即为 (p_{2t}, v_{2t}). 当声波 (p_{2t}, v_{2t}) 继续向前传播到中间层位于 $x=D$ 处界面时, 因声特性阻抗的改变, 一部分反射回到中间层, 记为反射波 (p_{2r}, v_{2r}), 余下部分透射进入最后的区域 III, 记为 (p_t, v_t). 由于区域 III 设定为延伸至无穷远处, 故而最后这部分透射波 (p_t, v_t) 将不再发生发射. 因此, 中间层左侧介质 (区域 I) 中的声场就是 (p_i, v_i) 与 (p_{1r}, v_{1r}) 的叠加, 中间层 (区域 II) 中的声场则是 (p_{2t}, v_{2t}) 与 (p_{2r}, v_{2r}) 的叠加, 而中间层右侧介质 (区域 III) 中的声场仅由 (p_t, v_t) 构成. 上述各区域中声波、质点振速的表达式如下:

$$\begin{cases} p_i = p_{ia} e^{j(\omega t - k_1 x)}, & v_i = v_{ia} e^{j(\omega t - k_1 x)} \\ p_{1r} = p_{1ra} e^{j(\omega t + k_1 x)}, & v_{1r} = v_{1ra} e^{j(\omega t + k_1 x)} \\ p_{2t} = p_{2ta} e^{j(\omega t - k_2 x)}, & v_{2t} = v_{2ta} e^{j(\omega t - k_2 x)} \\ p_{2r} = p_{2ra} e^{j(\omega t + k_2 x)}, & v_{2r} = v_{2ra} e^{j(\omega t + k_2 x)} \\ p_t = p_{ta} e^{j[\omega t - k_1 (x-D)]}, & v_t = v_{ta} e^{j[\omega t - k_1 (x-D)]} \end{cases} \tag{6-4-1}$$

式中, 各指数部分里的波数分别为 $k_1 = \dfrac{\omega}{c_1}$ 和 $k_2 = \dfrac{\omega}{c_2}$. 我们把中间层对应的声压反射系数 r_p 和透射系数 t_p 分别定义为

$$r_p = \frac{p_{1ra}}{p_{ia}}, \quad t_p = \frac{p_{ta}}{p_{ia}} \tag{6-4-2}$$

则式 (6-4-1) 中各声学量的复振幅之间的关系为

$$v_{ia} = \frac{p_{ia}}{R_1}, \ v_{1ra} = -\frac{p_{1ra}}{R_1} = -r_p v_{ia}, \ v_{2ta} = \frac{p_{ta}}{R_2}, \ v_{2ra} = -\frac{p_{2ra}}{R_2}, \ v_{ta} = \frac{p_{ta}}{R_1} = v_{ia} t_p$$

根据声学边界条件 (界面两侧声压连续、法向质点速度连续), 在第一个分界面, 即 $x=0$ 处, 有

$$\begin{cases} p_{ia} + p_{1ra} = p_{2ta} + p_{2ra} \\ v_{ia} + v_{1ra} = v_{2ta} + v_{2ra} \end{cases} \Rightarrow \begin{cases} 1 + r_p = A + B \\ R_{12}(1 - r_p) = A - B \end{cases} \tag{6-4-3}$$

式中, $A = \dfrac{p_{2ta}}{p_{ia}}, B = \dfrac{p_{2ra}}{p_{ia}}, R_{12} = \dfrac{R_2}{R_1} = \dfrac{\rho_2 c_2}{\rho_1 c_1}$.

同理, 在第二个分界面, 即 $x=D$ 处, 也有类似结论, 即

$$\begin{cases} p_{2\mathrm{ta}}\mathrm{e}^{-\mathrm{j}k_2 D}+p_{2\mathrm{ra}}\mathrm{e}^{\mathrm{j}k_2 D}=p_{\mathrm{ta}} \\ v_{2\mathrm{ta}}\mathrm{e}^{-\mathrm{j}k_2 D}+v_{2\mathrm{ra}}\mathrm{e}^{\mathrm{j}k_2 D}=v_{\mathrm{ta}} \end{cases} \Rightarrow \begin{cases} A\mathrm{e}^{-\mathrm{j}k_2 D}+B\mathrm{e}^{\mathrm{j}k_2 D}=t_p \\ A\mathrm{e}^{-\mathrm{j}k_2 D}-B\mathrm{e}^{\mathrm{j}k_2 D}=t_p R_{12} \end{cases} \tag{6-4-4}$$

式中，$R_{12}=\dfrac{1}{R_{21}}=\dfrac{R_2}{R_1}$. 通过将式（6-4-3）和式（6-4-4）中的方程组联立求解，可得以下结果：

$$r_p=\frac{R_{12}-R_{21}}{R_{12}+R_{21}-2\mathrm{j}\cot(k_2 D)} \tag{6-4-5}$$

$$t_p=\frac{1}{\cos(k_2 D)+\mathrm{j}\dfrac{R_{12}+R_{21}}{2}\sin(k_2 D)} \tag{6-4-6}$$

上述联立方程的求解也可借助于 MATLAB 软件，利用其符号计算功能可大幅减少推导时间，当然 MATLAB 给出的答案通常还需要利用如欧拉公式等定律再手动整理一下，才能得到与上面一致的计算结果. 式（6-4-5）和式（6-4-6）的 MATLAB 求解代码如下：

```
syms rp tp R1 R2 A B k2 D;
eq1=1+rp-A-B;
eq2=(1-rp)*R2/R1-A+B;
eq3=A*exp(-j*k2*D)+B*exp(j*k2*D)-tp;
eq4=A*exp(-j*k2*D)-B*exp(j*k2*D)-tp*R2/R1;
[rp tp A B]=solve(eq1,eq2,eq3,eq4,rp,tp,A,B);
```

借由声压的反射系数和透射系数，我们可进一步求得中间层的声强透射系数. 根据其定义式，有

$$t_I=\frac{I_\mathrm{t}}{I_\mathrm{i}}=|t_p|^2=1-|r_p|^2=\frac{4}{4\cos^2(k_2 D)+(R_{12}+R_{21})^2\sin^2(k_2 D)} \tag{6-4-7}$$

因为声能量守恒，可得声强反射系数为 $r_I=1-t_I$. 可以发现，中间层的声强透射系数 t_I 或反射系数 r_I 均与 $R_{12}(R_{21})$ 和 $k_2 D$ 有关. 又因为 $k_2 D=\dfrac{2\pi D}{\lambda_2}$，所以我们能够给出以下结论：声波通过中间层时的反射波、透射波的大小不仅取决于两种不同介质的声特性阻抗的比值，而且还与中间层厚度与声波在中间层中传播的波长之比 $\dfrac{D}{\lambda_2}$ 有关. 下面我们给出几组不同声特性阻抗比条件下声强透射系数的取值表现，如图 6-4-2 所示.

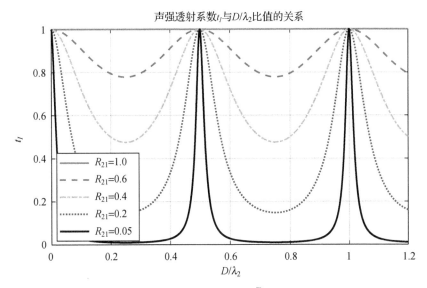

图 6-4-2　声强透射系数 t_I 与 $\dfrac{D}{\lambda_2}$ 比值的关系

图 6-4-2 对应的 MATLAB 仿真代码如下：

% 清空变量区并关闭所有图窗
clear；close all；

% 几组不同的声特性阻抗比
R21_1＝1；R12_1＝1/R21_1；
R21_2＝0.6；R12_2＝1/R21_2；
R21_3＝0.4；R12_3＝1/R21_3；
R21_4＝0.2；R12_4＝1/R21_4；
R21_5＝0.05；R12_5＝1/R21_5；

% 将中间层厚度与声波在中间层中传播的波长之比设定在 0～1.2 之间
lambda_2＝1；
k_2＝2＊pi/lambda_2；
D＝0：0.001：1.2＊lambda_2；

% 求各种前提条件下的声强透射系数并画图
ti_1＝4./(4.＊(cos(k_2.＊D)).^2＋(R12_1＋R21_1)^2.＊(sin(k_2.＊D)).^2)；
plot(D/lambda_2,ti_1,'linewidth',1.5)；
hold on；grid on；

ti_2＝4./(4.＊(cos(k_2.＊D)).^2＋(R12_2＋R21_2)^2.＊(sin(k_2.＊D)).^2)；
plot(D/lambda_2,ti_2,'--','linewidth',1.5)；

109

ti_3＝4./(4.*(cos(k_2.*D)).^2＋(R12_3＋R21_3)^2.*(sin(k_2.*D)).^2);
plot(D/lambda_2,ti_3,'-.','linewidth',1.5);

ti_4＝4./(4.*(cos(k_2.*D)).^2＋(R12_4＋R21_4)^2.*(sin(k_2.*D)).^2);
plot(D/lambda_2,ti_4,':','linewidth',1.5);

ti_5＝4./(4.*(cos(k_2.*D)).^2＋(R12_5＋R21_5)^2.*(sin(k_2.*D)).^2);
plot(D/lambda_2,ti_5,'k','linewidth',1.5);

xlabel('\it D/\lambda_{\rm2}');ylabel('\it t_{\rmI}');
title('声强透射系数\it t_{\rmI}\rm 与\it D/\lambda_{\rm2}\rm 比值的关系');
legend ('\it R_{\rm21}＝1.0','\it R_{\rm21}＝0.6','\it R_{\rm21}＝0.4','\it R_
        {\rm21}＝0.2','\it R_{\rm21}＝0.05');

在介质声特性阻抗不变的前提下,我们来分析讨论几种 $k_2 D$ 的特殊取值情形:

(1) 薄层的无障碍透射 $\left(k_2 D＝\dfrac{2\pi D}{\lambda_2}\ll 1\right)$.

当 $k_2 D\ll 1$ 时,意味着有 $\cos(k_2 D)\approx 1$,$\sin(k_2 D)\approx 0$. 因而,根据式(6-4-7)可知,此时的声强透射系数

$$t_I\approx 1$$

也就是声波能量基本无障碍地通过该中间层.

这一结果也可以用波动理论来解释,因为此时 $\lambda_2\gg D$,即声波在中间层介质中的传播波长要远大于中间层厚度,此时中间层对于声波而言仅相当于一薄层.换句话说,该声波对于中间层而言是一长波,长波的衍射效应导致其可以绕过中间层,从而使得中间层几乎无隔声效果,这就是建筑声学领域中常遇到的低频隔声难题.通常而言,低频噪声波长越长,就越能轻易穿过薄墙壁或薄木板.

(2) 半波共振透射($k_2 D＝n\pi$).

当 $k_2 D＝n\pi$,即 $D＝\dfrac{\lambda_2}{2}n$,其中 $n＝1,2,\cdots$,也就是中间层厚度为半波长的整数倍时,有 $\cos k_2 D＝\pm 1$,$\sin k_2 D＝0$,对应的声强透射系数为

$$t_I＝1$$

该结论说明,当在一种介质中插入一特定厚度的中间层(中间层左右两侧为同一介质),只要中间层厚度为其内部声波半波长的整数倍时,声波可完全透射通过中间层,仿佛中间层不存在一样,这就是半波共振透射现象,也是医疗超声领域中常用的半波透声片的透声原理,即声透镜原理.仅从声波透射效果上看,半波共振透射产生的结果和第一种薄层情况类似,但半波共振透射对于中间层厚度的要求与薄层情形并不相同,须加以注意.

(3) $\dfrac{1}{4}$ 波长隔声 $\left(k_2 D＝(2n-1)\dfrac{\pi}{2}\right)$.

当 $k_2 D＝(2n-1)\dfrac{\pi}{2}$,即 $D＝(2n-1)\dfrac{\lambda_2}{4}$,其中 $n＝1,2,\cdots$,也就是中间层厚度为 $\dfrac{1}{4}$ 波长

的奇数倍时,有 $\cos(k_2 D)=0$,$\sin(k_2 D)=\pm 1$,对应的声强透射系数为

$$t_I=\frac{4}{(R_{12}+R_{21})^2}$$

分析上式可以发现,若周围介质与中间层介质的声特性阻抗差异较大,即 R_{12} 或 R_{21} 趋于无穷大,则声强透射系数 t_I 将趋于零. 这意味着该情形下中间层的隔声效果达到最佳,或中间层完全隔绝了声波,最右侧的介质中几乎无透射声波存在.

通过分析第 2、3 种特殊情形可以发现,若我们将一固定厚度的中间层插入无限介质中,且中间层和周围介质的声特性阻抗不同,由于频率 f 与波长 λ 有关,则固定厚度的中间层的透声能力将随入射声波的频率而变化,且这种变化具有明显的周期性.

(4) $\dfrac{1}{4}$ 波长匹配全透射 $\left(k_2 D=(2n-1)\dfrac{\pi}{2},R_2=\sqrt{R_1 R_3}\right)$.

该情形的前提条件与前面三种略有不同,此时中间层两侧为不同的介质,即声波由第一种介质入射到中间层介质后再进入第三种介质,如图 6-4-3 所示,图中三个区域各自有不同的声特性阻抗值.

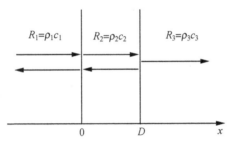

图 6-4-3　$\dfrac{1}{4}$ 波长匹配全透射示意图

利用之前的声学边界条件,可知在 $x=0$ 界面处,有

$$\begin{cases}p_{ia}+p_{1ra}=p_{2ta}+p_{2ra}\\v_{ia}+v_{1ra}=v_{2ta}+v_{2ra}\end{cases}\Rightarrow\begin{cases}1+r_p=A+B\\R_{12}(1-r_p)=A-B\end{cases} \tag{6-4-8}$$

此处涉及的声学量与之前讨论中间层(两侧为同一介质)时完全相同,故该结论与之前的式(6-4-3)也保持一致. 而在另一界面,即 $x=D$ 处,则有

$$\begin{cases}p_{2ta}e^{-jk_2 D}+p_{2ra}e^{jk_2 D}=p_{ta}\\v_{2ta}e^{-jk_2 D}+v_{2ra}e^{jk_2 D}=v_{ta}\end{cases}\Rightarrow\begin{cases}Ae^{-jk_2 D}+Be^{jk_2 D}=t_p\\Ae^{-jk_2 D}-Be^{jk_2 D}=t_p R_{32}\end{cases} \tag{6-4-9}$$

式中,$R_{32}=\dfrac{R_2}{R_3}$,$A=\dfrac{p_{2ta}}{p_{ia}}$,$B=\dfrac{p_{2ra}}{p_{ia}}$. 跟之前一样,通过联立方程后可分别得到声压反射系数 r_p 和声压透射系数 t_p,并由此进一步得到对应的声强透射系数为

$$t_I=\frac{4R_1 R_3}{(R_1+R_3)^2\cos^2(k_2 D)+\left(R_2+\dfrac{R_1 R_3}{R_2}\right)^2\sin^2(k_2 D)} \tag{6-4-10}$$

根据式(6-4-10),不难看出,当 $k_2 D=(2n-1)\dfrac{\pi}{2}$,即 $D=(2n-1)\dfrac{\lambda_2}{4}$,也就是中间层厚度为 $\dfrac{1}{4}$ 的内部声波传播波长的奇数倍,且三个区域的声特性阻抗满足 $R_2=\sqrt{R_1 R_3}$ 时,声强

透射系数达到最大值，即 $t_I = 1$. 分界面上的声阻抗率也可以佐证这一结果，因为有

$$z_s \big|_{x=0} \xrightarrow{k_2 D = \frac{\pi}{2}} \frac{R_2^2}{R_3} \xleftarrow{R_2 = \sqrt{R_1 R_3}} R_1$$

将上式结合之前的分析结果可推知，当声波从一种介质进入另一种介质时，若两者的声特性阻抗不一致，即界面上出现阻抗失配情形，则势必会在分界面上有一部分声波能量反射回第一种介质，导致声能量将无法全部透射入第二种介质，从而导致声能透射效率无法最大化. 但若适当加入一中间匹配层，只要正确选择其厚度及声阻抗率，即有可能达到阻抗匹配并实现声能的完全透射，这就是超声领域中常用的 $\frac{1}{4}$ 波长匹配全透射技术. 例如，我们选择空气-水界面，假设声波从空气垂直入射到水面，由于空气的声特性阻抗与水的声特性阻抗差距较大（相差 3 个数量级），故而声波几乎全部被反射回空气，这类似于之前讨论的垂直入射的硬边界情形. 但若在空气与水之间加入一特殊设计的中间层，则可以改善透射效果，甚至实现声波的完全透射.

图 6-4-4 给出了采用不同材质中间层的透射效果，图的纵轴是声强透射系数 t_I，横轴是中间层厚度与声波波长的比值 $\frac{D}{\lambda_2}$，图中三条曲线分别对应了三种具备不同声特性阻抗的中间层的透射效果. 可以看出，对应的透射曲线有两个明显的透射率极值点，分别对应于 $D = \frac{1}{4}\lambda_2$ 和 $D = \frac{3}{4}\lambda_2$ 处，即厚度等于 $\frac{1}{4}$ 波长的奇数倍处，特别是当中间层材质的声特性阻抗满足 $R_2 = \sqrt{R_1 R_3}$ 时，此刻的 t_I 将趋近于 1，即实现声能量的全透射.

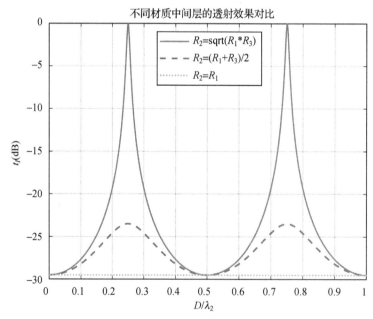

图 6-4-4　不同材质中间层的透射效果对比

图 6-4-4 对应的 MATLAB 仿真代码如下：

```
% 清空变量区并关闭所有图窗
clear;close all;
```

```
R1＝415；                          % 空气的声特性阻抗
R3＝1480e3；                       % 水的声特性阻抗
R2_1＝sqrt(R1＊R3)；               % 匹配层阻抗取 R2＝sqrt(R1＊R3)
R2_2＝(R1＋R3)/2；                 % 匹配层阻抗取 R2＝(R1＋R3)/2
R2_3＝R1；                         % 匹配层阻抗取 R2＝R1
eta_1＝R1＊R3/((R2_1)^2)；
eta_2＝R1＊R3/((R2_2)^2)；
eta_3＝R1＊R3/((R2_3)^2)；


lambda_2＝1；
k_2＝2＊pi/lambda_2；
D＝0：0.001：lambda_2；


ti_1＝4＊eta_1./((R3/R2_1＋R1/R2_1)^2.＊(cos(k_2.＊D)).^2＋
     (1＋eta_1)^2.＊(sin(k_2.＊D)).^2)；
plot(D/lambda_2,10＊log10(ti_1),'LineWidth',1.5)；
hold on；grid on；


ti_2＝4＊eta_2./((R3/R2_2＋R1/R2_2)^2.＊(cos(k_2.＊D)).^2＋
     (1＋eta_2)^2.＊(sin(k_2.＊D)).^2)；
plot(D/lambda_2,10＊log10(ti_2),'--','LineWidth',1.5)；


ti_3＝4＊eta_3./((R3/R2_3＋R1/R2_3)^2.＊(cos(k_2.＊D)).^2＋
     (1＋eta_3)^2.＊(sin(k_2.＊D)).^2)；
plot(D/lambda_2,10＊log10(ti_3),'：','LineWidth',1.5)；


xlabel('\it D/\lambda_{\rm2}')；ylabel('{\itt}_I(dB)')；
title('不同中间层透射效果对比')；
legend ('{\itR}_2＝sqrt({\itR}_1＊{\itR}_3)','{\itR}_2＝({\itR}_1＋{\itR}_3)/
     2','{\itR}_2＝{\itR}_1')；
```

如果平面声波的传播方向并非垂直于中间层，而是斜入射到分界面，这种情况下声波反射及透射的分析方法原则上与垂直入射情形相同，只是推导式中要改为应用沿空间任意方向传播的平面波表达式，即简谐因子的指数部分从 kx 切换到 $\boldsymbol{k} \cdot \boldsymbol{r}$，此处不再赘述.

6.4.2　隔声的基本规律

前面讨论了加入中间层后的一些特殊情况，主要关注了一些能达到良好透声效果的情形，以尽可能实现声能透射效率的最大化.但实际生活中，人们也经常遇到一些需要具备良

好隔声性能的场景.例如,建筑声学中,通常要求墙体具有较好的隔声能力,以便住户之间免受彼此打扰;电声学中,针对骨传导耳机的外壳,通常在设计时也需要考虑让其具备隔绝外界气导噪声的能力.

1. 单层墙的隔声

当描述隔声性能时,通常使用传输损耗(transmission loss)来表述,记为符号 TL,单位是分贝(dB),其定义式为

$$TL = 10 \lg t_I^{-1} = -10 \lg t_I \, (dB) \tag{6-4-11}$$

单层墙的隔声场景与前面讨论的流体介质中的中间层情形类似,故可将式(6-4-7)中的结论代入式(6-4-11).对于一般建筑物,绝大多数墙体的声特性阻抗总要远大于空气,即有 $R_{21} \ll 1$,若隔墙厚度满足 $k_2 D < 0.5$,还可以有 $\cos(k_2 D) \approx 1$, $\sin(k_2 D) \approx k_2 D$,因此

$$TL \approx 10 \lg \left[1 + \left(\frac{R_2}{2R_1} k_2 D \right)^2 \right] = 10 \lg \left[1 + \left(\frac{\omega M_2}{2R_1} \right)^2 \right] \tag{6-4-12}$$

式中, $M_2 = \rho_2 D$,为单位面积隔声墙体的质量.

对于一般的所谓重隔墙,常能满足 $\frac{\omega M_2}{2R_1} \gg 1$,于是式(6-4-12)可进一步取近似,简化为

$$TL \approx 10 \lg \left(\frac{\omega M_2}{2R_1} \right)^2 = -42 + 20 \lg f + 20 \lg M_2 \tag{6-4-13}$$

这就是建筑声学中常用的质量作用定律.式(6-4-13)说明,对一定频率的声波,单层墙体的隔声量取决于其自身单位面积的质量,即单位面积越重,则隔声性能越好.换句话说,为了提升隔声性能,要么增加隔墙厚度,要么更换更高密度的墙体材料.同时,从质量作用定律中还可以发现,同一墙体对不同频率的隔声量是不同的,一般而言,其低频隔声性能要弱于高频隔声性能,这一结论与之前波动衍射理论的解释是一致的.

当然上面的计算式是针对垂直入射推导得出的,实际情况中声波是从各个方向入射到墙面的,即漫入射,对应的实际隔声性能还要在理论基础上再打个折扣.而且实际房间中可能还有门和窗户,而一般的门窗结构隔声能力比重隔墙的隔声能力要差得多,此时房间的隔声性能主要由这些隔声效果较差的门窗决定,即单纯追求墙体的隔声效果意义已不大,而应该兼顾处理好门窗结构的隔声设计问题.

2. 双层墙的隔声

实际声学工程中常会遇到一些对隔声要求比较高的项目,如供声学测试的消声室、音乐行业中的录音室等,这些情境中要求将室内的本底噪声尽量压低,也就是要求房间隔绝室外噪声的能力要强.但单层墙情境中推导得到的质量作用定律告诉我们,在保持墙体材料不变的前提下,墙的厚度增加一倍,隔声量仅增加 6 dB.这种隔声性能的改善是以巨大的施工材料、空间使用成本作为代价的,因此如何能用较少的材料获得足够的隔声量就成为一个值得关注的重要课题.目前一个较为行之有效的方案是改为使用双层墙结构.双层墙在不额外增加过多材料成本的基础上,可以达到比单层墙高很多的隔声效率.理论上,分析双层墙隔声性能也可沿用单层墙的方法,但此时需考虑声波穿过了四个分界面,若结合声学边界条件将得到八个方程,求解过程较为烦琐.为简化起见,我们假设隔墙厚度相对于波长来说足够薄,即把双层墙方案看作厚度可忽略不计的双层薄板结构.

设两平行薄板相距为 D，放置在空气介质中. 令每块板的单位面积质量为 M，且做整体性振动，即可视为集中参数（质点）振动，两板的振速分别为 u_1,u_2，如图 6-4-5 所示.

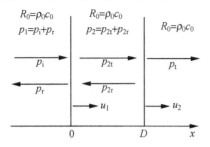

图 6-4-5　双层墙体隔声示意图

假设有一平面简谐声波从左往右传播，则图中最左侧区域的声场为

$$\begin{cases} p_1 = p_i + p_r = p_{ia} e^{j\omega t}(e^{-jkx} + r_p e^{jkx}) \\ v_1 = v_i + v_r = \dfrac{p_i}{\rho_0 c_0} - \dfrac{p_r}{\rho_0 c_0} = \dfrac{p_{ia} e^{j\omega t}}{R_0}(e^{-jkx} - r_p e^{jkx}) \end{cases}$$

同理，可得中间区域、右侧区域的声场分别为

$$\begin{cases} p_2 = p_{2t} + p_{2r} = p_{ia} e^{j\omega t}(Ae^{-jkx} + Be^{jkx}) \\ v_2 = v_{2t} + v_{2r} = \dfrac{p_{2t}}{\rho_0 c_0} - \dfrac{p_{2r}}{\rho_0 c_0} = \dfrac{p_{ia} e^{j\omega t}}{R_0}(Ae^{-jkx} - Be^{jkx}) \end{cases}$$

$$\begin{cases} p_t = p_{ta} e^{j[\omega t - k(x-D)]} = t_p p_{ia} e^{j[\omega t - k(x-D)]} \\ v_t = \dfrac{p_t}{\rho_0 c_0} = \dfrac{t_p p_{ia}}{R_0} e^{j[\omega t - k(x-D)]} \end{cases}$$

上面各式中 $r_p = \dfrac{p_{ra}}{p_{ia}}, t_p = \dfrac{p_{ta}}{p_{ia}}, A = \dfrac{p_{2ta}}{p_{ia}}, B = \dfrac{p_{2ra}}{p_{ia}}, R_0 = \rho_0 c_0$.

对于两块板而言，由于其体积不可压缩，做整体性振动，故而其两侧的振速相等，可表示为

$$\begin{cases} v_1\big|_{x=0} = u_1 = v_2\big|_{x=0} \\ v_2\big|_{x=D} = u_2 = v_t\big|_{x=D} \end{cases} \tag{6-4-14}$$

注意，上述方程组其实蕴含了速度连续的四个方程. 同时，每块薄板都受到两侧声压的作用，其各自的振动方程可表示为

$$\begin{cases} p_1\big|_{x=0^-} - p_2\big|_{x=0^+} = M\dfrac{du_1}{dt} = M(j\omega)u_1 \\ p_2\big|_{x=D^-} - p_t\big|_{x=D^+} = M\dfrac{du_2}{dt} = M(j\omega)u_2 \end{cases} \tag{6-4-15}$$

将各区域内的声压表达式代入式（6-4-15），同时与式（6-4-14）联立，可求得声压透射系数为

$$t_p = \frac{4R_0{}^2}{4R_0{}^2 e^{jkD} + \omega^2 M^2 e^{-jkD} - \omega^2 M^2 e^{jkD} + 4j\omega M R_0 e^{jkD}} \tag{6-4-16}$$

将 ωM 看作板的惯性抗，由此我们可以定义一无量纲参数，令 $Q = \dfrac{\omega M}{R_0} = kD\dfrac{M}{m}$，其中 $m = \rho_0 D$，可看作单位横截面积下、长度为 D 的空气柱的质量. 由此，双层墙方案中的声压透射系数可进一步简化为

$$t_p = \frac{2}{2e^{jkD}(1+jQ)-jQ^2\sin(kD)} \qquad (6\text{-}4\text{-}17)$$

同理,也可求得双层墙的声压反射系数为

$$r_p = jQ\left[\cos(kD)-\frac{Q}{2}\sin(kD)\right]t_p \qquad (6\text{-}4\text{-}18)$$

又因为声强透射系数 $t_I = |t_p|^2$,将该结果代入式(6-4-11),可求得隔声量为

$$TL = 10\lg t_I^{-1} = 10\lg|t_p|^{-2} = 10\lg\left\{1+Q^2\left[\cos(kD)-\frac{Q}{2}\sin(kD)\right]^2\right\} \qquad (6\text{-}4\text{-}19)$$

上述结果的求解较为烦琐,耗时甚多,且若不引入无量纲的品质因子 Q,表达式将更为冗长,因此可考虑用 MATLAB 来简化求解步骤或作为验证之用.

求解双层墙隔声效果对应的 MATLAB 仿真代码如下:

```
% 设立各符号变量
syms rp tp R0 A B k D u1 u2 pia M w;


% 建立各方程
eq1＝pia*(1－rp)/R0－u1;
eq2＝pia*(A－B)/R0－u1;
eq3＝pia*(A*exp(－j*k*D)－B*exp(j*k*D))/R0－u2;
eq4＝pia*tp/R0－u2;
eq5＝M*j*w*u1－pia*(1+rp)+pia*(A+B);
eq6＝M*j*w*u2－pia*(A*exp(－j*k*D)+B*exp(j*k*D))+pia*tp;
% 调用 solve 求解方程组
[rp tp A B u1 u2]＝solve(eq1,eq2,eq3,eq4,eq5,eq6,rp,tp,A,B,u1,u2);


% 显示反射系数、透射系数的求解结果
rp
tp


% 求解声强透射系数,并以此求得隔声量
ti＝abs(tp)^2;
TL＝10*log10(1/ti)
```

最后,我们分析一种双层墙中也可能存在的共振透射现象.若令 $|t_p|=1$,则 TL=0 dB,此时即对应于无隔声量,声波能无障碍地透过双层墙体.根据式(6-4-19),可推知此时必须满足条件 $\cos(kD)-\frac{Q}{2}\sin(kD)=0$,此即为共振透射对应的频率本征方程,可改写为如下形式:

$$Q\tan(kD)=2 \ \rightarrow \ kD\tan(kD)=2\frac{m}{M} \qquad (6\text{-}4\text{-}20)$$

若墙体材料已确定,则式(6-4-20)中的 M 和 m 均可看作常数.而由于 tan 函数的周期性,该频率方程必然有无穷多个离散解.

116

绝大多数情况下,单位面积的墙板质量远大于单位面积的空气柱质量,即有 $M \gg m$,此时频率方程最小的根 $k_0 D$ 满足 $k_0 D \ll 1$,于是有 $\tan(k_0 D) \approx k_0 D$,代回频率方程后可求得满足共振透射的最低圆频率 ω_0:

$$(k_0 D)^2 \approx 2\frac{m}{M} \rightarrow \omega_0 \approx \frac{c_0}{D}\sqrt{2\frac{m}{M}} = \sqrt{\frac{2}{M C_a}} \tag{6-4-21}$$

式中,$C_a = \dfrac{D}{\rho_0 c_0^2}$.

6.5　声波的干涉

前面章节中讨论的重点主要以某一个平面行波为例来分析声波的基本性质,本节我们关注各声源同时独立存在时空间总合成声场所具有的性质.之前多列声波同时存在的情形仅在分析介质界面反射时,出现过入射波与反射波的叠加问题,即两列声波合成声场等于每列声波的声压之和,这就是线性声学中的叠加原理.该结论也可推广到多列声波同时存在的场景中.

6.5.1　声驻波

假设有两列相反方向传播的平面波,分别为

$$p_+ = A_+ e^{j(\omega t - kx)} \text{（正向行波）}$$

$$p_- = A_- e^{j(\omega t + kx)} \text{（反向行波）}$$

根据线性声学的叠加原理,其合成声场为

$$p = p_+ + p_- = A_+ e^{j(\omega t - kx)} + A_- e^{j(\omega t + kx)} = 2A_+ \cos(kx) \cdot e^{j\omega t} + (A_- - A_+) e^{j(\omega t - kx)} \tag{6-5-1}$$

式中,$2A_+ \cos(kx) \cdot e^{j\omega t}$ 可看作驻波分量,因为简谐因子仅与时间有关,与空间位置无关;而后一部分 $(A_- - A_+) e^{j(\omega t - kx)}$ 则可看作行波分量.这说明合成声场中既含有驻波成分,也含有行波成分.若原先两列平面波的振幅相同,即 $A_+ = A_-$,则此时合成声场变为完全驻波场,即声驻波(standing wave).此时空间各位置的质点都做同相位振动,但振幅大小随位置而异.当 $kx = n\pi$,即 $x = n\dfrac{\lambda}{2}$ 时,声压的振幅达到最大值,这些位置称为波腹.波腹点的质点永远在波峰或波谷处,此时质点势能最大,动能为零.而当 $kx = (2m-1)\pi$,即 $x = \dfrac{(2m-1)\lambda}{4}$ 时,这些位置称为波节,波节处的质点永远停留在平衡位置上,此时势能为零,动能达到最大.

下面我们来看一下驻波场的声阻抗率、声强等能量关系.以一维情况为例,一维驻波场的声压可表示为

$$p = p_a \cos(kx) \cdot e^{j\omega t} \tag{6-5-2}$$

根据线性声学的运动方程,其一维情形下为 $\rho_0 \dfrac{\partial v}{\partial t} = -\dfrac{\partial p}{\partial x}$,可求得质点的振速为

$$v = -\frac{j p_a \sin(kx) \cdot e^{j\omega t}}{\rho_0 c_0} \tag{6-5-3}$$

注意，在驻波场中不能直接套用一维行波中的质点振速计算式，即 $v=\pm\dfrac{p}{\rho_0 c_0}$ 这一计算公式仅适用于平面行波，驻波场中的质点振速表达式必须严格从运动方程中重新推导. 于是，我们可求得驻波场的声阻抗率 z_s 为

$$z_s=\frac{p}{v}=\mathrm{j}\rho_0 c_0\cot(kx) \tag{6-5-4}$$

式(6-5-4)右侧是一纯虚部，意味着驻波场的声阻抗率可看作一纯抗，是一无阻存在的部分，即代表声波能量此时存储在本地的空间局域上，不存在声能量的向外传递. 另外，z_s 的取值与位置 x 有关，当 $\cot(kx)$ 取正值时，z_s 表现为一质量抗；而当 $\cot(kx)$ 取负值时，z_s 表现为一声顺抗.

根据定义式，驻波场的声强为

$$I=\frac{1}{2}\mathrm{Re}\left[p^* v\right]=\frac{1}{2}\mathrm{Re}\left\{p_a^*\cos(kx)\cdot\mathrm{e}^{-\mathrm{j}\omega t}\left[-\frac{\mathrm{j}p_a\sin(kx)\cdot\mathrm{e}^{\mathrm{j}\omega t}}{\rho_0 c_0}\right]\right\}=0 \tag{6-5-5}$$

式中，声强 I 为零，代表无声能量的流动. 因为完美驻波场本身就是由两列幅值相同、方向相反的平面行波叠加而成的，每个行波的声强强度相同，但方向相反，故而叠加后的合成声场的声强为零.

最后，我们再给出驻波场的平均能量密度为

$$\bar{\varepsilon}=\frac{1}{2}\rho_0\overline{v^2}+\frac{1}{2\rho_0 c_0^2}\overline{p^2}=\frac{1}{4}\frac{p_a^2}{\rho_0 c_0^2} \tag{6-5-6}$$

可以看到，等式右侧是一常数，这说明驻波场内的能量密度与位置无关，处处相等，这也印证了驻波场内部没有能量的流动.

6.5.2 声干涉

之前讨论的两列声波都是同频、同相的，若两者之间存在相位差，在叠加时就会产生相应的声干涉现象(acoustical interference). 假定有两列同向、同频的平面声波，分别为

$$p_1=|p_{a1}|\mathrm{e}^{\mathrm{j}(\omega t+\varphi_1)},\quad p_2=|p_{a2}|\mathrm{e}^{\mathrm{j}(\omega t+\varphi_2)}$$

两者之间存在一固定相位差 $\Delta\varphi=\varphi_2-\varphi_1=$ 常量. 根据线性声学原理，叠加声场的声压可表示为

$$p=|p_a|\mathrm{e}^{\mathrm{j}(\omega t+\varphi)}=p_1+p_2=|p_{a1}|\mathrm{e}^{\mathrm{j}(\omega t+\varphi_1)}+|p_{a2}|\mathrm{e}^{\mathrm{j}(\omega t+\varphi_2)} \tag{6-5-7}$$

因为上述声学量的表示都是复数量的模-相角形式，故对应到声压复平面中，合成声场又可看作两矢量之和，如图 6-5-1 所示.

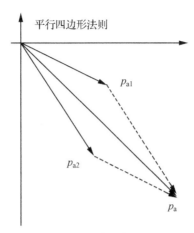

图 6-5-1　声压复平面

根据解析几何,可知式(6-5-7)中的合成矢量的模和相角分别满足以下关系式:

$$\begin{cases} |p_a|^2 = |p_{a1}|^2 + |p_{a2}|^2 + 2|p_{a1}||p_{a2}|\cos\Delta\varphi \\ \varphi = \arctan\left(\dfrac{|p_{a1}|\sin\varphi_1 + |p_{a2}|\sin\varphi_2}{|p_{a1}|\cos\varphi_1 + |p_{a2}|\cos\varphi_2}\right) \end{cases} \tag{6-5-8}$$

从上式可以看出,合成声压 p 仍然是一个频率相同的声振动,但合成声压的振幅并不简单地直接等于两列声波声压的振幅之和,而是与两列声波的相位差 $\Delta\varphi$ 有关.

同时又因为由同频、同向声波所合成的声场仍是行波,也就是对于合成声波而言,$v = \dfrac{p}{\rho_0 c_0}$ 此时仍成立,因此其总的平均声能密度可表示为

$$\bar{\varepsilon} = \frac{1}{2}\rho_0 \overline{v^2} + \frac{1}{2}\beta_0 \overline{p^2} = \frac{1}{2}\rho_0 \left(\frac{\bar{p}}{\rho_0 c_0}\right)^2 + \frac{1}{2}\beta_0 \overline{p^2} = \beta_0 \overline{p^2} = \frac{1}{2}\beta_0 \mathrm{Re}[p^* p]$$

$$= \frac{1}{2}\beta_0 |p_a|^2 = \frac{1}{2}\beta_0 (|p_{a1}|^2 + |p_{a2}|^2 + 2|p_{a1}||p_{a2}|\cos\Delta\varphi) = \bar{\varepsilon_1} + \bar{\varepsilon_2} + \Delta\varepsilon \tag{6-5-9}$$

式中,$\bar{\varepsilon_1}$ 和 $\bar{\varepsilon_2}$ 分别是 p_1 和 p_2 的平均声能密度,而 $\Delta\varepsilon = \beta_0 |p_{a1}||p_{a2}|\cos\Delta\varphi$ 是由具有相位差的 p_1 和 p_2 彼此干涉所形成的干涉项. 干涉项所对应的声强可表示为

$$\Delta I = \Delta\varepsilon \cdot c_0 \cdot n = \frac{|p_{a1}||p_{a2}|}{\rho_0 c_0}\cos\Delta\varphi \cdot n \tag{6-5-10}$$

可以看到其数值部分 $\Delta I = \dfrac{|p_{a1}||p_{a2}|}{\rho_0 c_0}\cos\Delta\varphi$ 与相位差 $\Delta\varphi$ 有关,且不一定为零. 这说明合成声场中在某一点的能量不是两单独声场能量的简单相加,而是有干涉项的参与,下面是两种特殊情况.

(1) 同相增强(In-phase enhancement).

当 $\Delta\varphi = 2m\pi (m=0,\pm1,\pm2,\cdots)$ 时,$\cos\Delta\varphi = 1$,于是

$$|p_a| = |p_{a1}| + |p_{a2}|, \quad \Delta\varepsilon = \beta_0 |p_{a1}||p_{a2}|, \quad \Delta I = \frac{|p_{a1}||p_{a2}|}{\rho_0 c_0}$$

此时,合成声场的声压幅值达到最大,干涉项的声强取正值,声场能量得到增强.

(2) 反相相消(antiphase cancellation).

当 $\Delta\varphi = (2m-1)\pi (m=0,\pm1,\pm2,\cdots)$ 时,$\cos\Delta\varphi = -1$,于是

$$|p_a| = ||p_{a1}| - |p_{a2}||, \quad \Delta\varepsilon = -\beta_0 |p_{a1}||p_{a2}|, \quad \Delta I = -\frac{|p_{a1}||p_{a2}|}{\rho_0 c_0}$$

此时，合成声场的声压幅值达到最小，干涉项的声强取负值，声场能量遭遇减弱.

可以看到，由于两个波之间的相互影响，使得合成声场中某些位置能量增加了（$\Delta\varepsilon > 0$），某些位置能量减弱了（$\Delta\varepsilon < 0$），这就是波的干涉现象. 通常我们把具有相同频率且有固定相位差的声波称为相干波（coherent wave）. 不过，需要特别说明的是，从整体来看，声波的干涉只是使相干波能量的空间分布改变了，有的位置上能量得到了增强，有的位置上能量遭遇了减弱，但整个系统的能量总和并未发生变化，即声干涉项的存在并未违反能量守恒定律.

6.5.3 非相干声场

假定有两列不同频率的声波，分别为

$$p_1 = p_{a1} e^{j(\omega_1 t + \varphi_1)}, \quad p_2 = p_{a2} e^{j(\omega_2 t + \varphi_2)}$$

因为线性声学满足叠加原理，故合成声场的声压 $p = |p_a| e^{j(\omega t + \Delta\varphi)} = p_1 + p_2$. 同时根据式（6-5-8），可求得合成声场的声压振幅，若对其求时间平均，且假定平均时间足够长，则有

$$\overline{|p_a|^2} = |p_{a1}|^2 + |p_{a2}|^2 + 2|p_{a1}||p_{a2}|\overline{\cos[(\omega_2 - \omega_1)t + \Delta\varphi]} = |p_{a1}|^2 + |p_{a2}|^2$$

从而很容易推知

$$\overline{\varepsilon} = \overline{\varepsilon_1} + \overline{\varepsilon_2}, \quad \boldsymbol{I} = \boldsymbol{I}_1 + \boldsymbol{I}_2$$

可见，具有不同频率的声波是不相干波.

最后，我们提及一下随机声场（stochastic sound）. 假设两列同频声波 p_1 和 p_2 的相位 φ_1 和 φ_2 为均匀独立随机过程，合成声场 $p = p_1 + p_2 = |p_a| e^{j(\omega t + \varphi)}$，其振幅模和相角的表达式结果仍然与之前同频相干波的所得结果式类似，即

$$\begin{cases} |p_a|^2 = |p_{a1}|^2 + |p_{a2}|^2 + 2|p_{a1}||p_{a2}|\cos\Delta\varphi \\ \varphi = \arctan\left(\dfrac{|p_{a1}|\sin\varphi_1 + |p_{a2}|\sin\varphi_2}{|p_{a1}|\cos\varphi_1 + |p_{a2}|\cos\varphi_2}\right) \end{cases}$$

但需注意，此时两者的相位差 $\Delta\varphi = \varphi_2 - \varphi_1$ 是一随机值，因此随机声场叠加后所得的合成声场的振幅和相位也均随机. 我们通常不关心瞬时的随机过程，而是对随机过程的统计平均值感兴趣，假定随机声场是平稳随机过程，则随机过程的统计平均可等效于其时间平均，于是有

$$\langle |p_a|^2 \rangle = |p_{a1}|^2 + |p_{a2}|^2 + 2|p_{a1}||p_{a2}|\langle\cos\Delta\varphi\rangle = |p_{a1}|^2 + |p_{a2}|^2$$

由于 $\langle\cos\Delta\varphi\rangle = \overline{\cos\Delta\varphi} = 0$，这一结论与上述非相干波是一致的，因而我们一般认为随机声场是非相干的.

声波在管内的传播

前面章节中,主要分析的对象是平面声波,之所以选择这一种波形,主要是看中它的一个重要特性,即其振幅不随距离而变化,因此平面声波的各个声学量在分析和处理时具有较为简单的形式.而实际的自由空间中,一般性声源所辐射产生的往往是波阵面会逐渐扩张且振幅会随距离增加而逐渐减弱的球面波,而非理想的平面波.

本章探讨声波在管道中的传播性质,我们将会发现管道是平面声波传播的一种良好环境,正是由于在符合特定尺寸要求的管道中能获得稳定的平面声波,致使管道声学成为声学研究中的一个重要方面.在音乐声学中常会遇到管道中的声音传播问题.例如,不少发声器件就是做成管状的,如管乐器、号筒式扬声器等;而在声学测量领域,新材料的吸声系数和声阻抗的测量、传声器灵敏度的校正等,这些类似一系列的声学参量的观察研究,若放置在管道中进行,通常要比在自由空间中简便得多,而且更少受到外界的干扰.另外,随着现代工业技术的发展,一些大型设备所造成的强噪声危害也日趋严重,如何消除或减弱由这些系统和设备的进排气传播的强噪声,即管道消声问题也已经成为管道传声研究中的一个重要课题.

考虑到学习上的方便,我们要求读者先承认管中声波是以平面行波的形式进行传播的这一前提,接着在后续的分析中会给出这一前提的存在条件,即管中如何获得平面波,同时我们也会讨论管道环境中除平面波以外的其他高阶声场传播特性.

7.1　均匀长管中的平面声场

我们首先来讨论最为简易的均匀长管中仅存在平面声波传播的情形,即管道中只允许存在平面行波模式.从定性角度来说,要满足这场景需要的前提条件是要求声波传播的管道相对较细、不太粗,即管道的横截面足够小,换句话说,其几何尺度应远小于声波的波长.若管道尺寸固定不变,则需要保证此时管中传播的声波的波长要足够长,即频率须足够低.

设有一平面声波在一根有限长、横截面均匀的管中传播,管的横截面积记为 S,管道的末端($x=0$)处放置一任意声学负载,其表面法向声阻抗为 Z_a(法向声阻抗率为 $Z_s = S \cdot Z_a$),如图 7-1-1 所示.

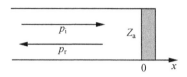

图 7-1-1　均匀长管中的平面波

通常来说，Z_a 是一复数量，即可表示为 $Z_a = R_a + jX_a$. 由于管末端声负载的存在，管中原有的平面行波声场将会受到该负载的影响，原平面声波的一部分将会被反射，另一部分则被声负载吸收. 入射波和反射波可分别表示为

$$p_i = p_{ia} e^{j(\omega t - kx)}, \quad p_r = p_{ra} e^{j(\omega t + kx)} \tag{7-1-1}$$

反射波与入射波之间除了振幅不同外，还可能存在相位差. p_{ia} 和 p_{ra} 都是复振幅，因此声压反射系数 r_p 一般也为复数，可表示为

$$r_p = \frac{p_{ra}}{p_{ia}} = |r_p| e^{j\sigma\pi} \tag{7-1-2}$$

式中，指数部分的 $\sigma\pi$ 表示反射波与入射波在界面处的相位差.

根据线性声学的叠加原理，可知管中总声压场为

$$p = p_i + p_r = p_{ia} \left[e^{-jkx} + |r_p| e^{j(kx + \sigma\pi)} \right] e^{j\omega t} = |p_a| e^{j(\omega t + \varphi)} \tag{7-1-3}$$

7.1.1　反射系数和驻波测量法

由式（7-1-3）可知，管中总声场的声压振幅模值为

$$|p_a| = |p_{ia}| \sqrt{1 + |r_p|^2 + 2|r_p|\cos\varphi} \tag{7-1-4}$$

其中 $\varphi = 2k\left(x + \sigma\dfrac{\lambda}{4}\right) = 2kx + \sigma\pi$. 这说明，管内声场的幅值大小不仅与位置 x 有关，还与反射波与入射波的相位差 $\sigma\pi$ 有关.

我们通过分析式（7-1-4），可知声压幅值是一周期变化量. 当 $\varphi = 2n\pi (n = 0, \pm 1, \pm 2, \cdots)$ 时，管内声压幅值取得极大值 $|p_a|_{max} = (1 + |r_p|)|p_{ia}|$，此时对应的空间位置为 $x_{max} = (2n - \sigma)\dfrac{\lambda}{4}$；而当 $\varphi = (2n+1)\pi (n = 0, \pm 1, \pm 2, \cdots)$ 时，管内声压幅值取得极小值 $|p_a|_{min} = (1 - |r_p|)|p_{ia}|$，此时对应的空间位置为 $x_{min} = [(2n+1) - \sigma]\dfrac{\lambda}{4}$.

可以发现，无论声压幅值是极大值还是极小值，均与反射系数的幅值 $|r_p|$ 有关，我们将声压幅值极大值与极小值的比值称为驻波比，记为 G，即

$$G = \frac{|p_a|_{max}}{|p_a|_{min}} = \frac{1 + |r_p|}{1 - |r_p|} \tag{7-1-5}$$

若已测得声压幅值的两种极值情况，则可认为驻波比 G 已知，此时可据此反推得到反射系数的幅值 $|r_p|$，即

$$|r_p| = \frac{G - 1}{G + 1} \tag{7-1-6}$$

同时，声压幅值在取得两个极值点时，对应的空间位置 x 均与反射系数 r_p 中的相位差系数 σ 有关，据此，可根据实验测得的极值点空间位置来反求求得反射系数的相位参数 σ. 实际测量实验操作中，可通过监测第一个极小值位置来求得管端反射波与入射波的相位差 $\sigma\pi$，该

方案的测量结果相对较为精准,且还可以利用多个间距反推 σ 并求平均,来进一步提升测量精度.

因为 $r_p = |r_p| e^{j\sigma\pi}$,一旦通过实验测量反推得到幅值 $|r_p|$ 和相位差系数 σ 后,反射系数 r_p 也就可完全确定下来,这就是声学测量中常用的驻波测量法.

接着,我们讨论一下反射系数的位置相关性.刚才已提及反射系数的相位部分 σ 与空间位置 x 有关,即说明反射系数 r_p 与其所处的空间位置 x 有关.前面我们根据图 7-1-1 中的坐标关系,已经得知

$$p_{\mathrm{i}} = p_{\mathrm{ia}} e^{j(\omega t - kx)} , \quad p_{\mathrm{r}} = r_p p_{\mathrm{ia}} e^{j(\omega t + kx)} \Rightarrow r_p = \frac{p_{\mathrm{ra}}}{p_{\mathrm{ia}}} = \left. \frac{p_{\mathrm{r}}}{p_{\mathrm{i}}} \right|_{x=0}$$

现作坐标平移,令 $x' = x + l$,即 $x = x' - l$,则原入射波和反射波可分别表示为

$$p_{\mathrm{i}} = p_{\mathrm{ia}} e^{j[\omega t - k(x'-l)]} , \quad p_{\mathrm{r}} = p_{\mathrm{ia}} e^{j[\omega t + k(x'-l)]}$$

假设将区域 $x' > 0$ 均视为声负载,则 $x' = 0$ 即为声负载界面.该位置对应的反射系数 $r_p{}'$ 可表示为

$$r_p{}' = \left. \frac{p_{\mathrm{r}}}{p_{\mathrm{i}}} \right|_{x'=0} = r_p e^{-2jkl} = \left. \frac{p_{\mathrm{r}}}{p_{\mathrm{i}}} \right|_{x'=l} e^{-2jkl} \tag{7-1-7}$$

7.1.2　管中的声阻抗

假定有一横截面积为 S 的管道置于声场 (p, v) 中,如图 7-1-2 所示.

图 7-1-2　声场中的管道界面

管中某一空间位置上的平均声压和体积流速可分别表示为

$$\overline{p} = \frac{1}{S} \iint_S p \, \mathrm{d}S = p$$
$$U = \iint_S \boldsymbol{v} \cdot \mathrm{d}\boldsymbol{S} \tag{7-1-8}$$

该空间位置对应的界面声阻抗可定义为该点的平均声压与体积流速之比,即

$$Z_{\mathrm{a}} = \frac{\overline{p}}{U} = R_{\mathrm{a}} + jX_{\mathrm{a}} \tag{7-1-9}$$

根据声学边界条件可知,界面两侧有声压 p 和法向质点振速 v_n 连续,而均匀管道的横截面 S 是一不变常数,因此法向体积流速 $U(=v_n S)$ 必然也连续,从而界面两侧的声阻抗 Z_{a} 也连续.

若管中仅存在平面行波模式,即管中只考虑平面波垂直入射,则有 $\boldsymbol{v} = v\boldsymbol{n}$,$U = vS$,同时平面波的波阵面上声压处处相等,即 $\overline{p} = p$,此时有

$$Z_{\mathrm{a}} = \frac{p}{U} = \frac{p}{vS} = \frac{z_{\mathrm{s}}}{S} \tag{7-1-10}$$

在图 7-1-3 中,某一管道界面上既有入射平面波,也有反射平面波.

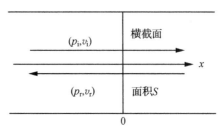

图 7-1-3　界面上的声阻抗

我们可分别给出入射行波和反射行波的声阻抗定义：

$$\begin{cases} Z_{ai} = \dfrac{p_i}{S v_i} = \dfrac{z_{si}}{S} = R_0 \\[2mm] Z_{ar} = \dfrac{p_r}{S v_i} = \dfrac{z_{sr}}{S} = -R_0 \end{cases} \qquad (7\text{-}1\text{-}11)$$

式中，$z_{si} = \dfrac{p_i}{v_i} = \rho_0 c_0$，$z_{sr} = \dfrac{p_r}{v_i} = -\rho_0 c_0$，同时我们将式（7-1-11）中的 R_0 称为管声阻抗，它反映了管子的声学特性，其定义式为

$$R_0 = \frac{\rho_0 c_0}{S} \qquad (7\text{-}1\text{-}12)$$

下面我们讨论管道中界面声阻抗 Z_a 与反射系数 r_p 之间的关系. 需要说明的是，Z_a 和 r_p 均与其定义所处的空间位置有关，不同位置上的取值不同. 为数学处理上的便捷，我们先考虑在 $x = 0$ 处定义的 Z_a 和 r_p. 根据声阻抗的定义式（7-1-10），可得

$$Z_a = \frac{p}{S v} = \frac{p_i + p_r}{S(v_i + v_r)} = \frac{p_i + p_r}{S\left[\dfrac{p_i}{\rho_0 c_0} + \left(-\dfrac{p_r}{\rho_0 c_0}\right)\right]} = R_0 \frac{1 + r_p}{1 - r_p} \qquad (7\text{-}1\text{-}13)$$

若已知某一位置的反射系数 r_p，可利用上式直接求得该处的声阻抗 Z_a. 而式（7-1-13）整理后还可改写为

$$r_p = \frac{Z_a - R_0}{Z_a + R_0} \qquad (7\text{-}1\text{-}14)$$

由此可知，若已知某一位置的声阻抗 Z_a，也可用式（7-1-14）反推求得该处的反射系数 r_p.

接着，我们再引入一无量纲量，称为负载的声阻抗率比，其定义式为

$$\zeta_a = \frac{Z_a}{R_0} = \frac{z_s}{\rho_0 c_0} = x_a + j y_a \qquad (7\text{-}1\text{-}15)$$

式中，$x_a = \dfrac{R_a}{R_0}$，$y_a = \dfrac{X_a}{R_0}$，分别称为声阻率比、声抗率比. 于是，声压反射系数 r_p 又可表示为

$$r_p = \frac{\zeta_a - 1}{\zeta_a + 1} = \frac{x_a - 1 + j y_a}{x_a + 1 + j y_a} = |r_p|^2 \, e^{j\sigma\pi} \qquad (7\text{-}1\text{-}16)$$

又因为声强反射系数 $r_I = |r_p|^2$，所以有

$$r_I = |r_p|^2 = \frac{(x_a - 1)^2 + y_a^2}{(x_a + 1)^2 + y_a^2} \qquad (7\text{-}1\text{-}17)$$

在上一章的讨论中，我们已知在垂直入射情形下，即在界面的法向上，有 $r_I + t_I = 1$. 若把透射过界面的声能看作进入该界面后的声负载内部的声能量，即换个角度来看，可以把声强

透射系数 t_I 看作该处一假想负载的吸声系数 α,因此有

$$\alpha = 1 - r_I = \frac{4x_a}{(x_a+1)^2 + y_a^2} = \frac{\alpha_r}{1 + \left(\dfrac{y_a}{x_a+1}\right)^2} \tag{7-1-18}$$

式中,$\alpha_r = \dfrac{4x_a}{(x_a+1)^2}$,称为共振吸声系数,因为其值正好等于声阻抗比虚部 y_a 为零时的吸声系数,即 $\alpha_r = \alpha\big|_{y_a=0}$. 一般而言,当声阻抗量的虚部为 0 时,即意味着系统内发生了共振现象. 式(7-1-18)说明声负载的吸声系数与其声阻抗之间有着密切关系.

7.1.3　亥姆霍兹共振吸声结构

在声学领域中,不论是学术研究还是实际工程应用,都经常会涉及亥姆霍兹共鸣器结构. 下面以亥姆霍兹共鸣器作为管末端的声负载为例. 设在一横截面积为 S 的均匀长管的末端刚性壁前,放置一带有开孔的一块平板,板的厚度为 l,板面上的开孔面积为 S_0,板面与末端刚性壁间距为 D,构成了一体积为 $V = SD$ 的腔体,如图 7-1-4 所示.

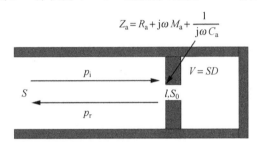

图 7-1-4　管末端的亥姆霍兹共鸣器

图中开孔部分的细管段与右侧的腔体部分共同构成了一个亥姆霍兹共鸣器结构,其中腔体部分对应的声容(声顺)为 $C_a = \dfrac{V}{\rho_0 c_0^2}$,开孔部分的空气柱对应的细管声质量为 $M_a = \dfrac{\rho_0 l}{S_0}$,流体介质在开孔细管边界处遭遇的摩擦对应的声阻为 R_a,则整个共鸣器结构对应的声阻抗可表示为

$$Z_a = R_a + j\omega M_a + \frac{1}{j\omega C_a} = R_a + jX_a \tag{7-1-19}$$

式中,虚部 $X_a = \omega M_a - \dfrac{1}{\omega C_a}$. 与之相对应的共鸣器对应的声阻抗率比则可表示为

$$\zeta_a = x_a + jy_a = \frac{Z_a}{R_0} = \frac{1}{R_0}\left[R_a + j\omega_r M_a\left(z - \frac{1}{z}\right)\right] \tag{7-1-20}$$

式中,$\omega_r = \dfrac{1}{\sqrt{M_a C_a}}$,称为亥姆霍兹共鸣器共振圆频率. 同时我们也引入了一个新变量,$z = \dfrac{\omega}{\omega_r} = \dfrac{f}{f_r}$,其是声波振频与亥姆霍兹共鸣器共振频率之比,可看作一个归一化处理后的无量纲频率比. 而声阻率比和声抗率比分别为

$$x_a = \frac{R_a}{R_0}, \quad y_a = \frac{\omega_r M_a(z - z^{-1})}{R_0} \tag{7-1-21}$$

下面我们看一下亥姆霍兹共鸣器的吸声系数 α 与频率 ω 的关系. 将式(7-1-21)代入式

(7-1-18),则共鸣器的吸声系数可表示为

$$\alpha = \frac{\alpha_{\mathrm{r}}}{1 + \left(\dfrac{y_{\mathrm{a}}}{x_{\mathrm{a}} + 1}\right)^2} = \frac{\alpha_{\mathrm{r}}}{1 + Q_R^{\ 2}\left(z - \dfrac{1}{z}\right)^2} \tag{7-1-22}$$

式中,Q_R 为品质因数,其定义式为

$$Q_R = \frac{\omega_{\mathrm{r}} M_{\mathrm{a}}}{R_{\mathrm{a}}'} = \frac{\omega_{\mathrm{r}} M_{\mathrm{a}}}{R_{\mathrm{a}} + \dfrac{\rho_0 c_0}{S}} \tag{7-1-23}$$

式中,分子部分为共鸣器共振频率 ω_{r} 与共鸣器细管声质量 M_{a} 的乘积;而分母上 $R_{\mathrm{a}}' = R_{\mathrm{a}} + R_0$,为共鸣器的声阻与管的声阻之和,可看作一等效声阻.

当归一化频率比 $z = 1$,即声波频率 ω 与共鸣器固有共振频率 ω_{r} 相等时,系统发生共振现象.此时对应的声抗率比 $y_{\mathrm{a}} = 0$,即声阻抗率比 ζ_{a} 的虚部为零,换句话说,声阻抗中对应的声抗部分为零,而只有声阻部分在起作用.此时对应的吸声系数即为共振吸声系数,有

$$\alpha\big|_{z=1} = \alpha_{\mathrm{r}} = \frac{4x_{\mathrm{a}}}{(1 + x_{\mathrm{a}})^2} = \frac{4R_0 R_{\mathrm{a}}}{(R_0 + R_{\mathrm{a}})^2} \tag{7-1-24}$$

式(7-1-24)说明,当开孔细管段的声阻与管中声阻相等,即 $R_{\mathrm{a}} = R_0$ 时,吸声系数 $\alpha_{\mathrm{r}} = 1$,意味着入射的声能量全部被作为负载的亥姆霍兹共鸣器所吸收.从背后的物理机理来说,当亥姆霍兹共鸣器发生共振时,共鸣器对应的声阻抗的声抗部分为零,没有能量储存能力,而细管段的声阻通过管壁边界与流体介质的摩擦将声能量转变为了热能,从而表现为声能量的完美吸收,即实现了共振吸声现象.

这种基于亥姆霍兹共鸣器的共振吸声方案还可以通过声-电类比来解释,如图 7-1-5 所示.

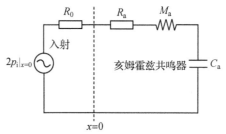

图 7-1-5　管末端共鸣器声-电类比图

可以看到,当亥姆霍兹共鸣器达到共振状态时,声阻抗中的虚部 $X_{\mathrm{a}} = \omega M_{\mathrm{a}} - \dfrac{1}{\omega C_{\mathrm{a}}} = 0$,电路中的电感和电容部分可看作短路,而当 $R_{\mathrm{a}} = R_0$ 时,两边的端口网络实现了阻抗匹配,从而左侧端口中的能量可以全部进入右侧端口,而不会有任何能量反射回原端口.

7.2　突变截面管中的声场

上一节讨论的是均匀长管中的声场传播问题,即管道任意位置的横截面都是同一形状,且管道中仅存在平面行波模式.本节我们分析突变截面管的情况.

7.2.1　突变截面上的边界条件

假设平面声波在一根横截面积为 S_1 的半无限长管中沿 x 轴正向传播,在该管的末端 ($x=0$)处接有另一根横截面积为 S_2 的半无限长管,且 $S_1 \neq S_2$,如图 7-2-1 所示.

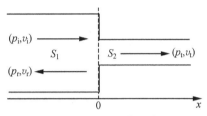

图 7-2-1　突变截面管

根据上一节中反映管子声学特性的管声阻抗计算式,即式(7-1-12),由于 $S_1 \neq S_2$,可知图中两管的声阻抗必然不同($R_1 \neq R_2$).换句话说,对于 S_1 管而言,图中右侧区域中的 S_2 管可看作一个会引起声波反射和透射的声负载.图中的入射声波、反射声波和透射声波的表达式可分别表示为

$$\begin{cases} (p_i, v_i) = \left(p_{ia}, \dfrac{p_{ia}}{\rho_0 c_0} \right) e^{j(\omega t - kx)} \\[2mm] (p_r, v_r) = \left(p_{ra}, -\dfrac{p_{ra}}{\rho_0 c_0} \right) e^{j(\omega t + kx)} \\[2mm] (p_t, v_t) = \left(p_{ta}, \dfrac{p_{ta}}{\rho_0 c_0} \right) e^{j(\omega t - kx)} \end{cases} \tag{7-2-1}$$

对于两管的连接处,即 $x=0$ 的分界面上,仍然有两组边界条件成立.

(1)界面两侧声压连续,即有

$$p_i + p_r = p_t \Rightarrow p_{ia} + p_{ra} = p_{ta}$$

两边同时除以 p_{ia} 后可得

$$1 + r_p = t_p \tag{7-2-2}$$

式中,$r_p = \dfrac{p_{ra}}{p_{ia}}$ 为声压反射系数,$t_p = \dfrac{p_{ta}}{p_{ia}}$ 为声压透射系数.

(2)界面两侧体积速度连续.

在分界面处,因为截面有突变,所以此处介质质点的运动不再是单向的,即界面附近声场必然是非均匀的,此时强调法向速度连续是不确切的.而根据质量守恒定律,界面处的质点不会积累,即对应于体积流速应在界面两侧相等.假设声场不均匀区的线度远小于声波的波长,则在这一前提下,界面附近区域对于声波而言可看作一点域,在点域以外的其他区域声波仍以平面波形式传播.界面两侧体积流速连续,即意味着

$$S_1(v_i+v_r)=S_2 v_t$$

将式(7-2-1)代入上式,化简后可得

$$\frac{1-r_p}{R_1}=\frac{t_p}{R_2} \tag{7-2-3}$$

式中,$R_1=\dfrac{\rho_0 c_0}{S_1}$为左侧 S_1 管的声阻抗,$R_2=\dfrac{\rho_0 c_0}{S_2}$为右侧 S_2 管的声阻抗.

7.2.2 突变截面上的反射和透射

联立式(7-2-2)和式(7-2-3),可求得

$$r_p=\frac{R_2-R_1}{R_2+R_1}=\frac{S_1-S_2}{S_1+S_2}=\frac{S_{21}-1}{S_{21}+1} \tag{7-2-4}$$

$$t_p=\frac{2R_2}{R_1+R_2}=\frac{2S_1}{S_1+S_2}=\frac{2S_{21}}{S_{21}+1} \tag{7-2-5}$$

式中,$S_{21}=\dfrac{S_1}{S_2}$.上述两式说明突变截面管在分界面上的反射、透射均与两管横截面之比 S_{21} 有关.当 $S_1>S_2$,即传播从粗管遇到细管时,$r_p>0$,此时突变截面等效表现为硬边界,而若进一步有 $S_1 \gg S_2$,此时 $r_p \approx 1$,相当于声波遇到刚性壁面的情形;当 $S_1<S_2$,即传播从细管遇到粗管时,$r_p<0$,此时突变截面等效表现为软边界,而若进一步有 $S_1 \ll S_2$,此时 $r_p \approx -1$,相当于声波遇到"真空"边界的情形.

同时,我们还可以获得声强的反射系数与透射系数,即

$$r_I=|r_p|^2=\left(\frac{S_{21}-1}{S_{21}+1}\right)^2 \tag{7-2-6}$$

$$t_I=|t_p|^2=\frac{4S_{21}^{\ 2}}{(S_{21}+1)^2} \tag{7-2-7}$$

声强 I 的定义是单位时间内流过单位面积的能量,即单位面积上的能量流速.但在突变截面管环境中,我们更关心流过不同截面时的声功率 W 的传播情况.根据定义,声功率是流过截面的能量流速,即 $W=\iint_S I \cdot dS$. 因此,声功率反射、透射系数分别为

$$r_W=\frac{W_r}{W_i}=\frac{I_r S_1}{I_i S_1}=r_I=|r_p|^2=\left(\frac{S_{21}-1}{S_{21}+1}\right)^2 \tag{7-2-8}$$

$$t_W=\frac{W_t}{W_i}=\frac{I_t S_2}{I_i S_1}=\frac{S_2}{S_1}t_I=\frac{4S_{21}}{(S_{21}+1)^2} \tag{7-2-9}$$

很容易验证 $r_W+t_W=1$,这意味着突变截面两侧能量守恒.

接着我们来看一下突变截面上的声阻抗与反射系数的关系.根据上述分析,在突变截面管的两管分界面上有界面两侧声压、体积流速连续这两个边界条件成立,即

$$p_1=p_t,U_1=U_t$$

根据声阻抗的定义,可知

$$Z_{a1}=\frac{p_1}{U_1}\bigg|_{x=0^-}=\frac{p_2}{U_2}\bigg|_{x=0^+}=Z_{a2} \tag{7-2-10}$$

即界面两侧的声阻抗也必然连续.又因为右侧的 S_2 管道内仅有透射声波存在,故而其对应的

声阻抗即为管的声阻抗,即 $Z_{a2} = R_2 = \dfrac{\rho_0 c_0}{S_2}$. 而左侧 S_1 管中的声阻抗可表示为

$$Z_{a1} = \frac{p_{ia} + p_{ra}}{U_{ia} + U_{ra}} = \frac{p_{ia} + p_{ra}}{(v_{ia} + v_{ra})S_1} = \frac{1 + r_p}{1 - r_p}R_1$$

则反射系数可表示为

$$r_p = \frac{Z_{a1} - R_1}{Z_{a1} + R_1}$$

又因为界面两侧声阻抗连续,即 $Z_{a1} = Z_{a2}$,所以上面反射系数的计算式可改写为

$$r_p = \frac{Z_{a2} - R_1}{Z_{a2} + R_1} = \frac{R_2 - R_1}{R_2 + R_1} = \frac{S_1 - S_2}{S_1 + S_2} \tag{7-2-11}$$

该结果与之前推导出的式(7-2-4)是一致的. 由此,也再次证明了对于 S_1 管内的入射声波而言,突变截面就等同于一声负载.

7.3　旁支管中的声场

在管道声学领域中,常会遇到一些传声主管在自身的某些位置上配置有旁支管(bypass tube)的场景,这一措施通常是为了消声或隔声. 由于旁支管的存在,管道截面在该处不再均匀,必然导致相应的反射波和透射波的生成.

7.3.1　旁支管中的反射和透射

下面我们来分析有旁支管存在时的管道声传播情形,如图 7-3-1 所示.

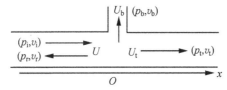

图 7-3-1　旁支管中的声波

我们重点关注的是旁支管处的声波反射和透射特性. 假设 x 轴向上的主管横截面积为 S,旁支管的横截面积为 S_b. 现有一平面波 p_i 在主管中沿 x 轴正向传播,当达到旁支管时,由于截面突变,根据之前的分析可知,此时该处的声场必然发生变化,即主管道中势必会产生一反射波 p_r,同时主管道内部还有一部分继续传播的透射波 p_t,而旁支管中也会存在一部分漏入波 p_b. 绝大多数情况下,旁支管的开口线度远小于管内声波的波长,即对于管内声波而言,旁支管所处的管道空间区域可看作一点域,或者一界面. 我们把该位置对应的声阻抗记为 Z_b,其定义式为

$$Z_b = \frac{p_b}{U_b} = \frac{p_b}{v_b S_b} = R_b + jX_b \tag{7-3-1}$$

注意,旁支管内的声波不一定是平面波,故而此处不能简单认为其一定等于 $\dfrac{\rho_0 c_0}{S_b}$,只能从原始定义出发去列式. 在该分支点位置上,根据受力分析和质量守恒定律可知,有以下边界条件

成立，即

$$\begin{cases} p_i+p_r=p=p_t+p_b \\ U_i+U_r=U=U_t+U_b \end{cases} \qquad (7\text{-}3\text{-}2)$$

主管在入射端的声阻抗可表示为 $Z_a=\dfrac{p}{U}\Big|_{x=0^-}$，而对应的透射侧由于只有透射平面波，

所以可直接得知其为管的声阻抗，即 $R_0=\dfrac{\rho_0 c_0}{S}$. 由此，上述边界条件方程可改写为

$$\begin{cases} Z_a U=R_0 U_t=Z_b U_b \\ U=U_t+U_b \end{cases}$$

化简后可得

$$\frac{1}{Z_a}=\frac{1}{Z_b}+\frac{1}{R_0} \qquad (7\text{-}3\text{-}3)$$

式(7-3-3)又可表示为

$$Z_a=\frac{Z_b R_0}{Z_b+R_0} \qquad (7\text{-}3\text{-}4)$$

而根据入射波声负载的声阻抗与声压反射系数的关系，可推知

$$r_p=\frac{Z_a-R_0}{Z_a+R_0}=-\frac{R_0}{2Z_b+R_0} \qquad (7\text{-}3\text{-}5)$$

又因为 $p_i+p_r=p_t$，即有 $1+r_p=t_p$，所以声压透射系数可表示为

$$t_p=1+r_p=\frac{2Z_b}{2Z_b+R_0} \qquad (7\text{-}3\text{-}6)$$

进一步还可推知声强透射系数为

$$t_I=|t_p|^2=\frac{|Z_b|^2}{\left|Z_b+\dfrac{R_0}{2}\right|^2}=\frac{R_b{}^2+X_b{}^2}{\left(\dfrac{R_0}{2}+R_b\right)^2+X_b{}^2} \qquad (7\text{-}3\text{-}7)$$

7.3.2 共振式消声器

从式(7-3-5)、式(7-3-6)和式(7-3-7)可知，管内的声压反射系数 r_p、透射系数 t_p 和声强透射系数 t_I 都取决于旁支管的声阻抗 Z_b. 若 $Z_b\to\infty$，则 $r_p\approx0$，$t_p\approx1$，$t_I\approx1$，旁支管等效表现为刚性边界，此时几乎无反射波产生，声能量几乎全部通过分支点，仿佛主管道在此处并未配置旁支管；若 $Z_b\to0$，则 $r_p\approx-1$，$t_p\approx0$，$t_I\approx0$，旁支管等效表现为软边界，主管内声波几乎全部被反射，声能量无法通过分支点. 借助这一特性，人们在建筑声学和管道声学领域中引入了基于亥姆霍兹共鸣器结构的共振式消声器，如图 7-3-2 所示，共鸣器开孔高度为 l，其他几何参数同之前的图 7-3-1.

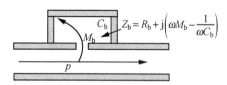

图 7-3-2　共振式消声器

假设图中亥姆霍兹共鸣器的声阻 R_b 很小,可以忽略不计,即共鸣器仅剩下声抗部分,而对应声抗的虚部 $X_b = \omega M_b - \dfrac{1}{\omega C_b}$,即有

$$Z_b \approx j X_b = j\omega M_b + \frac{1}{j\omega C_b}$$

将上式代入式(7-3-7),可得

$$t_I \approx \frac{\left(\omega M_b - \dfrac{1}{\omega C_b}\right)^2}{\left(\dfrac{\rho_0 c_0}{2S}\right)^2 + \left(\omega M_b - \dfrac{1}{\omega C_b}\right)^2} = \frac{1}{1 + \left(\dfrac{S_b}{2Sk_0 l} \cdot \dfrac{1}{z - z^{-1}}\right)^2} \tag{7-3-8}$$

式中,$M_b = \dfrac{\rho_0 l}{S_b}$,是共鸣器短管的声质量,$z = \dfrac{\omega}{\omega_0}$,是一无量纲归一化频率,其中的 ω_0 是共鸣器的共振频率,$\omega_0 = k_0 c_0 = \dfrac{1}{\sqrt{M_b C_b}}$. 可以发现,当入射声波的频率等于共鸣器的共振频率,即 $\omega = \omega_0$ 时,透射系数达到最小值,即 $t_I|_{z=1} \approx 0$,意味着当共鸣器共振时,共鸣器旁支起到了隔声作用,声波此时无法透射到分支点的右侧区域. 而且这一结论的前提是我们假设了旁支共鸣器的声阻可忽略不计,所以此时并没有声能被消耗掉,仅仅是对声波起了阻拦作用.

通常,我们可将这种基于亥姆霍兹共鸣器结构的共振式消声器看作一种抗性消声器. 共振式消声器的特点是频率选择性强,因此这种消声器也特别适宜消除声波中一些声压级特别高的频率成分. 如果实际工程项目中需要拓宽消声频率范围,则可以考虑在主管道上加装多个各不相同的亥姆霍兹共鸣器,这些经过设计的共鸣器的不同几何尺寸分别对应不同的共振频率点,从而实现宽频隔声.

7.4 管中输入阻抗

前面我们讨论、分析了管中声负载(末端刚性壁、管中旁支管等)对管中声波传输的影响,而这种由声负载所带来的反射波又将反过来制约或影响位于管口输入端的声源的振动情况.

7.4.1 声传输线方程和阻抗转移公式

设有一横截面积为 S 的均匀管,管中存在入射波 p_i 和反射波 p_r,如图 7-4-1 所示.

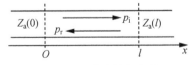

图 7-4-1 管中输入阻抗

在此,我们先推导声传输线(acoustical transmission line)方程. 考虑一维情况下的声波,根据线性声学理论,一维声波的线性化运动方程可表示为

$$\rho_0 \frac{\partial v}{\partial t} = -\frac{\partial p}{\partial x} \tag{7-4-1}$$

同时将线性化状态方程 $p = c_0{}^2 \rho'$ 代入连续性方程后，可得

$$\beta_0 \frac{\partial p}{\partial t} = -\frac{\partial v}{\partial x} \tag{7-4-2}$$

式中，$\beta_0 = \dfrac{1}{\rho_0 c_0{}^2}$. 若该一维声波为简谐声波，由于简谐量对时间的偏导数相当于乘了一加权系数，即 $\dfrac{\partial}{\partial t} \to j\omega$，因此上面两式可联立整理得

$$\begin{cases} \rho_0 \cdot j\omega v = -\dfrac{\partial p}{\partial x} \\[2mm] \beta_0 \cdot j\omega p = -\dfrac{\partial v}{\partial x} \end{cases}$$

为方便后面求解声阻抗，我们利用 $U = vS$，将体积流速引入上述方程组，即可得

$$\begin{cases} \dfrac{\partial p}{\partial x} + jk(R_0 U) = 0 \\[2mm] \dfrac{\partial (R_0 U)}{\partial x} + jk p = 0 \end{cases} \tag{7-4-3}$$

式中，$R_0 = \dfrac{\rho_0 c_0}{S}$. 式（7-4-3）即为声传输线方程，其中声压 p 类比于电压 V，而体积流速 U 则可类比于电流 I.

下面我们具体分析由正向和反向声波所共同构成的管内声场. 因为平面声波的声压满足叠加原理，故有

$$p = p_i + p_r = p_{ia} e^{j(\omega t - kx)} + p_{ra} e^{j(\omega t + kx)} \tag{7-4-4}$$

而根据质量守恒定律，管内总的体积流速为正向、反向体积流速之和，即有

$$U = U_i + U_r \tag{7-4-5}$$

我们将式（7-4-4）和式（7-4-5）代入式（7-4-3），可知

$$R_0 U_i = p_{ia} e^{j(\omega t - kx)}, \quad R_0 U_r = -p_{ra} e^{j(\omega t + kx)}$$

由此，我们可导出管内任意 x 处的声阻抗为

$$Z_a = \frac{p}{U} = \frac{p_i + p_r}{U_i + U_r} = R_0 \frac{1 + r_p e^{2jkx}}{1 - r_p e^{2jkx}} \tag{7-4-6}$$

假设已知管的末端 $x = l$ 处声阻抗为 $Z_a |_{x=l} = Z_{al}$，则根据式（7-4-6）可知

$$Z_{al} = R_0 \frac{1 + r_p e^{2jkl}}{1 - r_p e^{2jkl}} \Rightarrow r_p = \frac{Z_{al} - R_0}{Z_{al} + R_0} e^{-2jkl} \tag{7-4-7}$$

将式（7-4-7）代入式（7-4-6），可得

$$Z_a |_x = R_0 \frac{Z_{al} - jR_0 \tan[k(x-l)]}{R_0 - jZ_{al} \tan[k(x-l)]} \tag{7-4-8}$$

此即为管内声阻抗转移公式，利用该式可直接推导出管内任意位置的声阻抗值. 最典型的应用是在已知末端 $x = l$ 处声阻抗 Z_{al} 时，可直接写出管口 $x = 0$ 处的声阻抗，即管的输入阻抗 Z_{a0} 为

$$Z_{a0} = R_0 \frac{Z_{al} + jR_0 \tan(kl)}{R_0 + jZ_{al} \tan(kl)} \tag{7-4-9}$$

上述结论也可以改写为导纳形式，即

$$Y_{a0} = G_0 \frac{Y_{al} + jG_0 \tan(kl)}{G_0 + jY_{al} \tan(kl)} \tag{7-4-10}$$

式中，$Y_a = \dfrac{1}{Z_a}$，为声导纳；$G_0 = \dfrac{1}{R_0} = \dfrac{S}{\rho_0 c_0}$.

7.4.2　不同管末端对输入阻抗的影响

从式(7-4-9)可以看出，管的输入阻抗 Z_{a0} 不仅取决于管的长度 l，而且还与管末端的负载 Z_{al} 有关. 下面我们讨论两种常见的管末端($x=l$)情形.

1. 管末端为封闭刚性壁

管末端是刚性壁，意味着此处的声阻抗 Z_{al} 趋于无穷大. 我们将该条件代入式(7-4-9)，根据声阻抗转移公式，可知此时管口的输入阻抗为

$$Z_{a0} = -jR_0 \cot(kl) \tag{7-4-11}$$

式(7-4-11)表明，管末端为刚性壁时，对应的管口输入阻抗表现为一纯抗.

若 $kl \ll 1$，即为短管情形时，可将式(7-4-11)根据泰勒级数展开，取近似后改写为

$$Z_{a0} \approx -j \frac{\rho_0 c_0}{S} \left(\frac{1}{kl} - \frac{1}{3} kl \right) = \frac{1}{j\omega C_a} + j\omega \left(\frac{1}{3} M_a \right) \tag{7-4-12}$$

式中，$C_a = \dfrac{V}{\rho_0 c_0^2}$，$M_a = \dfrac{\rho_0 l}{S}$. 从式(7-4-12)中可以看出，此短管的声振动特性可等效为一具有分布质量 M_a 的弹簧.

2. 管末端为开口

当管末端为开口状态时，管内声波可向管外自由空间传播，即可等效看作管道末端有一无质量活塞在向外辐射声波. 若管道半径满足条件 $ka < 0.5$，则根据活塞声辐射理论(下一章中给出)可知

$$Z_{al} \approx jX_{al} \left(X_{al} \approx \frac{8}{3\pi} \frac{\rho_0 c_0}{S} ka \right) \tag{7-4-13}$$

因为 $ka < 0.5$，有 $\tan(kl) \approx kl$，同时根据声阻抗转移公式，可知管口的输入声阻抗为

$$Z_{a0} = R_0 \frac{Z_{al} + jR_0 \tan(kl)}{R_0 + jZ_{al} \tan(kl)} \approx R_0 \frac{jX_{al} + jR_0 kl}{R_0 + j(jX_{al})kl} = \frac{j(X_{al} + R_0 kl)}{1 - \dfrac{X_{al}}{R_0} kl} \tag{7-4-14}$$

而分母上的 $X_{al} \cdot (kl)$ 都是小量，可忽略，故式(7-4-14)可进一步取近似为

$$Z_{a0} \approx j \left[X_{al} + \frac{\rho_0 c_0}{S} (kl) \right] = j \frac{\rho_0 c_0 k}{S} \left(\frac{8}{3\pi} a + l \right) = j\omega M_a \tag{7-4-15}$$

式中，$M_a = \dfrac{\rho_0 (l + \Delta l)}{S}$，其中 $\Delta l = \dfrac{8}{3\pi} a \approx 0.85a$，是由管末端的辐射质量引起的，即由开口声辐射引起的抗所带来的修正管长. 需要说明的是，上述仅涉及末端修正，即仅考虑管末端向管外的声辐射. 若考虑管口位置的空气振动也会向外辐射声波，如亥姆霍兹共鸣器的细管段，即共鸣器短管内部的空气柱会在管道两端处都向外辐射，则此时两端均需考虑辐射效应带来的修正管长，故而总等效修正管长应为 $\Delta l' = 2\Delta l \approx 1.7a$.

7.4.3 中间插管的传声特性

在实际的工程项目中,我们经常会遇到一段长主管中插入一段扩张管或收缩管的场合.根据上一节的分析可知,这种中间插管的做法在对应位置构建了突变截面,故而可以用作消声器.理论上来说扩张管和收缩管的效用是等效的,但考虑到减小气流阻力,实际中扩张管消声器方案更为常用,如图 7-4-2 所示.

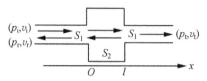

图 7-4-2 扩张管消声器

在 $x=l$ 处的界面上,由于该位置声压 p、体积流速 U 连续,因此该界面两侧的声阻抗 Z_a 也连续,即有

$$Z_{al} = Z_a \big|_{x=l^-} = R_1 = \frac{\rho_0 c_0}{S_1} \tag{7-4-16}$$

考虑到插管区域中无横截面变化,故可应用声阻抗转移公式,即可求得 $x=0$ 处的声阻抗为

$$Z_{a0} = Z_a \big|_{x=0^+} = R_2 \frac{Z_{al} + jR_2 \tan(kl)}{R_2 + jZ_{al} \tan(kl)} = R_2 \frac{R_1 + jR_2 \tan(kl)}{R_2 + jR_1 \tan(kl)} \tag{7-4-17}$$

式中,$R_2 = \frac{\rho_0 c_0}{S_2}$. 对于入射声波而言,$x=0$ 处的入射声阻抗 Z_{a0} 可看作一声负载值.而根据之前负载界面声阻抗与反射系数的关系,还可得到

$$r_p = \frac{Z_{a0} - R_1}{Z_{a0} + R_1} \tag{7-4-18}$$

又因为 $r_I = |r_p|^2$,所以声强透射系数为

$$t_I = 1 - r_I = 1 - |r_p|^2 = \frac{4}{4\cos^2(kl) + (S_{21} + S_{12})^2 \sin^2(kl)} \tag{7-4-19}$$

式中,$S_{21} = \frac{1}{S_{12}} = \frac{S_1}{S_2}$. 可以看出,声波经过扩张管后的透射能量,不仅与主管和插管的截面积比值有关,而且还与插管长度 l 有关.当插管长度 $l = \frac{2n+1}{4}\lambda$ 时,即中间插管长度等于 $\frac{1}{4}$ 声波波长的奇数倍时,声强透射系数最小,这意味着此时隔声性能最好.需要说明的是,这种滤波原理只是使声波反射回去,并不消耗声能,即属于抗性消声器.而当插管长度 $l = \frac{n}{2}\lambda$,即中间插管长度等于 $\frac{1}{2}$ 声波波长的整数倍时,声强透射系数趋近于 1,代表声波将几乎可全部通过,对应的该频率称为消声器的通过频率.

综上所述,扩张管消声器具有较强的频率选择性,较为适用于消除一些特定频率点上的噪声,尤其是高频声波.而为了最大化增大消声的频段范围,可插入多节不同几何尺寸长度的扩张管结构.例如,可使一节扩张管的通过频率正好是另一节扩张管的最佳隔声频率,以此来互相补偿.

7.5 连续可变截面管

前面我们讨论了中间插管的声场特性,理论上来说,其属于突变截面管范畴,而生活中常见的号筒乐器则可看作一种横截面积连续变化的管子.很久以前,人们就已经知晓通过号筒或喇叭能放大声音这一现象.在世界各地大大小小的战争中,常常能见到利用牛角做成号筒来吹响军号并鼓舞士气的情形.由各种喇叭状吹奏乐器组成的铜管乐队,其演奏时的响度级也要远大于同规模的交响乐队.另外,常见的号筒乐器也可以有多种形状,如呈指数形、锥形、双曲线形等.要掌握号筒式扬声器的声学特性,就必须了解声波在连续可变截面管中的传播规律.

7.5.1 缓变截面管中的波动方程及其稳态解

本节的研究对象选取了最常见的指数形号筒中的声场.设有一连续缓变截面管,其横截面是管轴坐标的函数,即 $S=S(x)$.同时为简化分析,我们假设此管中传播的声波,其波阵面也随管截面的规律而变化,即 $\sigma=\sigma(x)$,如图 7-5-1 所示.

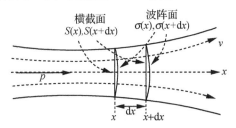

图 7-5-1 连续可变截面管

各声学量在波阵面 $\sigma(x)$ 上等值,故其均是波阵面空间位置 x 的函数,即有 $v=v(x,t)$、$\rho=\rho(x,t)$ 等.由于现在波阵面不再是一理想平面,故需对原平面声场的基本方程做相应修正.

对于线性化的连续性方程 $\dfrac{\partial \rho'}{\partial t}+\rho_0 \nabla \cdot v=0$,式中 $v=v n$,对原方程两边求体积积分,积分空间域设为由两波阵面 $\sigma(x)$ 和 $\sigma(x+dx)$ 构成的体积微元 $dV=\sigma dx$,经化简整理后可得

$$\frac{1}{\rho_0}\frac{\partial \rho'}{\partial t}+\frac{1}{\sigma}\frac{\partial(\sigma v)}{\partial x}=0 \tag{7-5-1}$$

对于体积微元而言,线性化状态方程 $p=c_0^2 \rho'$ 仍成立,将其代入式(7-5-1)后,得

$$\frac{1}{c_0^2}\frac{\partial p}{\partial t}+\frac{\rho_0}{\sigma}\frac{\partial(\sigma v)}{\partial x}=0 \tag{7-5-2}$$

因为我们此时假设管截面是一缓变截面,在这一前提下,有

$$\frac{1}{\sigma}\frac{\partial \sigma}{\partial x}\approx\frac{1}{S}\frac{\partial S}{\partial x} \tag{7-5-3}$$

式(7-5-3)说明在缓变截面中,沿着管轴坐标,每单位长度 ∂x 的波阵面的相对变化率 $\dfrac{\partial \sigma}{\sigma}$

约等于管截面的相对变化率$\dfrac{\partial S}{S}$. 将该近似关系代入式(7-5-2)后可得

$$\frac{1}{c_0^2}\frac{\partial p}{\partial t}+\frac{\rho_0}{S}\frac{\partial(Sv)}{\partial x}=0 \qquad (7\text{-}5\text{-}4)$$

对比式(7-5-4)和式(7-5-2),可以发现,在缓变截面前提下,我们将容易计算的管截面 $S(x)$代替了相对不易求解的波阵面 $\sigma(x)$.

同理,我们也将对线性化的运动方程 $\rho_0\dfrac{\partial \boldsymbol{v}}{\partial t}=-\boldsymbol{\nabla}p$ 加以修正. 需要注意的是,此时在波阵面上速度的量值 v 和声压的法向导数$\dfrac{\partial p}{\partial n}$均是常数,因此有

$$\boldsymbol{\nabla}p=\frac{\partial p}{\partial n}\boldsymbol{n}=\frac{\partial p}{\partial x}\boldsymbol{n}$$

即将声压的法向导数$\dfrac{\partial p}{\partial n}$用波阵面上轴心的取值$\dfrac{\partial p}{\partial x}$代替. 对原运动方程的两边求由波阵面$\sigma(x)$和$\sigma(x+\mathrm{d}x)$之间的体积微元 $\mathrm{d}V=\sigma\mathrm{d}x$ 的体积积分,经化简整理后可得

$$\rho_0\frac{\partial v}{\partial t}=-\frac{\partial p}{\partial x} \qquad (7\text{-}5\text{-}5)$$

若仅从数学形式上看,该式等同于一维声行波的情形. 若将式(7-5-4)和式(7-5-5)联立,化简整理后,即得缓变截面管内的声压波动方程:

$$\frac{1}{S}\frac{\partial}{\partial x}\left[S\frac{\partial p}{\partial x}\right]-\frac{1}{c_0^2}\frac{\partial^2 p}{\partial t^2}=0 \qquad (7\text{-}5\text{-}6)$$

注意,式(7-5-6)中的 $S=S(x)$,即与位置 x 有关,故不能从偏导数中提出并与分母上的 S 相消. 若 S 是一与位置 x 无关的常数,则方程退化为均匀长管中的普通平面声场的波动方程. 若均匀管中是非均匀介质,则介质的静态密度与位置 x 有关,即 $\rho_0=\rho_0(x)$. 此时与缓变截面管问题类似,只需做一类比,即 $S(x)\leftrightarrow\rho_0^{-1}(x)$.

下面我们对缓变管中的波动方程作一变量替换,令

$$p=\frac{q}{\sqrt{s}}\quad\left(s=\frac{S(x)}{S_0}\right) \qquad (7\text{-}5\text{-}7)$$

式中,S_0是一适当的参考面积,s 则是归一化的无量纲截面面积. 将这一变换代入式(7-5-6)并化简,可得变换后的声波方程为

$$\left[\frac{\partial^2}{\partial x^2}-\mu^2(x)\right]q-\frac{1}{c_0^2}\frac{\partial^2 q}{\partial t^2}=0 \qquad (7\text{-}5\text{-}8)$$

式中

$$\mu^2(x)=\frac{R''}{R}=\frac{\dfrac{\partial^2 R}{\partial x^2}}{R} \qquad (7\text{-}5\text{-}9)$$

式中,$R=\sqrt{s}$,可看作无量纲截面的等效半径;$\mu(x)$可看作一由缓变截面所引入的修正项,其数值反映了管截面的变化程度,且与位置 x 有关. 若给定了 μ,则 R 和 S 均可确定下来. 特别是当 $\mu=0$ 时,管子退化为普通的均匀长管,而此时对应的 R 也为一固定常数.

最后,我们来看一下缓变管中的声场稳态解. 当声场达到稳态时,对于简谐波而言,其关于时间的二次偏导等效于一加权系数,即

$$\frac{\partial^2}{\partial t^2} \rightarrow (j\omega)^2 = -\omega^2$$

因此,稳态时缓变管中的声波动方程,即式(7-5-8)可改写为

$$\frac{\partial^2 q}{\partial x^2} + [k^2 - \mu^2(x)]q = q'' + \gamma^2 q = 0 \qquad (7\text{-}5\text{-}10)$$

式中,$\gamma^2 = k^2 - \mu^2(x)$. 可以看出,$\gamma$ 的值也与位置有关,即 $\gamma = \gamma(x)$.

若管截面变化速率恒定,则 μ 为一常数,相应地,γ 也为常数,此时波动方程的解为

$$q = \begin{cases} q_a e^{j(\omega t \mp \gamma x)}, & \gamma^2 > 0 \\ q_a e^{j\omega t \mp \kappa x}, & \gamma^2 < 0, \gamma = -j\kappa \end{cases} \qquad (7\text{-}5\text{-}11)$$

可以看到,当 $\gamma^2 > 0$,即 γ 为非零实数值时,对应的 $q_a e^{j(\omega t \mp \gamma x)}$ 代表了沿正向、反向传播的行波解;当 $\gamma^2 < 0$,即 $\gamma = -j\kappa$ 为虚数值时,对应的 $q_a e^{j\omega t \mp \kappa x}$ 中的指数项会随着距离增加而呈指数衰减或放大,属于非行波解. 上述两种情况的临界值,即 $\gamma^2 = 0$ 时对应的圆频率即为行波解的截止频率,记为 ω_c,且 $\omega_c^2 = c_0^2 \mu^2$.

综上所述,当 μ 为常数时,若声波振频满足 $\omega > \omega_c$,则对应为行波解;若 $\omega < \omega_c$,则对应为非传播解. 理论上来说,反映管子界面变化程度的参数 μ 可取任意值,但仅当 $\mu > 0$ 时,ω_c 的取值才大于 0;当 $\mu = 0$ 时,$\omega_c = 0$,意味着任意频率的声波都能通过该管道.

因为 $\mu(x)$ 须满足式(7-5-9),当 μ 为常数时,方程即近似为 $R_{xx} - \mu^2 R = 0$.

(1) 当 $\mu = 0$ 时,满足方程的解具有形式 $R = ax + b$,对应的管道为锥形管. 根据之前的分析,此时截止频率为 0,即代表任意频率的声波都能在该管中传播.

(2) 当 $\mu > 0$ 时,满足方程的解具有形式 $R = e^{\pm\mu(x-x_0)}$,对应的管道为指数号筒管. 根据之前的分析,仅当声波频率大于截止频率,即 $\omega > \omega_c = c_0\mu$ 时,声波在管中才具有行波形式,即能够在管中进行有效传播.

7.5.2　无限长指数形号筒中的声场

现在我们来研究指数形号筒中的声场. 根据上面的结论,指数形号筒即意味着无量纲的等效半径 R 具有 $e^{\mu(x-x_0)}$ 的形式. 假设有一半无限长号筒的振动膜片位于 $x = 0$ 处,则 $R = e^{\mu x}$. 根据 R 的定义式,可知指数形号筒的截面面积可表示为

$$S(x) = S_0 R^2 = S_0 e^{2\mu x} = S_0 e^{\delta x} \qquad (7\text{-}5\text{-}12)$$

式中,$\delta = 2\mu$,称为号筒的蜿蜒指数,可用来衡量截面积变化的快慢,如图7-5-2所示.

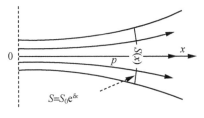

图 7-5-2　指数形号筒

不同于允许任意频率声波均能通过的锥形管,指数形号筒中仅有满足 $\omega > \omega_c (k > \mu)$ 的声波能存在正向行波解,且由于假设为无限长号筒管,故不存在反射波. 此时对应的声压表

达式为

$$p = \frac{q}{\sqrt{s}} = \frac{q_a e^{j(\omega t - \gamma x)}}{\sqrt{e^{2\mu x}}} = q_a e^{-\mu x} e^{j(\omega t - \gamma x)}$$

为保持前后符号统一，我们将上式中的振幅 q_a 仍改写为 p_a，即有

$$p = p_a e^{-\mu x + j(\omega t - \gamma x)} \tag{7-5-13}$$

将其代入缓变管内的运动方程，即式（7-5-5），可得质点的振速为

$$v = \frac{p_a}{\rho_0 c_0} e^{-\mu x + j(\omega t - \gamma x - \theta)} = v_a e^{-\mu x + j(\omega t - \gamma x - \theta)} \tag{7-5-14}$$

式中，$\theta = \arctan \dfrac{\mu}{\gamma}$，具体推导请读者自行完成.

由此我们可求得指数形号筒中正向行波的声阻抗率为

$$z_s = \frac{p}{v} = \rho_0 c_0 e^{j\theta} \tag{7-5-15}$$

可以看出，此时的声阻抗率 z_s 是一复数值，即 $z_s = |z_s| e^{j\theta}$，而模 $|z_s| = \rho_0 c_0$.

当入射声波频率 $\omega < \omega_c$ 时，号筒内只存在非传播解，其对应的声压和质点振速分别为

$$\begin{cases} p = p_a e^{-(\mu + \kappa) x + j\omega t} \\ v = \dfrac{\mu + \kappa}{j\omega\rho_0} p_a e^{-(\mu + \kappa) x + j\omega t} \end{cases} \tag{7-5-16}$$

因此，指数形号筒中非行波解对应的声阻抗率为

$$z_s = \frac{p}{v} = j\omega \frac{\rho_0}{\mu + \kappa} \tag{7-5-17}$$

可以看出，指数形号筒中存在非传播解时，对应的声阻抗率是一纯虚数，且指数形号筒等效表现为一声质量 $M_a = \dfrac{\rho_0}{\mu + \kappa}$ 的质量抗.

下面我们来分析一下指数形号筒的辐射效率，其前提就是指数形号筒中存在行波. 计算辐射效率之前，我们需先求得对应的声阻抗 Z_a，根据其定义式，有

$$Z_a = \frac{p}{U} = \frac{p}{vS(x)} = \frac{z_s}{S(x)} \tag{7-5-18}$$

可以看到，指数形号筒中的声阻抗与位置 x 有关. 分母位置上的体积流速可表示为

$$U(x) = S(x) \cdot v(x) = (S_0 R^2) v_a e^{-\mu x} e^{j(\omega t - \gamma x - \theta)} = S_0 v_a e^{\mu x} e^{j(\omega t - \gamma x - \theta)} \tag{7-5-19}$$

容易发现，式（7-5-19）中的幅值部分中有一随距离变化的指数项 $e^{\mu x}$，这是由管口几何形状的指数形扩张造成的. 我们若不考虑管壁上的声阻耗损，则根据能量守恒定律，号筒内部行波的辐射功率为管口处膜片的做功功率，即

$$W = \left[\frac{1}{2} \mathrm{Re}(Z_a) |U|^2 \right] \Big|_{x=0} = \frac{1}{2} \rho_0 c_0 S_0 \cos\theta |v_a|^2 \tag{7-5-20}$$

可以看到，若指数形号筒形状确定，对应的 μ 和 γ 均是定值，因此 $\theta = \arctan \dfrac{\mu}{\gamma}$ 也是定值，故而号筒内行波的辐射功率也是一固定常数. 而且当声波频率远大于截止频率，即 $\omega \gg \omega_c$ 时，有 $\cos\theta \to 1$，此时辐射功率达到最大，即 $W_{max} = \dfrac{1}{2} \rho_0 c_0 S_0 |v_a|^2$.

　　值得说明的是,这一结论等于在一截面积为 S_0、管口半径为 a 的均匀长管中有一活塞振动所产生的辐射功率.后面声辐射章节告诉我们,若单独仅有一半径为 a 的活塞在空气中振动,其辐射效率与 ka 成正比,若管径 a 很小,则功率无法有效辐射出去,但是借助于指数形号筒就可把声能有效地传播出去,即其能大幅提升声源辐射效率.

7.5.3　有限长指数形号筒中的声场

　　之前分析了无限长指数形号筒中的声场,其内部没有反射波,仅存在正向行波.实际生活中,这种理想模型并不存在,因此有必要考虑有限长指数形号筒的情形.设有一长度为 l 的指数形号筒,如图 7-5-3 所示.声源振动膜片在 $x=0$ 处,声能量在号筒中传播,并在 $x=l$ 处向外部空间域辐射声波,由于 $x=l$ 处的阻抗不完全匹配,因此必然产生一部分反射波.

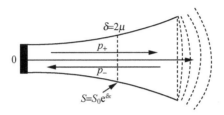

图 7-5-3　有限长指数形号筒

有限长指数形号筒内部声场的声压可表示为

$$p=p_+ + p_- = p_a \mathrm{e}^{-\mu x}\mathrm{e}^{\mathrm{j}\omega t}(\mathrm{e}^{-\mathrm{j}\gamma x}+r_p\mathrm{e}^{\mathrm{j}\gamma x}) \tag{7-5-21}$$

利用行波中质点的振速与声压的关系,可以求得号筒内总的质点的振速为

$$v=v_+ + v_- = \frac{p_a}{\rho_0 c_0}\mathrm{e}^{-\mu x}\mathrm{e}^{\mathrm{j}\omega t}(\mathrm{e}^{-\mathrm{j}(\gamma x+\theta)}-r_p\mathrm{e}^{\mathrm{j}(\gamma x+\theta)}) \tag{7-5-22}$$

　　而根据定义式,有限长指数形号筒内部的声阻抗率即为 $z_s=\dfrac{p}{v}$. 在此引入一无量纲、归一化的声阻抗率 $\zeta_a(x)$,将其定义为声阻抗率与空气中声特性阻抗之比,即有

$$\zeta_a(x)=\frac{z_s}{\rho_0 c_0}=\frac{p}{v\rho_0 c_0}=\frac{\mathrm{e}^{-\mathrm{j}\gamma x}+r_p\mathrm{e}^{\mathrm{j}\gamma x}}{\mathrm{e}^{-\mathrm{j}(\gamma x+\theta)}-r_p\mathrm{e}^{\mathrm{j}(\gamma x+\theta)}} \tag{7-5-23}$$

　　若已知 $x=l$ 处的声阻抗率 $\zeta_a|_{x=l}=\zeta_{al}$,利用声阻抗转移公式的思路,可得出 $x=0$ 处的声阻抗率 $\zeta_a|_{x=0}=\zeta_{a0}$,即

$$\zeta_{a0}=\frac{\zeta_{al}\cos(\gamma l+\theta)+\mathrm{j}\sin\gamma l}{\cos(\gamma l-\theta)+\mathrm{j}\zeta_{al}\sin\gamma l} \tag{7-5-24}$$

证明　根据式(7-5-23),有

$$\zeta_{al}=\frac{\mathrm{e}^{-\mathrm{j}\gamma l}+r_p\mathrm{e}^{\mathrm{j}\gamma l}}{\mathrm{e}^{-\mathrm{j}(\gamma l+\theta)}-r_p\mathrm{e}^{\mathrm{j}(\gamma l+\theta)}}$$

因此,反射系数可表示为

$$r_p=\frac{\zeta_{al}\mathrm{e}^{-\mathrm{j}(\gamma l+\theta)}-\mathrm{e}^{-\mathrm{j}\gamma l}}{\zeta_{al}\mathrm{e}^{\mathrm{j}(\gamma l+\theta)}+\mathrm{e}^{\mathrm{j}\gamma l}}$$

将上式代入式(7-5-23),得到

$$\zeta_a(x)=\frac{\zeta_{al}\cos[\gamma(x-l)-\theta]-\mathrm{j}\sin[\gamma(x-l)]}{\cos[\gamma(x-l)+\theta]-\mathrm{j}\zeta_{al}\sin[\gamma(x-l)]}$$

令 $x=0$，即得

$$\zeta_{a0} = \frac{\zeta_{al}\cos(\gamma l+\theta) + j\sin(\gamma l)}{\cos(\gamma l-\theta) + j\zeta_{al}\sin(\gamma l)}$$

得证.

下面我们分析一下在大口径下有限长指数形号筒的声辐射效率.假定号筒出声口的管口半径 a_l 足够大，则可认为出口端近乎大活塞辐射情形，其声阻抗可近似表示为

$$Z_a\mid_{x=l} = Z_{al} \approx \frac{\rho_0 c_0}{S_l}$$

则对应的管末端的归一化声阻抗率为

$$\zeta_{al} = \frac{z_{sl}}{\rho_0 c_0} = \frac{Z_{al}S_l}{\rho_0 c_0} \approx 1$$

若声波频率足够高，满足 $\gamma l=kl\cos\theta \gg \theta$，同时根据声阻抗率转移公式，可知在 $x=0$ 处的归一化声阻抗率为

$$\zeta_{a0} \approx \frac{\zeta_{al}\cos(\gamma l)+j\sin\gamma l}{\cos(\gamma l)+j\zeta_{al}\sin\gamma l} \approx \frac{\cos(\gamma l)+j\sin\gamma l}{\cos(\gamma l)+j\sin\gamma l} = 1$$

所以，可反推得到在 $x=0$ 处的声阻抗为 $Z_{a0} \approx \dfrac{\rho_0 c_0}{S_0}$.由此我们可求得此时的辐射效率为

$$\overline{W} = \frac{1}{2}\mathrm{Re}(Z_{a0})\mid U\mid^2_{x=0} \approx \frac{1}{2}\frac{\rho_0 c_0}{S_0}\mid S_0 v_a\mid^2 = \frac{1}{2}\rho_0 c_0 S_0\mid v_a\mid^2$$

可见，当所选取号筒的出声口半径足够大，且声波频率足够高时，有限长指数形号筒中的声场辐射效率基本等同于无限长号筒中的情形，即近似等效于大活塞辐射，其向自由空间中辐射声波的效率很高.

7.6 黏性流管中的声传播

之前讨论管中声波传播时，均假设流体介质是理想的，且不存在热损耗，通常在实际工程中，当管口半径较粗或声波频率较低时，采用理想流体分析所得的理论结果与实际数据符合得很好，即这种假设近似是有效的.但若管子比较细或声波频率非常高，管壁对介质质点运动的影响将不可忽略，如毛细血管中的血液流动时管壁对介质质点的摩擦作用将引起声传播过程中的热损耗，常见的一些多孔隙的吸声材料就是依靠这种特性，将弹性波的机械能转变为热能，从而达到吸声、隔声的效果.

实际管中的流体，由于黏性力的存在，流体在整个管截面上的速度分布不再是均匀的.一般而言，越靠近管壁，黏滞力越大，流体的流速越小，通常可认为管壁界面上的切向流速趋于零；而越远离管壁，介质质点受管壁的影响越小，即黏滞力越小，流体的流速就越快.由于速度分布梯度的存在，可将不同流速区域视为慢层与快层.

7.6.1 黏性流管中的运动方程

设有一平面声波沿半径为 $r=a$ 的圆柱形管传播，假设管壁是刚性的，如图 7-6-1 所示.

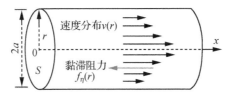

图 7-6-1 黏性流管中的流体运动

由于慢层与快层之间有相对速度差,介质内部质点会收到内摩擦力,即慢层会在流线切向上对快层产生黏滞力,即切向黏滞力.流层切向单位面积的黏滞力正比于垂直于该层的速度梯度,于是该黏滞力可表示为

$$f_\eta = -\eta \frac{\partial v}{\partial r} \tag{7-6-1}$$

式中,η 称为切变黏滞系数.下面我们选取一组环形微元来进行受力分析,如图 7-6-2 所示.

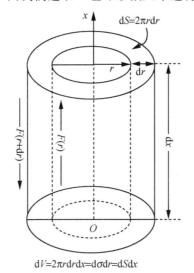

$$dV = 2\pi r dr dx = d\sigma dr = dS dx$$

图 7-6-2 环形圆柱面受力分析

设有一沿管轴长 dx、内径为 r、外径为 $r+dr$ 的环形圆柱面体,由于 dx、dr 都趋于零,故整个环形柱体可视为做整体性运动,即可抽象为一质点,其所受黏滞力来源于内、外两侧圆柱面上各自所受的切向黏滞力,彼此方向相反.该切向黏滞力的合力可表示为

$$F_\eta = f(r)2\pi r dx - f(r+dr)2\pi(r+dr)dx = -\frac{\partial}{\partial r}[rf(r)]dV$$

式中,$dV = 2\pi r dr dx$,为体积微元.而环形柱体所受的声压合力为

$$F_p = (p_x - p_{x+dx})dS = -\frac{\partial p}{\partial x}dx dS \approx -\frac{\partial p}{\partial x}dx(2\pi r \cdot dr)$$

因此,该体积微元对应的运动方程可表示为

$$\rho_0 dV \frac{\partial v}{\partial t} = F_\eta + F_p = -\frac{\partial}{\partial r}[rf(r)]dV - \frac{\partial p}{\partial x}dx(2\pi r \cdot dr)$$

经整理化简后可得

$$\rho_0 \frac{\partial v}{\partial r} - \eta \frac{1}{r}\frac{\partial}{\partial r}\left(r\frac{\partial v}{\partial r}\right) = -\frac{\partial p}{\partial x} \tag{7-6-2}$$

式中，$-\eta\dfrac{1}{r}\dfrac{\partial}{\partial r}\left(r\dfrac{\partial v}{\partial r}\right)$ 是由黏滞力所引起的. 可以看到管截面上速度分布是圆对称的，但不再是均匀的，即与径向距离有关，但声压在管截面上仍可看作是均匀的（若径向声压不均匀，径向上就存在压差，这会带来径向上的介质流动）. 换句话说，黏性流管中，质点振速 v 与空间轴向距离 x 和径向距离 r 都有关，而声压 p 只与轴向坐标 x 有关. 因此，黏性流管中满足运动方程的声场谐波解可表示为

$$p=p(x)\mathrm{e}^{\mathrm{j}\omega t}, \ v=v(x,r)\mathrm{e}^{\mathrm{j}\omega t}$$

同时由于切向速度在管壁处趋于零，即意味着此时还有一边界条件为

$$v\big|_{r=a}=0$$

将上述声压、质点振速的谐波解形式代入式（7-6-2），经整理后可得

$$\frac{1}{r}\frac{\partial}{\partial r}\left[r\frac{\partial}{\partial r}v(x,r)\right]+K^{2}v(x,r)=\frac{1}{\eta}\frac{\mathrm{d}}{\mathrm{d}x}p(x) \tag{7-6-3}$$

式中，$K^{2}=\dfrac{\omega\rho_{0}}{\mathrm{j}\eta}$. 上述方程是一非齐次的贝塞尔方程. 该方程中质点速度的径向分布解可表示为

$$v(x,r)=\frac{1}{\eta K^{2}}\left[1-\frac{J_{0}(Kr)}{J_{0}(Ka)}\right]\frac{\mathrm{d}}{\mathrm{d}x}p(x) \tag{7-6-4}$$

当然，在实际应用中，我们更关心的是某一位置的管横截面中的质点速度平均值，即

$$v(x)=\frac{1}{S}\iint_{S}v(x,r)r\,\mathrm{d}r\mathrm{d}\theta \tag{7-6-5}$$

将式（7-6-4）代入式（7-6-5），可得

$$v(x)=\frac{1}{S}\iint_{S}\frac{1}{\eta K^{2}}\left[1-\frac{J_{0}(Kr)}{J_{0}(Ka)}\right]\frac{\partial}{\partial x}p(x)r\,\mathrm{d}r\mathrm{d}\theta=\frac{1}{S}\frac{1}{\eta K^{2}}\frac{\partial p}{\partial x}\int_{0}^{2\pi}\mathrm{d}\theta\int_{0}^{a}\left[1-\frac{J_{0}(Kr)}{J_{0}(Ka)}\right]r\,\mathrm{d}r$$

$$=-\frac{1}{\mathrm{j}\omega\rho_{0}}\left[1-\frac{2J_{1}(Ka)}{Ka\cdot J_{0}(Ka)}\right]\frac{\partial p}{\partial x}$$

由此，我们可得到速度横截面平均的运动方程，即

$$\mathrm{j}\omega\,\tilde{\rho}\cdot v(x)=-\frac{\partial p}{\partial x}\ \left(\tilde{\rho}=\rho_{0}\left[1-\frac{2J_{1}(Ka)}{Ka\cdot J_{0}(Ka)}\right]^{-1}\right) \tag{7-6-6}$$

式中，$\tilde{\rho}$ 是复质量密度，可看作是对静态密度 ρ_{0} 的一种修正. 复质量密度 $\tilde{\rho}$ 是一复常数，因此可表示为实部、虚部的形式，即

$$\tilde{\rho}=\tilde{\rho}(Ka)=\rho+\frac{R}{\mathrm{j}\omega} \tag{7-6-7}$$

由此，我们可得出单位长度黏性圆管的声阻抗率为

$$z_{s}=\lim_{\Delta x\to 0}\frac{p(x)-p(x+\Delta x)}{v\Delta x}=-\frac{1}{v}\frac{\partial p}{\partial x}=\mathrm{j}\omega\,\tilde{\rho}=R+\mathrm{j}\omega\rho \tag{7-6-8}$$

作为对比，理想流体在单位长度的管中的声阻抗率为 $z_{s}{}'=\mathrm{j}\omega\rho_{0}$.

若将式（7-6-7）代入式（7-6-6），可得到一等效运动方程：

$$\rho\frac{\partial v}{\partial t}+Rv=-\frac{\partial p}{\partial x} \tag{7-6-9}$$

从数学形式上看，式（7-6-9）可类比考虑摩擦阻力时的质点振动方程. 同时，需要说明的

是,上式中 ρ 可看作有效质量密度,是原复质量密度的实部;R 称为细管的阻尼系数,即可看作等效力阻,是原复质量密度中虚部的分子部分.

我们还可以把复质量密度做归一化处理,即

$$\frac{\widetilde{\rho}}{\rho_0}=\frac{\rho}{\rho_0}+\frac{R}{\mathrm{j}\omega\rho_0} \tag{7-6-10}$$

式(7-6-10)中实部和虚部的数值变化规律如图 7-6-3 所示.

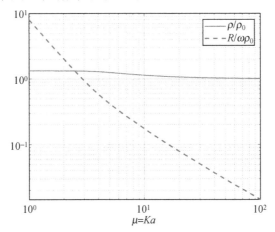

图 7-6-3　归一化复质量密度的实部、虚部

为了便于比较数值变化规律,图 7-6-3 中的横、纵轴都是对数坐标,其中横轴是 Ka 的取值.从图 7-6-3 中可以发现,归一化的复质量密度的虚部的数值变化范围要远大于其实部的数值变化范围.当声波的波长 λ 较长,即声波频率 f 较低或 Ka 值较小时,管口径为 a 的管子对于声波而言相当于细管($a\ll\lambda$),此时对应图中的虚部力阻很大,意味着细管中黏滞力带来的影响将非常显著,造成有效质量密度大于静态质量密度,即 $|\rho|>\rho_0$.从声源振动角度来说,可看作流体似乎"变重"了,更难驱动了.而当声波的波长 λ 较短,即声波频率 f 较高或 Ka 值较大时,管子此时可视作粗管,该区间内的虚部力阻很小,此时黏滞力带来的影响将微乎其微,导致有效质量密度接近于静态质量密度,即 $|\rho|\approx\rho_0$.

图 7-6-3 对应的 MATLAB 仿真代码如下:

```
%清空变量区并关闭所有图窗
clear;close all;

%设定各项参数初始数值
rho_0=1;
a=1;
eta=1;
omega=0:1:10000;
K=sqrt(rho_0.*omega./(j*eta));
Ka=K*a;
```

%复质量密度
rho_tilde＝rho_0*(1－2*besselj(1,Ka)./(Ka.*besselj(0,Ka))).^(－1);

%归一化复质量密度的实部
ratio＝real(rho_tilde)/rho_0;

%归一化复质量密度的虚部
R_ome_rho＝－imag(rho_tilde)/rho_0;

%画对数坐标系图
loglog(abs(Ka),ratio,'Linewidth',1.5);
hold on;
loglog(abs(Ka),R_ome_rho,'--','LineWidth',1.5);

%坐标轴及其他图例说明
xlabel('{\it\mu}＝{\itKa}');axis([0 100 0 10]);grid on;
legend('{\it\rho}/{\it\rho_{\rm0}}','{\itR}/{\it\omega\rho_{\rm0}}');

7.6.2　黏性流管的分类

根据式(7-6-3)的定义,有

$$K=\sqrt{\frac{\omega\rho_0}{\mathrm{j}\eta}}=\sqrt{\frac{\omega\rho_0}{\eta}}\cdot\mathrm{e}^{-\mathrm{j}\frac{\pi}{4}}=|K|\mathrm{e}^{-\mathrm{j}\frac{\pi}{4}}$$

此处我们定义一个新变量,称为边界层厚度(thickness of boundary layer),记为b,其定义式为

$$b=\frac{1}{|K|}=\sqrt{\frac{\eta}{\omega\rho_0}}=\sqrt{\frac{\nu}{\omega}} \tag{7-6-11}$$

式中,$\nu=\dfrac{\eta}{\rho_0}$,称为动态黏滞系数(dynamic viscosity),即为切变黏滞系数与静态密度之比.边界层厚度是流体动力学中引入的参量,其用于考量边界对流体运动的影响.从式(7-6-11)可以看出,边界层厚度b与声波自身频率和其所处的传播介质的密度都有关.例如,当频率$f=1\,000\,\mathrm{Hz}$时,空气边界层厚度为$0.05\,\mathrm{mm}$,而水中则为$0.013\,\mathrm{mm}$.可以看出,对于同一频率的声波,在同等尺寸的介质环境中,空气中的黏滞效应远大于水中情形.

从前面一节的分析中,可看出Ka是一个重要的参量,我们可将其表示为

$$Ka=\frac{a}{b}\mathrm{e}^{-\mathrm{j}\frac{\pi}{4}}=\mu\cdot\mathrm{e}^{-\mathrm{j}\frac{\pi}{4}} \tag{7-6-12}$$

式中,$\mu=\dfrac{a}{b}=|Ka|$.该值的大小反映了边界层对管中声波运动的影响,通常可将其用于黏性流管的分类.例如,当$\mu>10$,即$a>10b$时,为细管;当$1<\mu<10$,即$b<a<10b$时,为微孔管;当$\mu<1$,即$a<b$时,为毛细管,此时边界层其实已充斥整个管截面.需要说明的是,根据

之前的分析,粗管中的黏性可基本忽略,即可看作内部为理想流体,因此黏性流管主要考查的是细管、微孔管和毛细管这三种情况.

下面我们给出黏性流管归一化的复质量密度在毛细管($\mu<1$)和细管($\mu>10$)这两种情况下的渐近近似.首先,我们先补充一些关于第 n 阶贝塞尔函数 $J_n(x)$ 在 $x=0$ 处的近似结论.

(1) 当 $|z|<1$ 时,有

$$J_0(z)=1-\frac{1}{4}z^2+\frac{1}{64}z^4+o(z^6),\frac{2J_1(z)}{z}=1-\frac{1}{8}z^2+\frac{1}{192}z^4+o(z^6)$$

因此可知

$$\left[1-\frac{2J_1(z)}{z\cdot J_0(z)}\right]^{-1}\approx\left[1-\frac{1-\frac{1}{8}z^2+\frac{1}{192}z^4}{1-\frac{1}{4}z^2+\frac{1}{64}z^4}\right]^{-1}\approx\frac{4}{3}-\frac{8}{z^2}$$

(2) 当 $|z|>10$ 时,有

$$J_0(z)\approx\sqrt{\frac{2}{\pi z}}\cos\left(z-\frac{\pi}{4}\right),J_1(z)\approx\sqrt{\frac{2}{\pi z}}\sin\left(z-\frac{\pi}{4}\right)$$

因此可知

$$\left[1-\frac{2J_1(z)}{z\cdot J_0(z)}\right]^{-1}\approx\left[1-\frac{2}{\mathrm{j}z}\right]^{-1}\approx1+\frac{2}{\mathrm{j}z}$$

根据上述贝塞尔函数的近似结果,同时结合式(7-6-6)和式(7-6-12),我们可得到以下结论:

$$\frac{\widetilde{\rho}}{\rho_0}=\left[1-\frac{2J_1(Ka)}{Ka\cdot J_0(Ka)}\right]^{-1}\approx\begin{cases}\dfrac{4}{3}-\dfrac{8}{(Ka)^2}=\dfrac{4}{3}-\mathrm{j}\dfrac{8}{\mu^2}, & \mu<1\\[3mm]1+\dfrac{2}{\mathrm{j}Ka}=1+\dfrac{\sqrt{2}}{\mu}-\mathrm{j}\dfrac{\sqrt{2}}{\mu}, & \mu>10\end{cases} \tag{7-6-13}$$

分离上述归一化复质量密度的实部和虚部,可分别得到等效密度和等效力阻的近似式:

$$\frac{\rho}{\rho_0}=\begin{cases}\dfrac{4}{3}=1+\dfrac{1}{3}, & \mu<1,\\[3mm]1+\dfrac{\sqrt{2}}{\mu}, & \mu>10,\end{cases}\quad\frac{R}{\omega\rho_0}=\begin{cases}\dfrac{8}{\mu^2}=\dfrac{8}{\mu^2}\times1, & \mu<1\\[3mm]\dfrac{\sqrt{2}}{\mu}=\dfrac{8}{\mu^2}\times\dfrac{\sqrt{2}\mu}{8}, & \mu>10\end{cases} \tag{7-6-14}$$

为便于计算等效参数,我们对上述毛细管和细管的公式做类似插值操作的延拓,得到如下近似公式:

$$\frac{\rho}{\rho_0}=1+\frac{1}{\sqrt{3^2+\frac{1}{2}\mu^2}},\quad\frac{R}{\omega\rho_0}=\frac{8}{\mu^2}\sqrt{1+\frac{\mu^2}{32}} \tag{7-6-15}$$

这就是微孔管情形($1<\mu<10$)的近似公式.起初微孔管的理论结果由于其函数的复杂性,一直缺乏详细的讨论和计算量较小、适用于实际应用的简易近似计算式.我国著名声学泰斗马大猷院士在 20 世纪 60 年代便开始研究微穿孔吸声机构,巧妙地提出了式(7-6-15)中的近似结果,人称马大猷公式.数值仿真结果表明,该近似公式与精确公式相比,其误差不超过 6%,实际上在一定近似误差允许范围内,该公式也同时适用于所有 μ 值范围,如

图 7-6-4 所示.

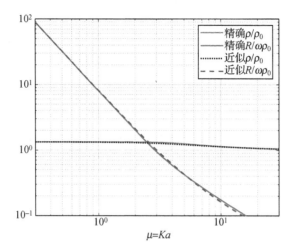

图 7-6-4　马大猷公式的近似误差效果

图 7-6-4 对应的 MATLAB 仿真代码如下：

```
% 清空变量区并关闭所有图窗
clear;close all;

% 等效密度和等效力阻的精确解
rho_0=1;
a=0.1;
eta=1;
omega=0:1:100000;
K=sqrt(rho_0.*omega./(j*eta));
Ka=K*a;
rho_tilde=rho_0*(1-2*besselj(1,Ka)./(Ka.*besselj(0,Ka))).^(-1);
ratio=real(rho_tilde)/rho_0;
R_ome_rho=-imag(rho_tilde)/rho_0;
loglog(abs(Ka),ratio,'LineWidth',1.5);
hold on;
loglog(abs(Ka),R_ome_rho,'LineWidth',1.5);

% 马大猷公式近似解,值分布从 0.3 到 30,同时考量了三种黏性流管的情形
mu=0.3:0.1:30;
rho_ratio=1+(sqrt(9+(mu.^2)/2)).^(-1);
R_ratio=8.*sqrt(1+(mu.^2)/32)./(mu.^2);
loglog(mu,rho_ratio,'k:','Linewidth',1.5);
loglog(mu,R_ratio,'--','Linewidth',1.5);
```

％ 图例说明 xlabel('{\it\mu}＝{\itKa}');grid on;

legend ('精确{\it\rho}/{\it\rho_{\rm0}}','精确{\itR}/{\it\omega\rho_{\rm0}}',

　　　　'近似{\it\rho}/{\it\rho_{\rm0}}','近似{\itR}/{\it\omega\rho_{\rm0}}');

axis([0.3 30 0.1 100]);

7.6.3　黏性流管中的波动方程及声衰减

前面我们已经通过对体积微元的分析,得到了稳态时的声波的运动方程,即

$$(R+\mathrm{j}\omega\rho)v=-\frac{\partial p}{\partial x} \tag{7-6-16}$$

而由质量守恒定律决定的连续性方程则不受黏性的影响,因此仍维持原先一维情形下的表达式不变,物态方程也无须修改. 在稳态时,将物态方程代入一维连续性方程后可得

$$\mathrm{j}\omega p+\rho_0 c_0{}^2\frac{\partial v}{\partial x}=0 \tag{7-6-17}$$

上述两式联立并消去质点速度 v 后,可得关于声压的波动方程为

$$\frac{\partial^2 p}{\partial x^2}+\widetilde{k}^2 p=0 \tag{7-6-18}$$

式中,$\widetilde{k}$ 称为复波数,其定义式为

$$\widetilde{k}^2=\left(\frac{\omega}{c}\right)^2\left(1+\frac{R}{\mathrm{j}\omega\rho}\right)=k^2\left(1+\frac{R}{\mathrm{j}\omega\rho}\right),\ c^2=\frac{\rho_0}{\rho}c_0{}^2 \tag{7-6-19}$$

下面我们来分析细管中的声衰减和频散(dispersion)现象. 首先看一下细管中的声速,其表达式可取如下近似:

$$c=c_0\sqrt{\frac{\rho_0}{\rho}}\approx c_0\sqrt{\frac{1}{1+\frac{\sqrt{2}}{\mu}}}\approx c_0\left(1-\frac{1}{\sqrt{2}\mu}\right)=c_0\left(1-\frac{b}{\sqrt{2}a}\right)=c_0 O(1) \tag{7-6-20}$$

由于式(7-6-20)中边界层厚度 b 与圆频率 ω 有关,因此黏性流管中的声速 c 也应与频率 f 有关,即 $c=c(f)$,这就是声学中的频散效应,可类比光学中的色散效应. 又因为是细管,从式中还可以看出,在细管环境下,由黏滞力带来的声速修正项其实是很小的,在一定程度上可忽略.

在细管前提下,有以下近似关系式成立,即

$$\frac{R}{\omega\rho}=\frac{R}{\omega\rho_0}\frac{\rho_0}{\rho}\approx\frac{\sqrt{2}}{\mu}\left(1+\frac{\sqrt{2}}{\mu}\right)^{-1}\approx\frac{\sqrt{2}}{\mu}\ll 1,\mu>10$$

此时复波数可近似为

$$\widetilde{k}=k\sqrt{1+\frac{R}{\mathrm{j}\omega\rho}}\approx k\left(1+\frac{R}{2\mathrm{j}\omega\rho}\right)=k-\mathrm{j}\alpha_\eta \tag{7-6-21}$$

式中,$\alpha_\eta=\frac{kR}{2\omega\rho}$,$k=\frac{\omega}{c}$. 因此,黏性流管中声压波动方程中的谐波解形式可表示为

$$p=p_\mathrm{a}\mathrm{e}^{\mathrm{j}(\omega t-\widetilde{k}x)}=p_\mathrm{a}\mathrm{e}^{\mathrm{j}\omega t}\mathrm{e}^{-\mathrm{j}(k-\mathrm{j}\alpha_\eta)x}=p_\mathrm{a}\mathrm{e}^{-\alpha_\eta x}\mathrm{e}^{\mathrm{j}(\omega t-kx)} \tag{7-6-22}$$

可以看到,式(7-6-22)中的指数项 $\mathrm{e}^{-\alpha_\eta x}$ 代表了声压复振幅幅度随着位置 x 的增加而逐渐减弱,因此将 α_η 称为声衰减系数. 而且,细管中有

$$\alpha_\eta \approx k\,\frac{1}{\sqrt{2}\mu} = k\,\frac{b}{\sqrt{2}a} \tag{7-6-23}$$

从式(7-6-23)可以看出,若管子越细、频率越高,则对应的声衰减系数越大,即意味着由黏滞产生的吸收效应就越显著.声衰减系数的倒数可看作波幅的衰减距离,而在细管中有

$$\alpha_\eta \ll k = \frac{2\pi}{\lambda} \;\rightarrow\; \lambda \ll \alpha_\eta^{-1} \tag{7-6-24}$$

式(7-6-24)说明,细管中传播的声波由于黏滞效应,其波幅会逐渐衰减,但其衰减距离要远大于波长.换句话说,细管中黏性所带来的相对于理想流管的修正是很小的,声衰减要经过很长一段传输距离后才会变得很明显.因此在短距离传输时,可一定程度上忽略某些声学参量的细管修正项.

接着,我们切换到毛细管环境下的声传播.当管子非常细,且满足条件 $\mu = |Ka| < 1$ 时,边界层几乎充满了整个管截面.当声波在毛细管中传播时,管内外热交换迅速,此时声波推动流体介质的稀疏与稠密过程基本可视为等温过程,而非绝热过程.因而,物态方程此时要修正为

$$p = c_T^2 \rho' \left(c_T = \frac{c_0}{\sqrt{\gamma}} \right) \tag{7-6-25}$$

式中,c_T 为等温声速,c_0 为绝热声速,γ 是比热容比.

而在毛细管前提下,有以下近似关系式成立,即

$$\frac{R}{\omega\rho} = \frac{R}{\omega\rho_0}\frac{\rho_0}{\rho} \approx \frac{8}{\mu^2}\left(\frac{4}{3}\right)^{-1} \approx \frac{6}{\mu^2} \gg 1$$

此时复波数可近似为

$$\tilde{k} = k - \mathrm{j}\alpha_\eta = \frac{\omega}{c}\sqrt{1 + \frac{R}{\mathrm{j}\omega\rho}} \approx \sqrt{\frac{\omega R}{\mathrm{j}\rho c^2}} = (1-\mathrm{j})\frac{\omega}{c_T}\sqrt{\frac{R}{2\omega\rho_0}} \approx (1-\mathrm{j})\frac{2}{\mu}k_T \tag{7-6-26}$$

式中,$k_T = \dfrac{\omega}{c_T}$.上式表明,毛细管中复波数的实部与虚部在数值上大小相等,即

$$k = \alpha_\eta = \frac{2}{\mu}\frac{\omega}{c_T} = \frac{2b\omega}{a}\frac{\sqrt{\gamma}}{c_0} = \frac{2}{ac_0}\sqrt{\frac{\omega\gamma\eta}{\rho_0}} \tag{7-6-27}$$

而波数 $k = \dfrac{2\pi}{\lambda}$,因此可知 $\lambda \sim \alpha_\eta^{-1}$,即波长与衰减距离处于同一数量级.这说明毛细管内声波在经历一个波长的传播距离后基本衰减殆尽了,可看作是一种扩散波(热扩散).换句话说,声波在毛细管环境中将遭遇到极大的声衰减,绝大部分声波机械能将在一个波长距离内转化为热能.因此,毛细管是一种理想的吸声结构.例如,超声波在大部分人体组织里衰减很快,若不加大声源功率,则超声信号难以深入到达体内深层次的位置,体表和体内分布众多的毛细血管就是造成这一现象的原因之一.从工程实践角度来看,实际生活中满足毛细管条件的管子在一般性的声学研究中是不易遇到的,不过一些如玻璃棉、羊毛毡等常见的多孔状吸声材料,其内部可看作是由诸多毛细管结构构成的.当声波在孔隙状材质中传播时,这些材料将近似表现出毛细管中的声学特性.

需要说明的是,通常来说,一种好的吸声材料需要满足两方面的要求:一是材料的特性阻抗要尽量与周围介质的特性阻抗相接近,这样可以使入射到材料上的声波尽可能地减少

反射,从而最大化地透射;二是透射到材料的声波应尽可能在较短距离内受到较强的衰减或吸收.一般来说,多孔隙状的材料能较好地满足这两点要求.

7.6.4　黏性流管中的声阻抗

设有一均匀短管,其横截面积为 S,管长为 l,且 $l \ll \lambda$. 当考虑黏滞效应时,管内声波遵循的运动方程如式(7-6-6),我们将其两边求积分,即

$$\int_0^l \mathrm{j}\omega \, \tilde{\rho} v \mathrm{d}x = -\int_0^l \frac{\partial p}{\partial x} \mathrm{d}x$$

由于该短管的管长远小于波长,因此该短管内流体可看作一整体性运动的质点,即在 $(0,l)$ 范围内,速度 v 可看作是一与位置 x 无关的常数项.因此方程左侧为

$$\int_0^l \mathrm{j}\omega \, \tilde{\rho} v \mathrm{d}x = \mathrm{j}\omega \, \tilde{\rho} v l = (R + \mathrm{j}\omega\rho)l \frac{U}{S}$$

方程右侧则为

$$-\int_0^l \frac{\partial p}{\partial x} \mathrm{d}x = p \big|_{x=0} - p \big|_{x=l} = \Delta p$$

将上述两式中的结果代入短管的声阻抗定义式,有

$$Z_{\mathrm{a}} = \frac{\Delta p}{U} = \frac{l}{S}(R + \mathrm{j}\omega\rho) = R_{\mathrm{a}} + \mathrm{j}\omega M_{\mathrm{a}} = \mathrm{j}\omega \widetilde{M}_{\mathrm{a}} \tag{7-6-28}$$

式中,$R_{\mathrm{a}} = \dfrac{l}{S}R$,为黏性短管的等效阻尼系数;$M_{\mathrm{a}} = \dfrac{\rho l}{S}$,为黏性短管的等效声质量;另一参量 $\widetilde{M}_{\mathrm{a}} = \dfrac{\tilde{\rho} l}{S}$ 则为等效复声质量. 上述声阻抗表达式在细管($\mu > 10$)和毛细管($\mu < 1$)两种情形中有如下近似式:

$$Z_{\mathrm{a}} = \omega M_{\mathrm{a}0}\left(\frac{R}{\omega \rho_0} + \mathrm{j}\frac{\rho}{\rho_0}\right) = \begin{cases} \left(\dfrac{8}{\mu^2} + \mathrm{j}\dfrac{4}{3}\right)\omega M_{\mathrm{a}0}, & \mu < 1 \\[3mm] \left[\dfrac{\sqrt{2}}{\mu} + \mathrm{j}\left(1 + \dfrac{\sqrt{2}}{\mu}\right)\right]\omega M_{\mathrm{a}0}, & \mu > 10 \end{cases} \tag{7-6-29}$$

式中,$M_{\mathrm{a}0} = \dfrac{\rho_0 l}{S}$ 是不存在黏性效应的理想流体的短管声质量.

最后,我们看一下微孔管($1 < \mu < 10$)中的声阻抗,为便于理论联系实际,此处以微孔管理论最常受到广泛应用的穿孔(perforated)板来举例. 这种建筑声学中常用的材料有一个额外的几何参数,称为穿孔率或孔隙率(porosity),记为 σ,其代表了单位面积内孔隙的占有率.

设单个微孔管的管面积为 S,对于厚度为 l 的穿孔板而言,其单管声阻抗可表示为

$$Z_{\mathrm{a}} = \mathrm{j}\omega \widetilde{M}_{\mathrm{a}} \quad \left(\widetilde{M}_{\mathrm{a}} = \frac{\tilde{\rho} l}{S}\right)$$

若穿孔板单位面积里有 N 根管,则 $\sigma = NS$. 通过声-电类比分析法,我们可发现这 N 根微孔管相当于并联,因此我们可得到穿孔板单位面积的声阻抗,此即板的声阻抗率:

$$z_{\mathrm{s}} = \frac{Z_{\mathrm{a}}}{N} = \mathrm{j}\omega \frac{\tilde{\rho} l}{\sigma} = \omega \frac{\rho_0 l}{\sigma}\left(\frac{R}{\omega \rho_0} + \mathrm{j}\frac{\rho}{\rho_0}\right) \tag{7-6-30}$$

因为是微孔板,适用于马大猷公式,故可将式(7-6-15)代入式(7-6-30),从而获得较为

精确的近似解.因数值求解不是本书的重点,故此处不再赘述.

7.7　声波导及其边值问题

在前面章节的分析中,绝大部分时候我们都假设了入射声波为平面波,这种行波的波形性质最为简易.但在自由空间中,通常的声源都是全向性的,即声源向外辐射的大多是波阵面逐渐发散的球面波.若要获得较纯粹的平面波,该如何产生? 另外,若将声辐射约束在管道环境中,自然管的形状、尺寸及管壁材质都将对管中声场的性质产生影响,复杂管道内声波的传播又具备哪些独特的性质? 要回答这些问题,都需要对声波的导管理论做一番研究,这就是声波导问题.为分析简便起见,我们重点介绍两种最常见的声波导几何体:矩形波导和圆形波导,同时假定这些波导的管壁是刚性的.

设三维空间中有一声波导管,如图 7-7-1 所示.

图 7-7-1　三维空间中的声波导管

其内部声场应满足声波波动方程的三维表达形式,即

$$\nabla p - \frac{1}{c_0{}^2}\frac{\partial^2 p}{\partial t^2} = 0 \tag{7-7-1}$$

当稳态时,波导内的稳态声场分布解可表示为

$$p(\boldsymbol{r},t) = A\Phi(x,y)\mathrm{e}^{\mathrm{j}(\omega t - k_z z)} \tag{7-7-2}$$

式中,$\Phi(x,y)$ 是横向声场分布项,其表示声波在 xy 平面上的分布情况:若为平面波,代表声压幅值在波导管横截面上为一常数,即波阵面与横截面重合;若为非平面波,说明声压在波导管横截面上分布不均匀,其具体分布情况由 $\Phi(x,y)$ 决定.

假设波导管的管壁是刚性的,而刚性边界条件意味着声压在此处的法向导数为零,即法向速度为零:

$$\frac{\partial p}{\partial n}\bigg|_{\Gamma} = 0$$

将式(7-7-2)中的稳态声场表达式代入三维波动方程和刚性边界条件,可得到 $\Phi(x,y)$ 所需要满足的方程条件,即对应横向声场分布 Φ 的二维边值问题,其表示如下:

$$\nabla_{\perp}{}^2 \Phi + k_{\perp}{}^2 \Phi = 0, \quad \frac{\partial \Phi}{\partial n}\bigg|_{\Gamma} = 0 \tag{7-7-3}$$

式中,$\nabla_{\perp}{}^2 = \dfrac{\partial^2}{\partial x^2} + \dfrac{\partial^2}{\partial y^2}$,$k_{\perp}{}^2 + k_z{}^2 = \dfrac{\omega^2}{c_0{}^2}$,证明过程如下:

证明　三维波动方程在稳态时可表示为

$$\left(\frac{\partial^2}{\partial x^2} + \frac{\partial^2}{\partial y^2} + \frac{\partial^2}{\partial z^2}\right)p - \frac{1}{c_0{}^2}(\mathrm{j}\omega)^2 p = 0$$

将 $p(\boldsymbol{r},t) = A\Phi(x,y)\mathrm{e}^{\mathrm{j}(\omega t - k_z z)}$ 代入上式后,得

$$A\mathrm{e}^{\mathrm{j}(\omega t - k_z z)}\left(\frac{\partial^2}{\partial x^2} + \frac{\partial^2}{\partial y^2}\right)\Phi + A\Phi(-\mathrm{j}k_z)^2\mathrm{e}^{\mathrm{j}(\omega t - k_z z)} + \frac{\omega^2}{c_0{}^2}A\Phi\mathrm{e}^{\mathrm{j}(\omega t - k_z z)} = 0$$

两边约去公因子后,得

$$\left(\frac{\partial^2}{\partial x^2} + \frac{\partial^2}{\partial y^2}\right)\Phi - k_z{}^2\Phi + k^2\Phi = 0$$

即

$$\mathbf{\nabla}_{\perp}{}^2\Phi + k_{\perp}{}^2\Phi = 0$$

得证.

根据数理方法理论,我们可知求解式(7-7-3)二维边值方程后所得的解,即为本征函数解 $\Phi = \Phi_{mn}$,对应的本征值波数为 $k_{\perp} = k_{mn}$.换句话说,无论是 Φ 还是 k,都只能取到特定的值,而这些值将由边界条件决定.若本征值和本征函数解均已确定,则声压的简正模式也确定了,其第 (m,n) 模式可表示为

$$p_{mn}(\boldsymbol{r},t) = A_{mn}\Phi_{mn}(x,y)\mathrm{e}^{\mathrm{j}(\omega t - k_{z,mn}z)} \tag{7-7-4}$$

式中,$k_{z,mn}{}^2 = k^2 - k_{mn}{}^2$.

7.7.1 矩形管和柱形管的简正模式

下面我们给出矩形管的简正模式.假设有一矩形声波导管,其管壁是刚性的,xy 平面上的管截面的几何尺寸分别为 l_x 和 l_y,如图 7-7-2 所示.

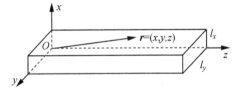

图 7-7-2 矩形声波导管

此时的管截面上第 (m,n) 模式的声场分布项 $\Phi(x,y)$ 可表示为

$$\Phi_{mn}(x,y) = \frac{2\cos(k_{x,m}x)\cos(k_{y,n}y)}{\sqrt{(1+\delta_{m0})(1+\delta_{n0})}} \quad \left(\iint_S \Phi_{mn}\Phi_{m'n'}\,\mathrm{d}S = l_x l_y \delta_{mn'}\delta_{nn'}\right) \tag{7-7-5}$$

式中,$k_{x,m} = \dfrac{m\pi}{l_x}$ 是 x 轴向上的本征值,$k_{y,n} = \dfrac{n\pi}{l_y}$ 是 y 轴向上的本征值,$k_{mn}{}^2 = k_{x,m}{}^2 + k_{y,n}{}^2$.将式(7-7-5)代入式(7-7-4),即可得矩形导管内的声压场简正模式.

若将矩形管口换成半径为 a 的圆形,则变为柱形波导管,其内部的声压场简正模式可表示为

$$p_{mn} = A_{mn}\cos(m\theta - \varphi_m)J_m(k_{mn}r)\mathrm{e}^{\mathrm{j}(\omega t - z\sqrt{k^2 - k_{mn}{}^2})} \tag{7-7-6}$$

式中,$\omega_{mn} = k_{mn}c_0$,$k_{mn} = \dfrac{z_{mn}}{a}$.简正模式对应的本征值 z_{mn} 满足以下方程.

$$\begin{cases} J_1(z_{0n}) = 0, & m = 0 \\ J_{m-1}(z_{mn}) = J_{m+1}(z_{mn}), & m > 0 \end{cases} \tag{7-7-7}$$

7.7.2 截止频率和行波简正模式

波导管的声场可以看作无数个简正模式的叠加,而波导截面通常是一个二维平面,意味

着简正模式解中的横向声场分布项 Φ 是一个二维解，故确定一个具体的模态需要两个下标。前面得到的式(7-7-4)即对应第 (m,n) 模式，该方程基本类似于膜中的振动模式，唯一的区别是波导管中用于确定横向声场分布项的边界条件是声压在刚性管壁上的法向导数为零，而膜振动的边界条件是固定膜在边界处的位移为零。

每一个简正模式都对应一个简正频率，因此第 (m,n) 模式对应的简正频率可表示为

$$f_{mn}=\frac{c_0}{2\pi}k_{mn}\,(m,n=0,1,2,\cdots) \tag{7-7-8}$$

并且，仅当 $f>f_{mn}(k>k_{mn})$，即 $k_{z,mn}$ 存在实数解时，z 轴向上存在 (m,n) 模式的行波解。我们将波导管中除 $(0,0)$ 模式之外的最低简正频率定义为波导管的截止频率，即

$$f_{\text{cutoff}}=\min_{(m,n)\neq(0,0)}f_{m,n} \tag{7-7-9}$$

需要说明的是，$(0,0)$ 模式中横向截面上的简正波数 $k_{00}=0$，则有 $k_{z,00}=k=\dfrac{\omega}{c_0}$，对应的 Φ_{00} 是一与横截面坐标无关的常数，即横向声场分布此时在管截面上是均匀的，即 $(0,0)$ 模式对应的声场可表示为

$$p_{00}(\boldsymbol{r},t)=A_{00}\mathrm{e}^{\mathrm{j}(\omega t-k_{z,00}z)}=A_{00}\mathrm{e}^{\mathrm{j}(\omega t-kz)} \tag{7-7-10}$$

显然此 $(0,0)$ 模式即沿 z 轴方向波阵面为平面的一维平面波，且此平面波的简正频率为零。若声源频率小于波导管的截止频率，即 $f<f_{\text{cutoff}}$，所有非 $(0,0)$ 模式的高次波 $[(m,n)\neq(0,0)]$ 都不存在有效的行波解，即无法传播；而因为 $(0,0)$ 模式中 $f_{00}=0$，所以只要有声源存在，任何频率都总是大于0，故此时管中只能存在唯一的 $(0,0)$ 次平面波。换句话说，要获得纯粹的平面声波，可以将声源放入一特殊设计的声波导管，要求该波导管的几何尺寸设计对应的截止频率 f_{cutoff} 高于声源工作频率 f，即满足以下条件：

$$0=f_{00}<f<f_{\text{cutoff}} \tag{7-7-11}$$

因为当 $f<f_{mn}$ 时，有

$$k_{z,mn}=\pm\mathrm{j}\kappa_{mn}\,(\kappa_{mn}{}^2=k_{mn}{}^2-k^2)$$

而对应声场的表达式变为

$$p_{mn}=A_{mn}\Phi_{mn}\mathrm{e}^{\pm\kappa_{mn}z}\mathrm{e}^{\mathrm{j}\omega t} \tag{7-7-12}$$

式(7-7-12)说明波导管中的 (m,n) 模式是非传播解，该类模式下声场沿 z 轴指数增长或衰减，表现为一条逝波，这种高次模式只存在于波导管的两端开口附近，仅在小于 $\kappa_{mn}{}^{-1}$ 的范围内。例如，沿着 z 轴正向，当 $z>\kappa_{mn}{}^{-1}$ 时，有 $p_{mn}\approx0$。综上所述，此时波导管内将仅有 $(0,0)$ 模式的平面行波能够传播。

前面分析了管中平面声波的获得，这种 $(0,0)$ 模式的声波我们已经较为熟悉了。现在我们来探讨一下高次行波模式，为便于分析，我们先以一维矩形波导管为例。假定，管中存在第 $(m,0)$ 模式的行波解，则对应声场可表示为

$$p_{m0}(\boldsymbol{r},t)=A_m{}'\cos(k_{x,m}x)\mathrm{e}^{\mathrm{j}(\omega t-k_{z,m}z)} \tag{7-7-13}$$

式中，$k_{z,m}=\sqrt{k^2-k_{x,m}{}^2}$。从式(7-7-13)可以发现，其沿 z 轴存在可传播的行波解，而横向声场分布项 $\Phi_{m0}=\cos(k_{x,m}x)$，其沿 x 方向有分布，而在 y 方向上是均匀的，即可认为声场在垂直于 z 轴向上是驻波形式。在此，我们定义一对互相对称的波矢量，其数学表达式为

$$\boldsymbol{k}_m^{\pm}=(\pm k_{x,m},k_{z,m})=k(\pm\cos\theta,\sin\theta)\ \left(\cos\theta=\frac{k_{x,m}}{k},\sin\theta=\frac{k_{z,m}}{k}\right) \qquad (7\text{-}7\text{-}14)$$

式中, θ 可看作壁面上的入射角, 这对波矢量如图 7-7-3 所示.

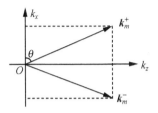

图 7-7-3　互相对称的波矢量

根据欧拉公式, 再结合刚才定义的波矢量, 式(7-7-13)还可表示为

$$p_{m0}(\boldsymbol{r},t)=A_m{}'\frac{\mathrm{e}^{\mathrm{j}k_{x,m}x}+\mathrm{e}^{-\mathrm{j}k_{x,m}x}}{2}\mathrm{e}^{\mathrm{j}(\omega t-k_{z,m}z)}=\frac{A_m{}'}{2}\left[\mathrm{e}^{\mathrm{j}(\omega t-k_m^+\cdot\boldsymbol{r})}+\mathrm{e}^{\mathrm{j}(\omega t-k_m^-\cdot\boldsymbol{r})}\right] \quad (7\text{-}7\text{-}15)$$

通过式(7-7-15)可以发现, $(m,0)$ 模式可表示为两个对称方向传播的行波之和, 如图 7-7-4 所示.

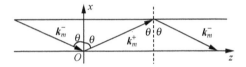

图 7-7-4　 $(m,0)$ 模式行波

下面我们进一步深入分析二维矩形波导管中的高次行波模式. 第 (m,n) 模式的行波解可表示为以下形式:

$$p_{mn}(\boldsymbol{r},t)=A_{mn}{}'\cos(k_{x,m}x)\cos(k_{y,n}y)\mathrm{e}^{\mathrm{j}(\omega t-\sqrt{k^2-k_{mn}{}^2}\cdot z)} \qquad (7\text{-}7\text{-}16)$$

通过分析式(7-7-16)中的横向声场分布项可知, 在 xy 平面上, 其呈现为一种二维驻波形式. 依照分析一维情况时的思路, 我们在此定义四个波矢量, 如图 7-7-5 所示, 其形式为

$$\boldsymbol{k}_{mn}^{(\pm,\pm)}=\left(\pm k_{x,m},\pm k_{y,n},\sqrt{k^2-k_{mn}{}^2}\right),\ \|\,\boldsymbol{k}_{mn}^{(\pm,\pm)}\,\|=k \qquad (7\text{-}7\text{-}17)$$

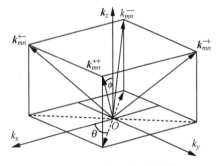

图 7-7-5　对称的四波矢量

则第 (m,n) 模式可写成四个行波项之和, 即

$$p_{mn}(\boldsymbol{r},t)=\frac{A_{mn}{}'}{4}\sum_{\pm,\pm}\mathrm{e}^{\mathrm{j}(\omega t-k_{mn}^{(\pm,\pm)}\cdot\boldsymbol{r})}$$

图 7-7-6 和图 7-7-7 分别给出了矩形波导管和柱形波导管中的几种常见的简正模式图.

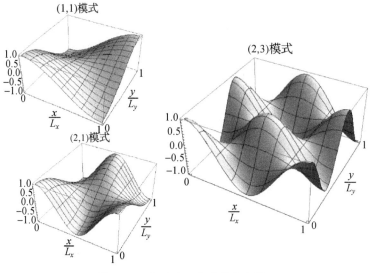

图 7-7-6　矩形波导管中的高次模式

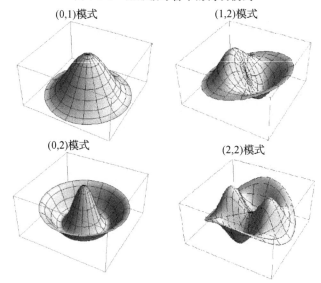

图 7-7-7　柱形波导管中的高次模式

需要说明的是,图 7-7-7 中左侧两图 ($m=0$) 为对称模式分布,右侧两图 ($m\neq0$) 为非对称模式分布.

理论上来说,第 (m,n) 模式仅为波导管中的一个振动模式,而波导中的总声场则应该是所有可能模式的叠加,即一般声场的分布可表示为

$$\begin{cases} p(\boldsymbol{r},t) = \rho_0 c_0 \displaystyle\sum_{m,n=0}^{\infty} A_{mn} \Phi_{mn}(x,y) \mathrm{e}^{\mathrm{j}(\omega t - k_{z,mn}\cdot z)} \\ v_z(\boldsymbol{r},t) = \displaystyle\sum_{m,n=0}^{\infty} B_{mn} \Phi_{mn}(x,y) \mathrm{e}^{\mathrm{j}(\omega t - k_{z,mn}\cdot z)} \end{cases} \tag{7-7-18}$$

式中,$B_{mn}=\dfrac{k_{z,mn}}{k}A_{mn}$. 假设波导管口有一位于 xy 平面、沿 z 轴方向做简谐运动的活塞,其振速为 $u(x,y)\mathrm{e}^{\mathrm{j}\omega t}$,如图 7-7-8 所示.

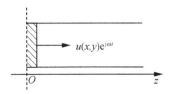

图 7-7-8　波导管端面辐射示意图

根据质点速度连续的边界条件,可知管口端面($z=0$)处声场的质点振速应等于活塞的振速,即

$$v_z\big|_{z=0}=u(x,y)\mathrm{e}^{\mathrm{j}\omega t}$$

将这一端面声辐射边界条件代入式(7-7-18),经化简整理后可得定解:

$$B_{mn}=\frac{1}{S}\iint_S \Phi_{mn}^* \cdot u(x,y)\mathrm{d}x\mathrm{d}y \tag{7-7-19}$$

通过求解式(7-7-19),可逐一反推得到 A_{mn} 和 $p(\boldsymbol{r},t)$. 而式(7-7-19)中的 $\Phi_{mn}^* \cdot u(x,y)$ 可看作活塞振速在第(m,n)模式本征函数上的投影分量,若该分量为零,则相应的 B_{mn} 和 A_{mn} 都为零,意味着第(m,n)模式不存在或无法传播.

前面我们已经知晓,平面声波即为第($0,0$)模式,对应的振速 $u(x,y)$ 应为一常数. 若要求只激发出平面声波,即要求波导管内的声场满足以下条件:

$$\begin{cases}B_{00}\neq 0\\ B_{mn}=0 \quad [(m,n)\neq(0,0)]\end{cases} \tag{7-7-20}$$

式(7-7-20)提供了另一种获得纯粹平面声波的思路. 之前的求解截止频率的方法通常对声源的频率有要求,这意味着波导管中的声波要满足长波条件,即低频、长波长,且波长要远大于管口径;此处的方法则无频率限制,但对于声源本身则有附加要求,即需要振源活塞的振速 $u(x,y)$ 在整个 xy 平面上必须为一与坐标无关的常数.

7.7.3　相速度和群速度

当声波在波导管中传播时,其频率由声源决定. 对于该声波中所包含的不同简正模式波,其各模式的频率都相同,但各模式对应的 z 轴向上的波数 k_z 是不同的,由于波速 $c_z=\dfrac{\omega}{k_{z,mn}}$,因此不同的简正波的声速将不同.

在无限大空间中自由传播的声波速度是一个与频率无关的常数,但在波导管中,由于刚性管壁的约束,声波是不自由的,因此其传播速度将有别于自由空间,尤其是针对高次波. 前面已经提过,高次波可看作是与一系列管轴成一固定夹角传播的平面波的叠加. 假设有一斜向传播的高次波,其传播方向用 AB 表示,波阵面是与其垂直的平面,如图 7-7-9 所示.

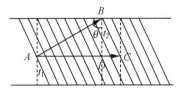

图 7-7-9　波导管中的相速度

图 7-7-9 中,平面声波在 t_1 时刻从 A 点开始传播,经过一段时间后,在 t_2 时刻到达 B 点,

该过程中声波波速为 c_0，而与此同时，原相平面中的 A 点现已移动到了 C 点处，该行波相位移动的速度被称为相速度，记为 c_p，其定义式为

$$c_p = \frac{\omega}{k_{z,mn}} = \frac{\omega}{k\sin\theta} = \frac{c_0}{\sin\theta} = \frac{c_0}{\sqrt{1-\left(\dfrac{c_0 k_{mn}}{\omega}\right)^2}} \tag{7-7-21}$$

式（7-7-21）中需要说明的有两点：一是相速度是频率的函数，不同频率的相速度不同，这种相速与频率有关的现象，即为之前讨论过的频散效应，又称为声色散或声频散，一般自由空间中的声速与频率无关，故称它为非色散介质；二是因 $\sin\theta \leqslant 1$，故有 $c_p \geqslant c_0$，即从数值上来说，相速度要大于声速，并且当入射角 θ 趋近于零时，根据式（7-7-21）可知，$c_p \to \infty$，即相速度趋于无穷大. 这看上去貌似违背了爱因斯坦相对论的前提，即超越了光速这一限制，但是相速度本身并不反映能量的实际传播情况. 由于声波是沿着波束方向（$A \to B$）前进的，但壁面反射致使途径曲折，实际上声波中携带的声能量沿管轴方向传播的距离仅为 AD，我们由此定义高次波的能量传播速度为群速度，记为 c_g，其定义式为

$$c_g = \frac{\partial\omega}{\partial k_z} = c_0\left(\frac{\partial k_z}{\partial k}\right)^{-1} = c_0\sin\theta = c_0\sqrt{1-\left(\frac{k_{mn}}{k}\right)^2} \tag{7-7-22}$$

可以很容易看出，$c_g \leqslant c_0$，该项反映了实际上的能量传播速度，且其不会超越光速，故我们的分析推导并未违反相对论. 综上所述，声速 c_0、相速度 c_p 和群速度 c_g 三者的数值关系为

$$c_g \leqslant c_0 \leqslant c_p$$

当且仅当波导管中存在沿管轴自由行进的 $(0,0)$ 次平面波时，三者数值上均相等.

声　辐　射

　　我们知道,声波是由物体振动所产生的,前面章节已经分析了这些已被激发生成的声波在不同介质环境中的传播特性,本章我们来讨论声波与声源本身的振动状态之间的联系,即声源的辐射特性问题.通常,声辐射主要涉及两方面内容:一是研究当声源振动时辐射声场的各种性质特点,如声压随距离的变化关系、声源的空间指向性问题等;二是研究由声源激发起的声场反过来对声源振动状态的影响,即由声辐射效应产生并附加于声源的辐射阻抗问题.

　　需要指出的是,实际声源的形状多种多样,如人嘴、扬声器纸盆等,从数学上严格求解这些不规则形状声源产生的具体声场是非常困难的,为降低数值处理难度,我们需要对实际声源做一定的抽象简化建模处理,即在一定误差允许范围内,将其近似看作理想平面、柱面或球面等理论声源模型,从而可以在揭示声辐射基本规律的同时,尽量回避过多繁重的数值计算.

8.1　脉动球源的辐射

　　脉动球源是指在进行着均匀膨胀、压缩振动的球面声源,球源表面上各质点沿着径向做同振幅、同相位的往复运动.这种单一的理想声源在实际生活中很少遇到,但通过组合多个小脉动球源可组成任意复杂的线声源或面声源,所以对这种单点球源进行讨论和分析还是很有必要的.

8.1.1　球面波

　　声学研究中最常涉及的三种基本波形分别为平面波、球面波和柱面波.关于平面波的分析前面已经分析得较为深入了,柱面波与球面波则有很多相似点,限于本书的定位和版面篇幅,在此我们把重点放在球面波上.

　　球面波具有球对称性,即其速度势 Φ 与球坐标系中的夹角 θ 或 φ 都无关,即

$$\Phi(r,\theta,\varphi,t)=\Phi(r,t) \tag{8-1-1}$$

　　相应的声压 p 也有类似结论.速度势的波动方程如下:

$$\mathbf{V}^2\Phi-\frac{1}{c_0^2}\frac{\partial^2\Phi}{\partial t^2}=0 \tag{8-1-2}$$

式中,拉普拉斯算子 $\mathbf{V}^2$ 在球坐标系中可表示为

$$\mathbf{V}^2 = \frac{1}{r^2}\frac{\partial}{\partial r}\left(r^2\frac{\partial}{\partial r}\right) + \frac{1}{r^2\sin\theta}\frac{\partial}{\partial\theta}\left(\sin\theta\frac{\partial}{\partial\theta}\right) + \frac{\partial^2}{\partial\varphi^2}\frac{1}{r^2\sin^2\theta} \xrightarrow{\text{球对称性}} \frac{1}{r^2}\frac{\partial}{\partial r}\left(r^2\frac{\partial}{\partial r}\right)$$

则具有球对称性的球面波速度势对应的波动方程式(8-1-2)在球坐标系中可改写为

$$\frac{1}{r^2}\frac{\partial}{\partial r}\left(r^2\frac{\partial\Phi}{\partial r}\right) = \frac{1}{c_0{}^2}\frac{\partial^2\Phi}{\partial t^2} \tag{8-1-3}$$

为便于求解上述方程,在此引入一变量替换,令

$$\Phi(r,t) = \frac{\phi(r,t)}{4\pi r} \tag{8-1-4}$$

将其代入式(8-1-3)后,可得

$$\frac{\partial^2\phi}{\partial r^2} = \frac{1}{c_0{}^2}\frac{\partial^2\phi}{\partial t^2} \tag{8-1-5}$$

可以看到,式(8-1-5)在数学形式上类似于一维声波动方程,只是表示空间位置的变量不再是一维管道中的轴向坐标 x,而是变为了径向坐标 r. 根据之前一维声波波动方程的求解结果,我们现在推断式(8-1-5)对应的解应具有以下形式:

$$\phi = \phi(c_0 t \mp r) \tag{8-1-6}$$

上述表达式代表了两个相向传播的行波,其中 $\phi(c_0 t - r)$ 代表了由球心向外辐射的声行波,而 $\phi(c_0 t + r)$ 则代表了由外围向球心汇聚的行波. 上述解确定后,相应的速度势、声压及径向速度解都可相继推得:

$$\begin{cases} \Phi = \dfrac{\phi(c_0 t \mp r)}{4\pi r} \\[2mm] p = \rho_0 \dfrac{\partial\Phi}{\partial t} = \rho_0 c_0 \dfrac{\phi'(c_0 t \mp r)}{4\pi r} \\[2mm] v_r = -\dfrac{\partial\Phi}{\partial r} = \pm\dfrac{p}{\rho_0 c_0} + \dfrac{\phi(c_0 t \mp r)}{4\pi r^2} \end{cases} \tag{8-1-7}$$

8.1.2　简谐球面行波

因为本章关注声辐射,所以后续我们只讨论从球心向外的球面行波. 若该沿径向传播的球面波是一简谐行波,即速度势满足的波动方程的解可表示为

$$\phi(c_0 t - r) = A e^{j(\omega t - kr)} , \Phi = \frac{A}{4\pi r}e^{j(\omega t - kr)} = \frac{A}{4\pi r}e^{jk(c_0 t - r)} \tag{8-1-8}$$

从式(8-1-8)可以看出球面波沿径向传播的速度也是 c_0. 同时相应的声压和径向速度分别为

$$p = \rho_0\frac{\partial\Phi}{\partial t} = jk\rho_0 c_0 \Phi \tag{8-1-9}$$

$$v_r = -\frac{\partial\Phi}{\partial r} = \left(1 + \frac{1}{jkr}\right)jk\Phi = \left(1 + \frac{1}{jkr}\right)\frac{p}{\rho_0 c_0} \tag{8-1-10}$$

特别地,当 $kr \to \infty$ 时,径向速度近似为 $v_r|_{kr\to\infty} \approx \dfrac{p}{\rho_0 c_0}$,即当传播距离非常远时,球面波的径向速度和声压的关系式与平面波时基本相同,这意味着满足远场条件时,可将球面波近似看作平面波来处理.

当声压和径向速度确定后,我们即可得到径向上的声阻抗率:

$$z_s = \frac{p}{v_r} = \frac{\rho_0 c_0}{1 + \frac{1}{\mathrm{j} k r}} = \rho_0 c_0 \cos\varphi \, \mathrm{e}^{\mathrm{j}\varphi} \tag{8-1-11}$$

式中, $\varphi = \mathrm{arccot}(kr)$. 可以看到球面波的径向声阻抗率在近场时通常是一复数量, 有相应的实部和虚部. 我们考虑两种极端情形: 一是当满足远场条件, 即 $kr \to \infty$ 时, $z_s |_{r \to \infty} \approx \rho_0 c_0$, 此时球面波的径向声阻抗率与平面波时相同, 且为一固定实数量; 二是当满足近场条件, 即 $kr \to 0$ 时, 有 $z_s \approx \mathrm{j}\rho_0 c_0 \cos\varphi$, 即径向声阻抗率近似为一纯抗, 代表了此时辐射效率很低, 绝大部分能量驻留在声源表面附近区域, 无法有效辐射到外部空间.

我们还可以进一步求得球面波的径向声强, 其值为

$$I_r = \frac{1}{2} \mathrm{Re}[p^* v_r] = \frac{1}{2} |p|^2 \mathrm{Re}\left[\frac{1}{z_s}\right] = \frac{1}{2\rho_0 c_0} |p|^2 \tag{8-1-12}$$

式 (8-1-12) 看上去形式上与平面波声强计算式相同, 但要注意的是, 此时式中的 p 是球面波声压, 其与径向位置 r 有关, 其模为

$$|p| = k\rho_0 c_0 |\Phi| = k\rho_0 c_0 \frac{|A|}{4\pi r} \tag{8-1-13}$$

将式 (8-1-13) 代入式 (8-1-12), 得

$$I_r = \frac{\rho_0 c_0 k^2}{2} \left(\frac{|A|}{4\pi r}\right)^2 \tag{8-1-14}$$

可见球面波的径向声强与球面半径平方的倒数成正比, 即 $I_r \propto r^{-2}$. 若对式 (8-1-14) 求解球面积分, 则可得到半径为 r 的球面上的总辐射功率为

$$W_r = \oiint_S I_r \mathrm{d}S = 4\pi r^2 I_r = \frac{\rho_0 c_0 k^2 |A|^2}{8\pi} \tag{8-1-15}$$

从式 (8-1-15) 中可以看出, 球面上的辐射功率是一与半径 r 无关的常数, 这意味着在不考虑热损耗的理想前提下, 在任意一个半径为 r 的球面上, 单位时间内流过的声功率是一个固定值, 这即是能量守恒定律的体现.

最后, 我们来看一下简谐球面声波的平均声能密度. 根据其定义式, 有

$$\varepsilon = \frac{1}{4}\rho_0 |v_r|^2 + \frac{1}{4}\beta_0 |p|^2 = \frac{1}{2}\beta_0 |p|^2 + \frac{1}{4(kr)^2}\beta_0 |p|^2 = \varepsilon_r + \varepsilon_{nr} \tag{8-1-16}$$

式中, ε_r 为辐射声能密度, 其定义式为

$$\varepsilon_r = \frac{1}{2}\beta_0 |p|^2 = \frac{I_r}{c_0} \tag{8-1-17}$$

若对其求球面积分, 可得

$$E_r = \oiint_S \varepsilon_r \mathrm{d}S = 4\pi r^2 \varepsilon_r = \frac{\rho_0 k^2 |A|^2}{8\pi} = \text{常量} \tag{8-1-18}$$

这和之前得到的辐射出去的总声能守恒的结论是一致的. 而式 (8-1-16) 中的 ε_{nr} 则是非辐射声能密度, 其表达式为

$$\varepsilon_{nr} = \frac{1}{4(kr)^2}\beta_0 |p|^2 = \frac{\varepsilon_r}{2(kr)^2} \tag{8-1-19}$$

同样对其求球面积分, 有

$$E_{nr} = \oiint_S \varepsilon_{nr} \mathrm{d}S = \frac{E_r}{2(kr)^2} \neq \text{常量} \tag{8-1-20}$$

从式(8-1-20)可以看到,非辐射声能与半径 r 有关,并非一固定常数,且越靠近球心位置,非辐射声能越强,意味着这部分能量主要汇聚或驻留在源点附近,且无法有效传播到远处,仅是一局域能量.

8.1.3　简谐脉动球源及辐射阻抗

有一半径为 a 的球体,其球表面做径向球对称振动,球表面的这种均匀微小胀缩振动将推动周围介质随之发生疏密交替的形变,从而向外辐射出了声波,这种做简谐运动的球体称为简谐脉动球源,如图 8-1-1 所示.由于其自身的球对称性,它所产生的声波波阵面也是球面,即为简谐球面波.

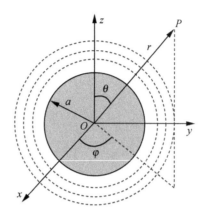

图 8-1-1　简谐脉动球源

若简谐脉动球源的表面简谐振速设为 $u = u_a \mathrm{e}^{\mathrm{j}(\omega t - ka)}$,则根据连续性边界条件可知,球表面介质的声场质点振速 $v_r\big|_{r=a} = u_a \mathrm{e}^{\mathrm{j}(\omega t - ka)}$,将其与式(8-1-10)、式(8-1-8)联立,得

$$v_r\big|_{r=a} = \left(1 + \frac{1}{\mathrm{j}kr}\right)(\mathrm{j}k)\frac{A}{\mathrm{j}ka}\mathrm{e}^{\mathrm{j}(\omega t - ka)} = u_a \mathrm{e}^{\mathrm{j}(\omega t - ka)} \rightarrow A = \frac{Q_a}{1 + \mathrm{j}ka}$$

式中,$Q_a = S_0 u_a = 4\pi a^2 \cdot u_a$,我们将 $|Q_a|$ 称为脉动球源的源强.由此,球外空间中的速度势可表示为

$$\varPhi = \frac{Q(t)g(r)}{1 + \mathrm{j}ka} = \frac{Q\left(t - \dfrac{r}{c_0}\right)}{(1 + \mathrm{j}ka)(4\pi r)} \tag{8-1-21}$$

式中,$Q(t) = Q_a \mathrm{e}^{\mathrm{j}\omega t}$ 为源函数,$g(r) = \dfrac{\mathrm{e}^{-\mathrm{j}kr}}{4\pi r}$.可以发现,当球源为小球体或满足长波条件,即 $ka \rightarrow 0$ 或 $a \ll \lambda$ 时,$\varPhi \approx Q(t)g(r) = \dfrac{1}{4\pi r}Q\left(t - \dfrac{r}{c_0}\right)$,此时 $\phi = Q\left(t - \dfrac{r}{c_0}\right)$ 与源函数 $Q(t)$ 仅差一个 $\dfrac{r}{c_0}$ 延时.

从式(8-1-9)中可以看出,辐射声压与球源半径尺寸 r 和声波圆频率 ω 都有关系.为了更好地反映声源的声辐射特性,我们改用另一物理量来描述声场,即辐射阻抗(radiation impedance).由牛顿第三定律可知,当简谐脉动球源作为声源在驱动周围介质的同时,外部介质对声源本身也存在反作用力,换句话说,声源也处于由它自身辐射所构成的声场之中,因此它必然受到该声场对它的反作用.若令 dS 为球表面的一面积微元,其法向朝外,则声场对

脉动球的径向作用力可表示为

$$F_r' = -\oiint_{r=a} p\,\mathrm{d}S = -4\pi a^2 p\,\big|_{r=a}$$

式中,负号表示该力的方向与声压的变化方向相反.而脉动球对空间声场的径向作用力则为

$$F_r = -F_r' = 4\pi a^2 p\,\big|_{r=a}$$

由此,我们可写出辐射阻抗 Z_r 的定义式,即

$$Z_r = \frac{F_r}{u}\bigg|_{r=a} = R_r + jX_r = S_0 z_s\,|_{r=a} = S_0\frac{\rho_0 c_0}{1+\dfrac{1}{jka}} = \rho_0 c_0 S_0\,(\xi_r + j\eta_r) \qquad (8\text{-}1\text{-}22)$$

式中, R_r 为辐射阻, X_r 为辐射抗, $S_0 = 4\pi a^2$ 为球的表面积,而 ξ_r 和 η_r 分别为声辐射阻和声辐射抗,可看作归一化的辐射阻与辐射抗,其定义式分别如下:

$$\begin{cases} \xi_r = \dfrac{R_r}{\rho_0 c_0 S_0} = \dfrac{(ka)^2}{1+(ka)^2} \approx \begin{cases} (ka)^2, & ka \ll 1 \\ 1, & ka \gg 1 \end{cases} \\[4mm] \eta_r = \dfrac{X_r}{\rho_0 c_0 S_0} = \dfrac{ka}{1+(ka)^2} \approx \begin{cases} ka, & ka \ll 1 \\ 0, & ka \gg 1 \end{cases} \end{cases} \qquad (8\text{-}1\text{-}23)$$

两者数值上的详细对比如图 8-1-2 所示.

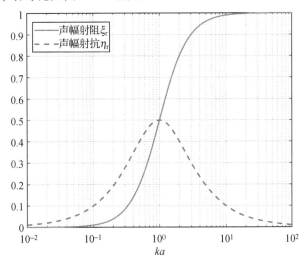

图 8-1-2 简谐脉动球源声辐射阻与声辐射抗

从图 8-1-2 可看出,当 ka 从零开始变大时,声辐射阻与声辐射抗均逐渐变大,直到 $ka=1$ 或 $\lambda=2\pi a$,即声波波长等于球截面的圆周长时,声辐射阻与声辐射抗两者在数值上相等,即 $\xi_r = \eta_r = \dfrac{1}{2}$,且声辐射抗达到了最大值.当 ka 进一步增大时,辐射阻继续增大,而辐射抗逐渐减小,最终当 $ka \to \infty$ 时, ξ_r 达到最大值并趋于 1,而 η_r 再次趋于零,这结果意味着此时声源的辐射效率最高,这其实就是对应了大活塞振动情形.

图 8-1-2 对应的的 MATLAB 仿真代码如下:

```
%清空变量区并关闭所有图窗
clear;close all;
```

```
% 设定各参数
ka=0:0.01:100;
eplsion_r=(ka).^2./(1+(ka).^2);
eta_r=(ka)./(1+(ka).^2);
log_ka=log10(ka);


% 画图
semilogx(ka,eplsion_r,'Linewidth',1.5);
hold on;
semilogx(ka,eta_r,'--','Linewidth',1.5);
grid on;
xlabel('\itka');
legend('声辐射阻\it\xi_{\rmr}','声辐射抗\it\eta_{\rmr}');
```

若我们考虑力-声耦合,将简谐脉动球源振动系统看作一单振子系统,该系统的外部驱动力记为 $F(t)$,根据受力分析,可写出其运动方程为

$$M_{\mathrm{m}}\frac{\mathrm{d}u}{\mathrm{d}t}=-R_{\mathrm{m}}u-K_{\mathrm{m}}\int u\mathrm{d}t+F_{\mathrm{r}}{}'+F(t) \tag{8-1-24}$$

其中 $F_{\mathrm{r}}{}'$ 即为声场对脉动球源的反作用力,根据辐射阻抗的定义可知 $F_{\mathrm{r}}{}'=-Z_{\mathrm{r}}u$. 将式 (8-1-22)代入式(8-1-24),经整理后可改写为

$$\left(M_{\mathrm{m}}+\frac{X_{\mathrm{r}}}{\omega}\right)\frac{\mathrm{d}u}{\mathrm{d}t}+(R_{\mathrm{m}}+R_{\mathrm{r}})u+K_{\mathrm{m}}\int u\mathrm{d}t=F(t) \tag{8-1-25}$$

据此,我们可对该系统画出力-电-声类比电路图,如图 8-1-3 所示.

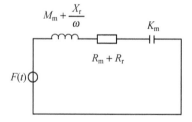

图 8-1-3　简谐脉动球源的力-电-声类比电路图

从上述讨论及图 8-1-3 中可以看出,声场对声源的反作用力可表现在两方面:一方面,声辐射增加了系统的阻尼系数,除了摩擦力阻 R_{m} 以外,还附加了辐射阻 R_{r},不过它并非代表能量耗损为热能,而是意味着转化为了声能,以声波形式传播了出去;另一方面,声辐射的虚部项 X_{r} 对原力学振动系统的影响表现为在原声源自身质量 M_{m} 的基础上附加了一个辐射质量 M_{r},这一辐射质量由声场反作用于球体所引起,相当于球要维持原振动状态的话必须要额外克服这一由声辐射所引起的反作用力,换句话说,它的存在使得声源表现得更重、更难以驱动了,似乎有一层额外质量为 M_{r} 的介质层黏附在球源表面上,随球体一起做简谐运动,因此我们通常又称其为同振质量,其定义式为

$$M_{\mathrm{r}}=\frac{X_{\mathrm{r}}}{\omega}=\frac{3\rho_0V}{1+(ka)^2}\approx\begin{cases}3\rho_0V, & ka\ll1 \\ 0, & ka\gg1\end{cases} \tag{8-1-26}$$

式中, $V = \frac{4}{3}\pi a^3$,代表半径为 a 的球体体积.可以看到,当 ka 很小时,同振质量相当于球排开的流体介质的三倍质量,这一很大的同振质量项的存在使得此时系统中主要是惯性抗在起作用,故声辐射效率很低;而当 ka 很大时,同振质量几乎趋于零,此时声辐射效率达到最大.

实际工程应用中,我们相对更为关心脉动球源辐射到外部空间的那部分能量,即由声辐射阻所转化的那部分行波形式的声能.为此,我们先来求径向辐射声强 I_r ,其表达式为

$$I_r = \frac{|p|^2}{2\rho_0 c_0} = \frac{|jk\rho_0 c_0 \Phi|^2}{2\rho_0 c_0} = \frac{1}{2}R_r \frac{|u_a|^2}{4\pi r^2} \tag{8-1-27}$$

而简谐脉动球源的辐射声功率则可以表示为

$$\overline{W_r} = \frac{1}{2}R_r |u_a|^2 = \xi_r W_0 \approx \begin{cases} (ka)^2 W_0, & ka \ll 1 \\ W_0, & ka \gg 1 \end{cases} \tag{8-1-28}$$

式中, $W_0 = \frac{1}{2}\rho_0 c_0 S_0 |u_a|^2 = \frac{1}{2}\frac{\rho_0 c_0}{S_0}|Q_a|^2$.到后面我们就能知晓,其实 W_0 就是横截面积为 S_0 的管中活塞的辐射功率, $\frac{\rho_0 c_0}{S_0}$ 是面积为 S_0 的活塞辐射阻抗, $|Q_a|$ 是体积流速幅值.

8.2 声偶极子辐射

声偶极子(dipole)是指由两个相距较近,以振幅相同但相位相反的脉动小球源所组成的声源.电声学领域中常会用到这一经典模型,如在低频频段工作时的纸盆扬声器(未安装在障板上),就可近似用声偶极子模型来描述其空间声场特性.

8.2.1 偶极子辐射声场

假设有两个半径均为 a 的脉动小球源(若此处为大球源,则其中一球的存在会对另一球体的辐射场造成不可忽略的散射场影响),两球源的源强幅值相等但相位相反,即

$$Q_+ = -Q_- = Q$$

同时将两小球源直接的间距设为 d ,且满足 $2a < d \ll \lambda$,设有一远场点为 P ,该点与两小球源及球源中点之间的距离关系为

$$r_\pm = r \mp \frac{d}{2}$$

声偶极子如图 8-2-1 所示.

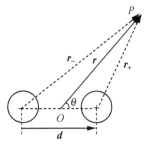

图 8-2-1 声偶极子

前面我们已经获知，由单个脉动小球源（$a \ll \lambda$）产生的辐射声场的速度势可表示为

$$\Phi = \frac{Q(t)g(r)}{1+jka} \xrightarrow{ka \ll 1} \Phi \approx Q(t)g(r) \tag{8-2-1}$$

式中，$Q(t) = Q_a e^{j\omega t}$，$g(r) = \dfrac{e^{-jkr}}{4\pi r}$，并且当满足远场条件，即 $kr \gg 1$ 时，有 $g'(r) \approx -jkg(r)$. 因此，由两个小球源组合而成的声偶极子产生的辐射声场的速度势可表示为

$$\Phi \approx Q(t)[g(r_+) - g(r_-)] \approx Q(t)\nabla g(r) \cdot (r_+ - r_-) = Q(t)\nabla g(r) \cdot (-\boldsymbol{d}) \tag{8-2-2}$$

式中，$\nabla g(r) = \dfrac{\mathrm{d}g}{\mathrm{d}r}\nabla r = \dfrac{\mathrm{d}g}{\mathrm{d}r}\dfrac{r}{r} = g'(r)\hat{r}$.

我们在此定义一个新变量，称为偶极子强度矢量 $\boldsymbol{P}$，其表达式为

$$\boldsymbol{P} = Q \cdot \boldsymbol{d} \tag{8-2-3}$$

且

$$\boldsymbol{P}\hat{r} = Qd\cos\theta = |\boldsymbol{P}|\cos\theta \tag{8-2-4}$$

因此，声偶极子的速度势还可以改写为

$$\Phi = -\boldsymbol{P} \cdot \nabla g(r) = -|\boldsymbol{P}|g'(r)\cos\theta \tag{8-2-5}$$

既然速度势已知，那么我们自然可以据此进一步推得声偶极子的辐射声场对应的声压和质点振速分别为

$$\begin{cases} p = \rho_0 \dfrac{\partial \Phi}{\partial t} = jk\rho_0 c_0 g'(r)|\boldsymbol{P}|\cos\theta \\[2mm] v_r = -\dfrac{\partial \Phi}{\partial r} = g''(r)|\boldsymbol{P}|\cos\theta \end{cases} \tag{8-2-6}$$

而且，当满足远场条件，即 $kr \gg 1$ 时，可以取以下近似值：

$$\begin{cases} p \approx -k^2 \rho_0 c_0 g(r)|\boldsymbol{P}|\cos\theta \\[2mm] v_r \approx -k^2 g(r)|\boldsymbol{P}|\cos\theta = \dfrac{p}{\rho_0 c_0} \end{cases} \tag{8-2-7}$$

从式（8-2-7）中可以发现，对于声偶极子构成的辐射声场，在远场前提下，其声压与质点振速之间的关系与平面行波时一致. 这意味着远场时，该辐射声场的性质特点也可用平面行波来近似.

当得到声压和径向质点振速后，我们还可求出径向声阻抗率 z_r，其对应的归一化无量纲形式为 $\dfrac{z_r}{\rho_0 c_0}$，但若先求其对应的倒数，相对更容易进行后续的近似展开，即

$$\frac{\rho_0 c_0}{z_r} = \frac{\rho_0 c_0 v_r}{p} = -\frac{1}{jk}[\ln g'(r)]' = \frac{1}{1+\dfrac{1}{jkr}} + \frac{2}{jkr}$$

因此，我们可得到归一化的径向声阻抗率为

$$\frac{z_r}{\rho_0 c_0} \approx \begin{cases} \dfrac{1}{4}(kr)^4 + \dfrac{1}{2}jkr\left(1 + \dfrac{1}{2}k^2 r^2\right) + o(kr)^5, & kr \ll 1 \\[3mm] 1, & kr \gg 1 \end{cases} \tag{8-2-8}$$

8.2.2 偶极子的指向性

偶极子辐射声场在离声源较远处的声压也随距离成反比地减小，但其与脉动球源的辐

射声场有一个重要区别. 从式(8-2-6)中可以发现, p 与角度 θ 有关, 这意味着不同空间位置上的辐射声场的声压是不同的. 换句话说, 声偶极子的辐射声场其幅度会随着方向不同而发生变化, 这就是其辐射声场的指向性(directivity). 普通的单个脉冲球源对应的辐射声场在各个方向上都是幅值相同的, 即是全向性的; 但若干个脉冲球源组合在一起后, 其形成的合成辐射声场通常就具有明显的方向选择性.

　　为方便描述这种声源辐射随方向而异的现象, 我们引入指向性因子, 记为 $D(\theta)$, 其定义为任意 θ 方向上的声压幅值与 $\theta=0°$ 轴上的声压幅值之比. 在声偶极子的辐射声场中, 其具体的计算式为

$$D(\theta)=\frac{|p_a|}{|p_a|_{\theta=0°}}=|\cos\theta| \tag{8-2-9}$$

　　可以很容易发现, 当 $\theta=0$ 或 π 时, 指向性因子达到最大, 此时从两个小球源来的声波幅值和相位几乎相同, 因而叠加增强, 故而合成声压达到最大值; 而当 $\theta=\pm\dfrac{\pi}{2}$ 时, 即垂直于轴线位置上时, 声压达到最小值, 几乎趋于零, 这是因为左右两小球源的声压在这些位置上相位相反、幅值相等, 所以两两抵消了. 声偶极子的辐射场指向性如图 8-2-2 所示.

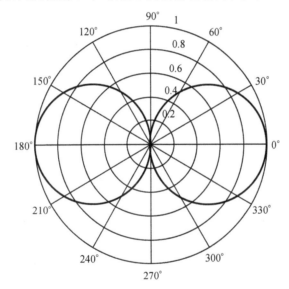

图 8-2-2　声偶极子的辐射场指向性图

图 8-2-2 对应的 MATLAB 仿真代码如下:

```
%设置参数范围
theta=0:0.01:2*pi;

%绘制极坐标指向性图
polarplot(theta,abs(cos(theta)),'Linewidth',2);
```

8.2.3　偶极子的等效辐射阻

前面我们已求得偶极子辐射声场中的声压和径向质点速度, 由此我们可推出偶极子的

辐射声强为

$$I_r = \frac{1}{2}\mathrm{Re}[p^* v_r] = \frac{1}{2}\mathrm{Re}\left(\frac{1}{z_r}\right)|p|^2 = \frac{1}{1+(kr)^{-2}}\frac{|p|^2}{2\rho_0 c_0} \tag{8-2-10}$$

通常，我们更为关注某一声源在远场的辐射能量. 可以看到，当满足远场条件，即 $kr \to \infty$ 时，$I_r \approx \frac{|p|^2}{2\rho_0 c_0}$，这与平面波时的声强计算公式在数学表示形式上是一样的. 这说明在远场时，偶极子对应的声场也可近似用平面波来分析. 若将式(8-2-7)代入式(8-2-10)，则可得偶极子的远场辐射声强为

$$I_r \xrightarrow{kr \to \infty} \frac{1}{2}\rho_0 c_0 \left(\frac{k^2 |\boldsymbol{P}| \cos\theta}{4\pi r}\right)^2 \tag{8-2-11}$$

若对辐射声强在球坐标系中求面积积分，则可获得某一空间球面上的平均声辐射功率，即

$$\overline{W_r} = \oiint_S I_r \mathrm{d}S = \int_0^\pi I_r \cdot (2\pi r^2 \sin\theta)\mathrm{d}\theta \tag{8-2-12}$$

当满足远场条件时，有以下结果：

$$\overline{W_r} \xrightarrow{kr \to \infty} \frac{\rho_0 c_0}{24\pi} k^4 |\boldsymbol{P}|^2 \tag{8-2-13}$$

从前面章节的讨论中，我们已经得知当偶极子声源向空间辐射声波时，声波会对声源产生反作用，表现为在声源力学振动系统中附加了一项辐射阻抗，但是直接确定偶极子声源的辐射阻抗相对比较困难，我们可以从平均声辐射功率角度去求得其等效辐射阻. 因为若将整个偶极子声源系统看作一个半径为 a、振速为 u、辐射阻为 R_r' 的等效脉动小球源，则其平均声辐射功率可表示为

$$\overline{W_r} = \frac{1}{2}R_r'|u|^2$$

而由于能量守恒，上式中的结果应与式(8-2-13)中的结果相同，也就是说，有

$$\frac{1}{2}R_r'|u|^2 = \frac{\rho_0 c_0}{24\pi}k^4|\boldsymbol{P}|^2 = \frac{1}{2}\left[\frac{1}{3}\rho_0 c_0 S_0 (ka)^2 \cdot (kd)^2\right]|u|^2$$

因此，偶极子声源对应的等效辐射阻 R_r' 可表示为

$$R_r' = \frac{1}{3}\rho_0 c_0 S_0 (ka)^2 \cdot (kd)^2 = \frac{1}{3}R_r(kd)^2 \tag{8-2-14}$$

式中，$R_r = \rho_0 c_0 S_0 (ka)^2$，是单一脉动小球源($ka \ll 1$)对应的辐射阻，$d$ 是偶极子源之间的距离. 因此，当 $kd \ll 1$ 时，$R_r' \ll R_r$. 这说明在低频时，与单一脉动球源相比，偶极子声源的辐射阻通常要小得多，换句话说，偶极子声源的辐射效率要比单一脉动球源低很多. 因为组成偶极子声源的两个小球源相位相反，当其中一个源处于压缩状态，另一个源必然处于稀疏状态，且这两个反向区域距离较近，两区域内介质的相互流动融合，在一定程度上抵消了彼此的压缩和稀疏形变，从而使得总辐射减弱了. 该结论可用于一些电声类器件的设计研发. 例如，一个没有安装在障板上的扬声器，其纸盆振动时，纸盆的其中一侧压缩介质形成稠密相，而另一侧就变为稀疏相，这其实就是一个偶极子声源，此时该扬声器的辐射功率较小.

要改善这种状况，可将扬声器安置于一块大面积的障板上，将扬声器前、后方的辐射区域尽量隔开，此时辐射效率和总声量都将会明显提高，尤其是在低频环境下. 现代高音质的音响设备设计中,为改善低频音质表现,最常用的一种手段就是将扬声器放在由优质木材制作的助音箱中.助音箱一般分为闭箱式、倒相箱式,其背后机理就是为了在低频时把扬声器纸盆前、后的辐射区域隔开或构建两者同相位辐射,从而改良低频辐射声功率.在电声学和声学测量领域中,为测评某一扬声器单元性能时,一般也需要将其安装在一个统一标准尺寸的大障板上进行,且扬声器测试频率越低,对应的障板面积要求也越大.

最后,我们给出偶极子声源的平均声能密度,与之前脉动球源类似,声能密度 ε 中也分为可辐射和不可辐射两项,分别记为 ε_r 和 ε_{nr},其表达式如下:

$$\begin{cases} \varepsilon_r = \dfrac{I_r}{c_0} = \dfrac{1}{2}\rho_0 \left(\dfrac{k^2 \mid P_a \mid \cos\theta}{4\pi r} \right)^2 \\ \varepsilon_{nr} = \dfrac{1}{4}\rho_0 \left(1 + \dfrac{1+3\cos^2\theta}{k^2 r^2} \right) \left(\dfrac{k \mid \boldsymbol{P} \mid}{4\pi r^2} \right)^2 \end{cases} \tag{8-2-15}$$

若分别求球面积积分,可求得单位厚度球面层上的声能:

$$\begin{cases} E_r = \displaystyle\int_0^\pi \varepsilon_r \cdot 2\pi r^2 \sin\theta \mathrm{d}\theta = \dfrac{\rho_0}{24\pi} \mid k^2 P_a \mid^2 \\ E_{nr} = \displaystyle\int_0^\pi \varepsilon_{nr} \cdot 2\pi r^2 \sin\theta \mathrm{d}\theta = \dfrac{\rho_0}{16\pi} \mid k^2 P_a \mid^2 \left[1 + \dfrac{2}{(kr)^2} \right] \dfrac{1}{(kr)^2} \end{cases} \tag{8-2-16}$$

两者数值上的比例关系为

$$\frac{E_{nr}}{E_r} = \frac{3}{(kr)^2} \left[\frac{1}{2} + \frac{1}{(kr)^2} \right] \tag{8-2-17}$$

从式(8-2-17)中可以很容易发现,若 $kr \ll 1$,则 $E_{nr} \gg E_r$,这意味着当处于近场条件时,总能量中主要是偶极子源附近区域的非传播局域能量占主导地位,此时辐射效率很低;若 $kr \gg 1$,则 $E_{nr} \ll E_r$,此时辐射声能在总能量中占主导地位,大部分声能量都能传播到远场,即辐射效率较高.

8.3　同相小球源辐射

前面我们分析了两个靠得很近的反相脉动小球源的辐射案例,现在我们来讨论两个同相脉动小球源组合在一起的辐射声场,这种辐射情形是构成声柱和声阵列辐射的最基础模型.

8.3.1　同相小球源辐射声场

设有两个相距为 d、半径均为 a 的脉动小球源,其振动频率、相位和幅度均相同,即为同相声源,且满足 $a \ll \lambda$,$2a < d$,如图 8-3-1 所示.

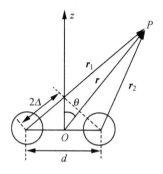

图 8-3-1 同相脉动小球源

设图 8-3-1 中的脉动小球源的源强均为 $Q(t)$，由同相小球组成的复合声源的辐射声场中的速度势可表示为

$$\Phi = \Phi_1 + \Phi_2 \approx Q(t)g(r_1) + Q(t)g(r_2) = Q(t)\left[g(r_1) + g(r_2)\right]$$

当考虑远场条件时，有 $r \gg d$，则两球源到达同一远场空间位置 P 点时，两路径可近似为

$$r_1 = \left\| \boldsymbol{r} + \frac{\boldsymbol{d}}{2} \right\| \approx r + \frac{d}{2}\sin\theta = r + \Delta$$

$$r_2 = \left\| \boldsymbol{r} - \frac{\boldsymbol{d}}{2} \right\| \approx r - \frac{d}{2}\sin\theta = r - \Delta$$

式中，$\Delta = \dfrac{d\sin\theta}{2}$. 因此，由同相小球源构成的复合声源所辐射声场中的速度势可改写为

$$\Phi \approx \frac{Q(t)\mathrm{e}^{-jkr}}{4\pi r}\frac{\sin(2k\Delta)}{\sin(k\Delta)} \tag{8-3-1}$$

式中，$\dfrac{Q(t)\mathrm{e}^{-jkr}}{4\pi r}$ 就是单一脉动球源辐射声场的速度势，此处为简洁起见，忽略了时间简谐因子 $\mathrm{e}^{j\omega t}$. 上式证明过程如下：

证明 将 $r_1 \approx r + \Delta$，$r_2 \approx r - \Delta$ 代入 $g(r)$ 的表达式，则速度势可表示为

$$\Phi \approx Q(t)\left[\frac{\mathrm{e}^{-jkr_1}}{4\pi r_1} + \frac{\mathrm{e}^{-jkr_2}}{4\pi r_2}\right] = \frac{Q(t)\mathrm{e}^{-jkr}}{4\pi r}\left[\frac{\mathrm{e}^{-jk\Delta}}{1 + \dfrac{\Delta}{r}} + \frac{\mathrm{e}^{jk\Delta}}{1 - \dfrac{\Delta}{r}}\right]$$

$$\approx \frac{Q(t)\mathrm{e}^{-jkr}}{4\pi r}\left[\left(1 - \frac{\Delta}{r}\right)\mathrm{e}^{-jk\Delta} + \left(1 + \frac{\Delta}{r}\right)\mathrm{e}^{jk\Delta}\right] = \frac{Q(t)\mathrm{e}^{-jkr}}{4\pi r}\left[2\cos(k\Delta) + \frac{\Delta}{r}2j\sin(k\Delta)\right]$$

$$\approx \frac{Q(t)\mathrm{e}^{-jkr}}{4\pi r}2\cos(k\Delta) = \frac{Q(t)\mathrm{e}^{-jkr}}{4\pi r}\frac{\sin(2k\Delta)}{\sin(k\Delta)}$$

得证.

8.3.2 同相小球源的指向性

通过观察式(8-3-1)，可以发现，由同相小球源构成的复合声源所对应的辐射声场，与原单一脉动球源的声场相比，其相同点在于远场的速度势都会随距离反比衰减，但两者也存在差异，即在相同距离但不同 θ 方向上的速度势幅值并不相同，即前者会呈现出明显的指向性，这也是复合声源辐射声场的一个重要特性.

同相小球源的指向性可以用以下表达式来描述：

$$D(\theta) = \left| \cos(k\Delta) \right| = \left| \frac{\sin(2k\Delta)}{2\sin(k\Delta)} \right| \tag{8-3-2}$$

显然,式(8-3-2)说明了该声场指向性与声程差、波长的比值有关.下面我们讨论几种特殊情况:

(1) 当 $2k\Delta = 2m\pi$,即 $2\Delta = m\lambda$ 时,两声源相干增强.

从图 8-3-1 中可看出,$2\Delta = |r_1 - r_2|$,即为两路径之间的声程差,当其为声波波长的整数倍时,两声源在该空间位置上处于同相状态,从而合成声压的幅值达到极大值.此时有

$$\begin{cases} D_{\max} = D(\theta) \big|_{\theta = \theta_{\max}} = 1 \\ \theta_{\max} = \arcsin\left(m\frac{\lambda}{d}\right) \quad \left(m = 0, 1, 2, \cdots, \left[\frac{d}{\lambda}\right]\right) \end{cases} \tag{8-3-3}$$

我们将 $\theta_{\max} = 0°$ 方向上的极大值定义为主极大值,而其余 $\theta_{\max}$ 对应的极大值称为副极大值.由于副极大方向和主极大方向的声能量是相等的,而这种能量的分散在实际工程应用中常常是不希望出现的,因此为了使声能量的定向传播更有效率,应该尽量避免第一个副极大值的出现.显然,当 $d < \lambda$,即同相小球源之间的间距小于声波的波长时,声场中只出现主极大值模式,也意味着不存在副极大值了.

(2) 当 $2k\Delta = (2n-1)\pi$,即 $2\Delta = \left(n - \frac{1}{2}\right)\lambda$ 时,两声源相干相消.

当某一方向上的声程差为半波长的奇数倍时,同相小球源在这些位置上的两声压处于反相状态,从而合成声压彼此相消并达到极小值.此时有

$$\begin{cases} D_{\min} = D(\theta) \big|_{\theta = \theta_{\min}} = 0 \\ \theta_{\max} = \arcsin\left[\left(n - \frac{1}{2}\right)\left(\frac{\lambda}{d}\right)\right] \quad (n = 1, 2, \cdots) \end{cases} \tag{8-3-4}$$

我们把第一次出现零辐射的角度定义为主声束角宽的一半,换句话说,主声束角宽即为第一个极小角的两倍,即

$$\bar{\theta} = 2\theta_{\min}\big|_{n=1} = 2\arcsin\left(\frac{\lambda}{2d}\right) \quad \left(d > \frac{\lambda}{2}\right) \tag{8-3-5}$$

(3) 当 $k\Delta \ll 1$ 时,辐射无指向性.

由于此时声程差 Δ 趋近于零,意味着同相球源之间的间距 d 也趋近于零,换句话说,两同相小球源彼此靠得很近,此时组合声源可等效看作一幅值加倍的脉动球源,其辐射声场以球面波形式传播,几乎无指向性.

$$\begin{cases} D(\theta) \approx 1 \quad (\forall \theta \in [0, \pi]) \\ \Phi \approx 2 \dfrac{Q(t)}{4\pi r} e^{j(\omega t - kr)} \end{cases} \tag{8-3-6}$$

图 8-3-2 给出了同相小球源在不同的源间距和波长比值下的指向性图.

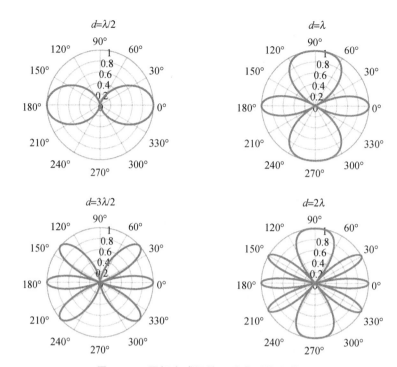

图 8-3-2　同相小球源的几种典型指向性图

图 8-3-2 对应的 MATLAB 仿真代码如下：

```
% 给出角度的取值范围
theta=0:0.01:2*pi;

% 根据四种源间距与波长的比例关系,分别画对应的指向性极坐标图
subplot(221);
polarplot(theta,abs(cos(pi/2*sin(theta))),'Linewidth',1.5);
title('{\itd}={\it\lambda}/{\it2}');

subplot(222);
polarplot(theta,abs(cos(pi*sin(theta))),'Linewidth',1.5);
title('{\itd}={\it\lambda}');

subplot(223);
polarplot(theta,abs(cos(3*pi/2*sin(theta))),'Linewidth',1.5);
title('{\itd}={\it3}{\it\lambda}/{\it2}');

subplot(224);
polarplot(theta,abs(cos(2*pi*sin(theta))),'Linewidth',1.5);
title('{\itd}=2{\it\lambda}');
```

8.3.3　同相小球源之间的相互作用

我们现在把前提条件放宽,假设有两个相位相同但几何尺寸不同的小球源,其球径可分别记为 a_1 和 a_2,球面积分别为 S_1 和 S_2,两球源之间的间距为 d,且 $d > a_1 + a_2$,两球的球面振速可分别表示为

$$u_1 = u_{1a} e^{j\omega t} , \quad u_2 = u_{2a} e^{j\omega t}$$

同时,我们假设 $a_1 \ll \lambda$、$a_2 \ll \lambda$,则所辐射的声场几乎可认定为彼此独立.因为小球源的半径相对于声波波长而言是极小量,当声波遇到小球时,长波将直接绕射过小球源,几乎不存在反射.在声场独立的前提下,每个小球源除了受到自身辐射声场的反作用力外,还受到另一个球源所辐射声场的作用力.例如,球 1 受球 2 辐射的声场的作用力为

$$F_{2 \to 1} = -p_2 \big|_1 S_1 , p_2 \big|_1 = j \frac{k\rho_0 c_0}{4\pi d} (u_{2a} S_2) e^{j(\omega t - kd)} = jk\rho_0 c_0 Q_2(t) g_2(d)$$

类似地,球 2 受球 1 辐射的声场作用力为

$$F_{1 \to 2} = -p_1 \big|_2 S_2 , p_1 \big|_2 = j \frac{k\rho_0 c_0}{4\pi d} (u_{1a} S_1) e^{j(\omega t - kd)} = jk\rho_0 c_0 Q_1(t) g_1(d)$$

上面两式中 $g_1(d) = g_2(d) = g(d)$.

根据两个不同大小球源的作用力,我们可得到以下结论:

$$\frac{F_{1 \to 2}}{u_1} = \frac{F_{2 \to 1}}{u_2} = -jk\rho_0 c_0 S_1 S_2 g(d) \tag{8-3-7}$$

式中,等式右侧的项即为互辐射阻抗.同理,还可得到

$$\frac{p_1}{Q_1} \bigg|_{r=r_2} = \frac{p_2}{Q_2} \bigg|_{r=r_1} = jk\rho_0 c_0 g(d) = \frac{j}{J} e^{-jkd} \tag{8-3-8}$$

式中,$J = \dfrac{4\pi d}{k\rho_0 c_0} = \dfrac{2d}{f\rho_0}$,称为球面声场互易参量.上面的结论说明:单位振速的球 1 对球 2 产生的作用力等于单位振速的球 2 对球 1 产生的作用力;或者单位源强的球 1 对球 2 产生的声压等于单位源强的球 2 对球 1 产生的声压.这就是声场的互易性(reciprocity),或称为互易原理.在线性声学范围内,从发射到接收之间的声学系统是一个互易系统.

8.4　声　柱

从前面的讨论中可知,由两个同相小球源组成的组合声源,其指向性有很大的局限性.例如,仅有主极大出现的指向性图中,其主声束仍比较宽,角宽不少于 $60°$,而且要求球源间距要小于波长.在这种结构的组合声源中,抑制副极大和主声束宽度的要求通常是互相矛盾的.现代电声学领域中为了获得强指向性的声辐射源,提出了由许多小扬声器单元按一定分布规律组成的声柱结构.为分析简单起见,本节主要讨论直线型声柱,其中每一个小扬声器单元都将被视为脉动小球源.

8.4.1　声柱辐射声场

设有一声柱由 N 个体积速度相等、相位差为 ϕ 的小脉动球源沿线等间距排列构成,令球

源之间的间距为 d，则声柱总长度为 $L=(N-1)d$，如图 8-4-1 所示.

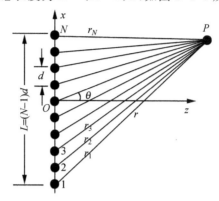

图 8-4-1 直线型声柱

当考虑远场空间位置 P 点时，我们可忽略各路径上的源强幅度差，但保留相位差. 各脉动球源到远场点的路径可表示为

$$r_n \approx r-2(n-1)\Delta \tag{8-4-1}$$

式中，$2\Delta=d\sin\theta$. 与分析同相小球源时类似，我们可推知

$$g(r_n)=\frac{e^{-jkr_n}}{4\pi r_n}=\frac{e^{-jkr}}{4\pi r}\frac{e^{jk2(n-1)\Delta}}{1-\frac{2(n-1)\Delta}{r}}\approx g(r)e^{jk2(n-1)\Delta} \tag{8-4-2}$$

而各球源的源强可表示为

$$Q_n(t)=Q_a e^{j(\omega t-n\phi)} \tag{8-4-3}$$

根据式(8-2-1)可知，脉动小球源的速度势可近似表示为 $\Phi\approx Q(t)g(r)$，而总辐射声场对应的速度势可表示为各脉动小球源产生的速度势之和，即

$$\Phi=\sum_{n=1}^{N}\Phi_n\approx\sum_{n=1}^{N}Q_n(t)g(r_n)\approx NQ_a e^{j\left[\omega t+(N-1)\left(k\Delta-\frac{\phi}{2}\right)\right]}g(r)\frac{\sin\left[N\left(k\Delta-\frac{\phi}{2}\right)\right]}{N\sin\left(k\Delta-\frac{\phi}{2}\right)} \tag{8-4-4}$$

8.4.2 声柱的指向性

若各小球源之间不存在相位差，即 $\phi=0$，则辐射声场的指向性可表示为

$$D(\theta)=\left|\frac{\sin(Nk\Delta)}{N\sin(k\Delta)}\right|=\left|\frac{\sin\left(N\frac{2\pi}{\lambda}\Delta\right)}{N\sin\left(\frac{2\pi}{\lambda}\Delta\right)}\right| \tag{8-4-5}$$

式(8-4-5)说明，若脉动小球源均处于同相状态，辐射总声场的指向性与声程差 Δ、波长 λ 的比值及小球源的个数 N 有关.

(1) 当 $k\Delta=m\pi$ 时，有

$$\begin{cases}D(\theta)=1\\\theta_m=\arcsin\left(m\frac{\lambda}{d}\right)\left(m=0,1,2,\cdots,\left[\frac{d}{\lambda}\right]\right)\end{cases} \tag{8-4-6}$$

可以发现，此时指向性达到极大值，并且当 $d<\lambda$ 时，辐射声场中不存在副极大.

（2）当 $Nk\Delta = n\pi$，但 $n \neq m$ 时，有

$$D(\theta) = 0$$

$$\theta_n = \arcsin\left(\frac{n\lambda}{Nd}\right) \quad (n \neq m) \tag{8-4-7}$$

此时，指向性达到极小值.

（3）当 $Nk\Delta = \left(m' + \dfrac{1}{2}\right)\pi$ 时，有

$$0 < D(\theta) < 1$$

$$\theta_{m'} = \arcsin\frac{(2m'+1)\lambda}{2Nd} \quad (m' = 1, 2, 3, \cdots) \tag{8-4-8}$$

此时，指向性达到次极大.

图 8-4-2 和图 8-4-3 分别给出了当 $N = 6, kd = \pi$ 时的指向性图和极坐标图.

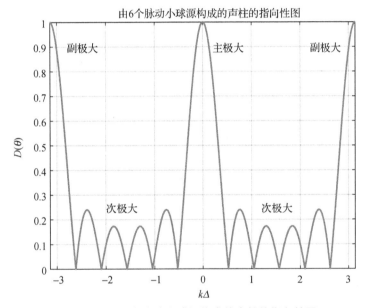

图 8-4-2 由 6 个脉动小球源构成的声柱的指向性图

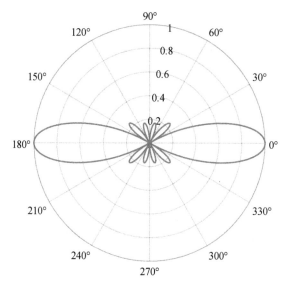

图 8-4-3　6 个小球源构成声柱的指向性极坐标图

图 8-4-2 和图 8-4-3 对应的 MATLAB 仿真代码如下：

％ 清空变量区并关闭所有图窗

clear；close all；

％ 清空变量区并关闭所有图窗

clear；close all；

％ 设定参数范围

k_delta＝－pi：0.001：pi；

N＝6；　　　　　　　　　％ 脉动小球源个数

D_theta＝abs(sin(N＊k_delta)./(N＊sin(k_delta)))；

％ 画指向性数值图

plot(k_delta,D_theta,'LineWidth',1.5)；

axis([－pi pi 0 1])；grid on；

xlabel('\itk\Delta')；ylabel('\itD(\theta)')；title('由 6 个脉动小球源构成的声柱的指向性图')；

％ 加入文字说明

text(0.2,0.9,'主极大','FontSize',12)；

text(2.2,0.9,'副极大','FontSize',12)；

text(－2.8,0.9,'副极大','FontSize',12)；

text(－2,0.25,'次极大','FontSize',12)；

text(1.2,0.25,'次极大','FontSize',12)；

％ 新建一图窗,画对应的指向性极坐标图

figure；

polarplot(k_delta,D_theta,′Linewidth′,1. 5)；

接着,我们给出当 $N=4$ 时,不同的球源间距与波长比对应的指向性,如图 8-4-4 所示.

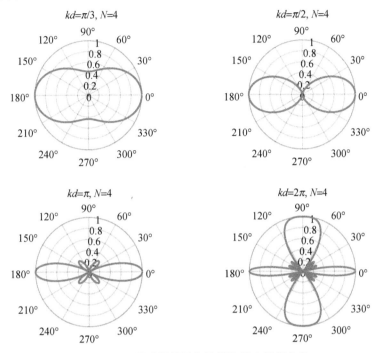

图 8-4-4 不同球源间距与波长比的声柱指向性

图 8-4-4 对应的 MATLAB 仿真代码如下：

％ 清空变量区并关闭所有图窗

clear；close all；

％ 设定参数范围

theta＝0：0. 01：2＊pi；

N＝4；

％ 根据四种不同球源间距和波长比,分别画出对应指向性的极坐标图

k_delta_1＝pi/3＊sin(theta)./2；

D_theta_1＝abs(sin(N＊k_delta_1)./(N＊sin(k_delta_1)))；

subplot(221)；

polarplot(theta,abs(D_theta_1),′Linewidth′,1. 5)；

title(′{\itkd}＝{\it\pi}/{\it3},{\itN}＝{\it4}′)；

k_delta_2＝pi/2＊sin(theta)./2；

D_theta_2＝abs(sin(N＊k_delta_2)./(N＊sin(k_delta_2)));
subplot(222);
polarplot(theta,abs(D_theta_2),'Linewidth',1.5);
title('{\itkd}＝{\it\pi}/{\it2},{\itN}＝{\it4}');

k_delta_3＝pi＊sin(theta)./2;
D_theta_3＝abs(sin(N＊k_delta_3)./(N＊sin(k_delta_3)));
subplot(223);
polarplot(theta,abs(D_theta_3),'Linewidth',1.5);
title('{\itkd}＝{\it\pi},{\itN}＝{\it4}');

k_delta_4＝2＊pi＊sin(theta)./2;
D_theta_4＝abs(sin(N＊k_delta_4)./(N＊sin(k_delta_4)));
subplot(224);
polarplot(theta,abs(D_theta_4),'Linewidth',1.5);
title('{\itkd}＝{\it2}{\it\pi},{\itN}＝{\it4}');

8.5 点声源

理论上,点声源是脉动小球源的一种极限理想抽象模型,通常认为半径 a 远小于声波的波长 λ,或满足 $ka\ll1$ 条件的脉动球源可近似看作点声源.前面我们通过讨论多个脉动小球源组成了更复杂的声柱结构,后面我们通过进一步分析点声源的辐射特性,并寄希望通过点源的组合来构建并处理更为复杂声源(如活塞)的辐射.

8.5.1 点声源辐射声场

假设一小球源表面振速幅值是一固定常数项,则球源源强幅值 Q_a 亦恒定,即

$$Q_a＝S_0 u_a＝4\pi a^2 u_a, \quad Q(t)＝Q_a e^{j\omega t} \tag{8-5-1}$$

当脉动小球源半径趋于零,即变为点声源时,其对应的辐射声场的速度势为

$$\lim_{ka\to0}\Phi＝Q(t)g(r)＝\frac{Q_a}{4\pi r}e^{j(\omega t-kr)}＝\frac{1}{4\pi r}Q\left(t-\frac{r}{c_0}\right) \tag{8-5-2}$$

式(8-5-2)中的空间因子 $g(r)$ 可看作单元源强辐射的速度势的空间分布,因为

$$\Phi\big|_{Q_a=1}＝e^{j\omega t}g(r)$$

同时,可以验证该函数还满足非奇异的亥姆霍兹方程,即

$$(\boldsymbol{\nabla}^2＋k^2)g(r)＝-\delta(\boldsymbol{r}-\boldsymbol{r}_0) \tag{8-5-3}$$

将式(8-5-2)代入式(8-5-3),可得到

$$\boldsymbol{\nabla}^2\Phi-\frac{1}{c_0^2}\frac{\partial^2\Phi}{\partial t^2}＝-Q(t)\delta(\boldsymbol{r}-\boldsymbol{r}_0) \tag{8-5-4}$$

因此,$g(r)$其实就是自由空间中的格林函数.

8.5.2 镜像效应

假设有一源强为 Q_a 的脉动小球源位于无限大刚性平面($z=0$)之前,即位于 $z=z_0$ 处,由于是刚性平面,意味着在边界上法向振速恒为零,即

$$v_z\big|_{z=0}=-\frac{\partial \Phi}{\partial z}=0 \tag{8-5-5}$$

无限大平面右侧空间中的声场解,既要满足波动方程,又必须符合式(8-5-5)的刚性边界条件.此处我们先暂时假设在分界面的另一侧,与小球源对称位置上,有一个当前声源的镜像虚声源,其振速、相位等参数均与原小球源相同,如图 8-5-1 所示.

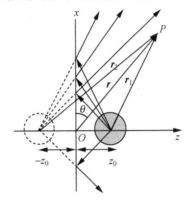

图 8-5-1 无限大刚性平面前的脉动小球源

此时声场速度势的解为

$$\Phi=\frac{Q_a}{4\pi r_1}e^{j(\omega t-kr_1)}+\frac{Q_a}{4\pi r_2}e^{j(\omega t-kr_2)}\ (r_{1,2}=\parallel \boldsymbol{r}\mp\boldsymbol{d}\parallel,\boldsymbol{d}=x_0\boldsymbol{e}_x) \tag{8-5-6}$$

式中,Φ 等价于两同相声源所辐射的场,很明显其符合波动方程,而且由于中间平面是速度势 Φ 的对称面,在边界上的法向合成速度必为零,即符合刚性边界条件要求.因为波动方程解的唯一性,所以这一假设求得的解即为原辐射声场的确定解.因此,对于刚性平面前的脉动小球源的辐射声场,可看作是由该小球源与另一在对称位置上的镜像虚声源所产生的合成声场,换句话说,此时刚性平面对声源的影响等效于一个镜像虚声源的作用.这即是声学中的镜像效应(mirror effect).

综上所述,当一个声源靠近刚性壁面时,由于壁面的存在,使得声源产生的辐射声场与自由空间中的辐射情形不再相同.根据镜像效应,相当于该声源本身及其对应的虚声源共同组成辐射声波.结合前面同相小球源的分析,可知此时的组合声场通常具有指向性,且低频时辐射功率也将有所增加.目前电声领域中,一些微型化的智能音箱就利用了镜像效应,通过音箱下方的刚性桌面的反射来扩大自身音量.另外,需要说明的是,当声压接近绝对软边界时,镜像效应仍然会起作用,只不过此时的虚声源相位与实际声源的相位相反,即类似于声偶极子的辐射.

上述刚性平面前脉动小球源的辐射结论也可推广至点声源情形,如图 8-5-2 所示.

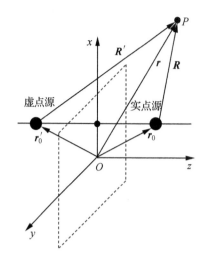

图 8-5-2　无穷大刚性平面前的点声源

根据镜像效应，满足刚性平面边界条件的点声源所辐射声场的速度势为

$$\Phi(\boldsymbol{r},t)=\left[g(|\boldsymbol{r}-\boldsymbol{r}_0|)+g(|\boldsymbol{r}-\boldsymbol{r}_0'|)\right]Q(t)\left[\boldsymbol{r}_0=(x_0,y_0,z_0),\boldsymbol{r}_0'=(x_0,y_0,-z_0)\right]$$

若考虑一种极限情况，即源点恰好位于边界上，则

$$\Phi(\boldsymbol{r},t)=2g(|\boldsymbol{r}-\boldsymbol{r}_0|_{z_0=0})Q(t),\boldsymbol{r}_0|_{z_0=0}=(x_0,y_0,0)$$

因此，在刚性平面上，法向振速为 u 的面元 $\mathrm{d}S$ 可视为具有体速度 $\mathrm{d}Q=u\mathrm{d}S$ 的点声源，其所辐射的速度势可表示为

$$\mathrm{d}\Phi(\boldsymbol{r},t)=2g(|\boldsymbol{r}-\boldsymbol{r}_0|_{z_0=0})u(t)\mathrm{d}S \tag{8-5-7}$$

若将这类无限大平面上的点源组合起来，就可构成面声源，即对应于无限大障板上的活塞振动情形.

8.6　无限大障板上活塞的声辐射

所谓活塞式声源，是指一种平面状的振子，并且当其沿平面法线方向振动时，其面上各点的振速幅值、相位均视为相同. 许多常见的声源，如扬声器纸盆、共鸣器或号筒开口处的空气层等，在低频时都可近似看作活塞振动.

本节我们将讨论无限大障板上的圆形活塞辐射，这是声学中经常遇到的一种辐射情形，如图 8-6-1 所示.

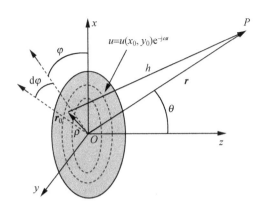

图 8-6-1　无限大障板上的圆形活塞辐射

此处设置障板的目的主要是防止出现偶极子辐射情形,降低辐射效率.当然真正意义上的无限大障板不可能存在,但实际工程应用中只要障板的几何尺寸远大于声波在介质中的波长,就可近似认为其符合无限大障板的前提条件.

8.6.1　圆形活塞辐射声场的远场特性

图 8-6-1 中半径为 a 的圆形活塞本身位于 xy 平面内,而活塞中心位于 z 轴,显然其辐射声场必定满足轴对称条件,即声场关于 z 轴旋转对称,故只需计算 xz 平面上的声场即可.图中各路径分别可表示为

$$\boldsymbol{r}=r(\sin\theta,0,\cos\theta)\,,\ \boldsymbol{r}_0=\rho(\cos\varphi,\sin\varphi,0)\,,\ h=\left|\boldsymbol{r}-\boldsymbol{r}_0\right|\approx r-\rho\sin\theta\cos\varphi(r\gg a)$$

圆形活塞表面可看作无限多个小面元,而结合之前点声源在刚性平面上的辐射结论,根据叠加组合原则,可知活塞振动产生的速度势可表示为

$$\Phi(\boldsymbol{r})=\iint_S 2g(\boldsymbol{r};\boldsymbol{r}_0)u_a(\boldsymbol{r}_0)\mathrm{d}S \tag{8-6-1}$$

通常,我们认为圆形活塞其表面的法向振速 $u_n(t)$ 处处相等,其幅值 u_a 是一常数,即

$$u_n(x,y,t)=u_a\mathrm{e}^{\mathrm{j}\omega t}\ (S:r<a,z=0,u_a=\text{常量})$$

因此,式(8-6-1)可改写为以下形式:

$$\Phi(\boldsymbol{r})=u_a\mathrm{e}^{\mathrm{j}\omega t}\int_0^a\rho\mathrm{d}\rho\int_0^{2\pi}\frac{\mathrm{e}^{-\mathrm{j}kh}}{2\pi h}\mathrm{d}\varphi \tag{8-6-2}$$

在满足远场条件 $(r\gg a)$ 时,从活塞各面元发出的声波到达观察点时振幅的差异很小,因此式(8-6-2)分母中的 h 可近似用活塞中心到观察点的距离 r 来代替,即

$$\Phi(\boldsymbol{r})\approx u_a\mathrm{e}^{\mathrm{j}\omega t}\int_0^a\rho\mathrm{d}\rho\int_0^{2\pi}\frac{\mathrm{e}^{-\mathrm{j}k(r-\rho\sin\theta\cos\varphi)}}{2\pi r}\mathrm{d}\varphi=2u_ng(r)\int_0^a\rho 2\pi J_0(k\rho\sin\theta)\mathrm{d}\rho$$

$$=2u_ng(r)\frac{2\pi}{(k\sin\theta)^2}k\rho\sin\theta\cdot J_1(k\rho\sin\theta)\Big|_0^a=2Q_ag(r)\cdot\frac{2J_1(ka\sin\theta)}{ka\sin\theta}$$

$$=2Q_ag(r)D(\theta) \tag{8-6-3}$$

其中,$Q_a=u_n(t)S_0=u_n\cdot\pi a^2$ 是法向面源强.而得到速度势后,可进一步求得声压、质点振速和声强,其可分别表示为

$$p = \mathrm{j}k\rho_0 c_0 \Phi$$

$$v_r = -\frac{\partial \Phi}{\partial r} = \frac{1}{\rho_0 c_0}\left(1 + \frac{1}{\mathrm{j}kr}\right)p \tag{8-6-4}$$

$$I_r = \frac{1}{2}\mathrm{Re}(p^* v_r) = \frac{|p|^2}{2\rho_0 c_0}$$

8.6.2 活塞辐射的远场指向性

上一节末尾，速度势表达式中的 $D(\theta)$ 则代表了活塞辐射的指向性，即

$$|D(\theta)| = \left|\frac{2J_1(ka\sin\theta)}{ka\sin\theta}\right| = \left|\frac{2J_1(x)}{x}\right| \quad (x = ka\sin\theta) \tag{8-6-5}$$

可见，指向性同活塞的尺寸与波长的相对比值有关，即与 ka 有关。当 $ka < 1$ 时，$D \approx 1$，这代表当活塞尺寸相对于介质中的声波波长而言是极小量时，辐射声场表现为各向均匀的球面波，几乎无明确指向性；而当 ka 逐渐增大时，则随着活塞尺寸的加大或辐射频率的提高，辐射声波的指向性将变得越来越明显，这就是大活塞辐射有良好指向性的原因。图 8-6-2 中给出了不同 ka 取值下的活塞辐射指向性。

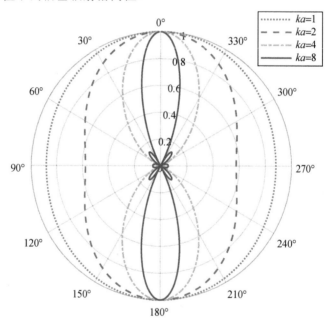

图 8-6-2 不同 ka 取值时的活塞辐射指向性图

图 8-6-2 对应的 MATLAB 仿真代码如下：

```
% 清空变量区并关闭所有图窗
clear;close all;

% 设定各参数取值
theta=0:0.01:2*pi;
ka1=1;x1=ka1.*sin(theta);D_theta_1=2*besselj(1,x1)./x1;
ka2=2;x2=ka2.*sin(theta);D_theta_2=2*besselj(1,x2)./x2;
```

ka3＝4；x3＝ka3.＊sin(theta)；D_theta_3＝2＊besselj(1,x3)./x3；
ka4＝8；x4＝ka4.＊sin(theta)；D_theta_4＝2＊besselj(1,x4)./x4；

％ 画极坐标图
polarplot(theta,abs(D_theta_1),'；','Linewidth',1.5)；
ax＝gca；ax.ThetaZeroLocation＝'top'；　　　　　％ 修改极坐标图的 0°在顶端；
hold on；
polarplot(theta,abs(D_theta_2),'--','Linewidth',1.5)；
polarplot(theta,abs(D_theta_3),'-.','Linewidth',1.5)；
polarplot(theta,abs(D_theta_4),'Linewidth',1.5)；

％ 加入图例说明
legend('{\itka}＝{\it1}','{\itka}＝{\it2}','{\itka}＝{\it4}','{\itka}＝{\it8}')；

活塞辐射的这种指向性在电声领域表现得尤为明显. 例如,户外使用扬声器时,低频部分的声波是各向均匀的,但是高频部分却只有坐在扬声器正前方的听众才能听到,而这势必导致位于两边或后方的听众缺少高频信息,带来其听感上的失真. 但是强指向性也并非一无是处,在某些特定场景中,人们可能希望尽可能把声能量局限在某一窄角度的声束中来传播,这样一方面提升了能量传送效率,另一方面又可达到安全保密的目的.

8.6.3　圆形活塞辐射的轴向声场特性

前面我们讨论了圆形活塞的辐射远场特性,现在我们来研究活塞附件区域的近场特性. 此时活塞上不同面元所辐射的声波到达近场观测点时,其振幅、相位差异均很大,对应的干涉辐射图样非常复杂,难以得到简明的解析表达式. 为简化起见,我们将研究对象聚焦于沿活塞中心轴上的声场. 有了这一前提条件,我们不仅可以得到声场解的精确表达式,而且知道了轴线上的声场规律,也可以此来预测轴向附近区域的声场特性. 对于扬声器、传声器等电声器材而言,沿声源中心轴的测量数据通常是一项极为重要的技术指标.

当研究轴向声场分布时,为简便起见,选取活塞中心作为坐标原点,过中心的轴线为 z 轴,我们最为关心的就是轴线上某一位置处的声压. 假定在半径为 a 的圆形活塞上选取一个内径为 ρ、外径为 $\rho+\mathrm{d}\rho$ 的环元,如图 8-6-3 所示.

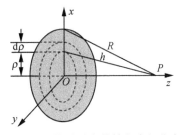

图 8-6-3　圆形活塞的轴向声场分布

由于环元厚度 $\mathrm{d}\rho$ 极其微小,因此可近似认为环元上所有点到达轴线上 P 点的距离均相

同，为 $h=\sqrt{\rho^2+z^2}$. 同时在 P 点位置坐标 z 固定不变的前提下，原环元面积还可改写为

$$2\pi\rho\mathrm{d}\rho=2\pi h\mathrm{d}h$$

因此，根据式(8-6-1)，该活塞所辐射的声场在轴线上的速度势可表示为

$$\Phi(\boldsymbol{r})=\iint_{\rho<a}\frac{u_a\mathrm{e}^{\mathrm{j}(\omega t-kh)}}{2\pi h}\rho\mathrm{d}\rho\mathrm{d}\varphi=\int_z^R\frac{u_a\mathrm{e}^{\mathrm{j}(\omega t-kh)}}{h}h\,\mathrm{d}h$$

$$=\frac{2u_a\mathrm{e}^{\mathrm{j}\omega t}}{k}\mathrm{e}^{-\frac{1}{2}\mathrm{j}k(R+z)}\sin\pi\frac{z_g}{R+z} \tag{8-6-6}$$

其中 $z_g=\dfrac{a^2}{\lambda}$，$R=\sqrt{z^2+a^2}$.

有了速度势，声压也可随之求出，即

$$p(\boldsymbol{r})=\mathrm{j}k\rho_0c_0\Phi(\boldsymbol{r})=\mathrm{j}\rho_0c_02u_a\mathrm{e}^{\mathrm{j}\left[\omega t-\frac{1}{2}k(R+z)\right]}\sin\left(\pi\frac{z_g}{R+z}\right) \tag{8-6-7}$$

上面的推导中我们均未采用近似法处理，因此它们是活塞轴向声场的严格精确解，而且式 (8-6-7)中的 $\sin\left(\pi\dfrac{z_g}{R+z}\right)$ 只与空间坐标位置有关，其代表了辐射中的驻波成分，用它可以描述轴线上声压振幅随离开活塞中心的距离增长而变化的规律.

当观测点位于声源附近，即 $z<a$ 时，若有

$$kz_{\min}=\frac{(ka)^2}{4n\pi}-n\pi\Rightarrow z_{\min}=\frac{z_g}{2n}-\frac{n}{2}\lambda\quad\left(0<n<\frac{a}{\lambda}\right) \tag{8-6-8}$$

在这些位置点上声压幅值为零，这些声压极小值点可看作驻波成分的波节点. 类似地，若有

$$kz_{\max}=\frac{(ka)^2}{2(2n+1)\pi}-\frac{2n+1}{2}\pi\Rightarrow z_{\max}=\frac{z_g}{2n+1}-\frac{2n+1}{4}\lambda\quad\left(0\leqslant n<\frac{a}{\lambda}-\frac{1}{2}\right) \tag{8-6-9}$$

在这些位置点上声压幅值达到极大值，这些声压极大值点则可看作驻波成分的波腹点. 起初，上述声压极大值与极小值的位置点分布较为密集，但随着距离的增加，极大值与极小值之间的位置间隔将逐渐拉宽.

当随着观测点进一步远离声源，即 $z>z_g$ 时，有以下近似式成立：

$$\Phi\approx\frac{2u_a\mathrm{e}^{\mathrm{j}\omega t}}{k}\sin\left(\frac{\pi z_g}{2z}\right)\mathrm{e}^{-\mathrm{j}kz}\approx\frac{\pi u_a\mathrm{e}^{\mathrm{j}\omega t}}{k}\frac{z_g}{z}\mathrm{e}^{-\mathrm{j}kz}=\frac{Q_a}{2\pi z}\mathrm{e}^{-\mathrm{j}kz} \tag{8-6-10}$$

上述表达式与远场近似结果一致，说明 z_g 可看作活塞辐射从近场过渡到远场的分界线，因此被称为活塞声源的近远场临界距离. 上述活塞辐射轴向声场的近远场区域内的声压幅值变化情况如图 8-6-4 所示. 从图中可以很明显地观察到，活塞辐射在近场区会出现声压振幅的显著起伏. 这也是为何声学测量领域中，当测试扬声器等器件的电声性能时，一般不宜将传声器放置得与声源过近，而应该放在大于 z_g 的距离点位上，否则近场测试结果可能由于声场本身的起伏而无法反映出电声器件的真实性能.

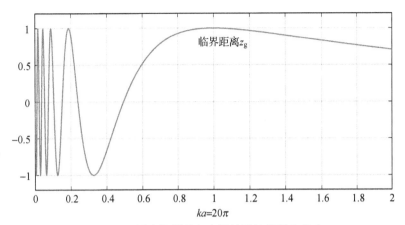

图 8-6-4　活塞辐射轴向声压的近远场幅值分布

图 8-6-4 对应的 MATLAB 仿真代码如下：

```
% 清空变量区并关闭所有图窗
clear;close all;

% 设定各参数值
lambda=1;
a=10 * lambda;
z_g=a^2/lambda;
z=(0:0.001:2)*z_g;
R=sqrt(z.^2+a^2);

% 画图
plot(z./z_g,sin(pi * z_g./(R+z)),'Linewidth',1.5);
grid on;

% 添加图例文字说明
xlabel('{\itka}={\it20\pi}');
text(1.0,0.8,'临界距离{\itz}_g');
axis([0 2 -1.2 1.2]);
```

8.6.4　圆形活塞辐射的辐射阻抗

活塞声源振动时,向周围介质辐射出了声场,同时活塞本身也处于其自身所辐射的声场中,因此它势必也会受到声场的反作用力. 而且当活塞振动时,活塞表面附近各处的声压是不均匀的,因而表面各处所受声场的作用力也是不一样的.

我们将活塞表面分割成无限多个小面元,如图 8-6-5 所示.

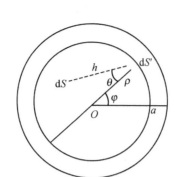

图 8-6-5　声场对活塞声源的反作用力

设想图中由于面元 dS 的振动在面元 dS′ 附近的介质中产生的声压为 dp，其表达式为

$$\mathrm{d}p = \mathrm{j}\frac{k\rho_0 c_0}{2\pi h}u_a \mathrm{e}^{\mathrm{j}(\omega t - kh)}\mathrm{d}S \tag{8-6-11}$$

式中，h 为两面元之间的距离，而活塞上所有面元在 dS′ 附近产生的总声压则为

$$p = \int \mathrm{d}p = \mathrm{j}k\rho_0 c_0 \iint_S \frac{u_a}{2\pi h}\mathrm{e}^{\mathrm{j}(\omega t - kh)}\mathrm{d}S \tag{8-6-12}$$

因此面元 dS′ 受到声场的反作用力为

$$\mathrm{d}F_r = -p\mathrm{d}S'$$

对 dS′ 求积分，即可得整个活塞表面受声场的总反作用力为

$$F_r = \int \mathrm{d}F_r = -\iint_S p\mathrm{d}S' = -\mathrm{j}k\rho_0 c_0\frac{u_a \mathrm{e}^{\mathrm{j}\omega t}}{2\pi}\iint_S \mathrm{d}S'\iint_S \frac{\mathrm{e}^{-\mathrm{j}kh}}{h}\mathrm{d}S \tag{8-6-13}$$

式(8-6-13)是一双重面积分，直接求解较为困难，但若注意到面元 dS 的辐射导致了面元 dS′ 上的声压力，而面元 dS′ 的辐射也同样产生了面元 dS 上的声压力，两者大小是相等的，可只计算一次，然后把结果乘以 2 即可.

上式积分化简的思路可简述为：对于 dS 仅积分 dS′ 以内的内部圆，即只考虑从圆心到 dS′ 所处位置的距离 ρ 为半径的一个圆面积，然后对 dS′ 积分时，从圆心扩展至整个活塞面积，即积分整个圆面. 因此，即可得

$$F_r = -2\frac{\mathrm{j}k\rho_0 c_0 u_a \mathrm{e}^{\mathrm{j}\omega t}}{2\pi}\int_0^a \rho\mathrm{d}\rho\int_0^{2\pi}\mathrm{d}\varphi\int_{-\frac{\pi}{2}}^{\frac{\pi}{2}}\mathrm{d}\theta\int_0^{2\rho\cos\theta}\mathrm{e}^{-\mathrm{j}kh}\mathrm{d}h \tag{8-6-14}$$

利用 $\int_{-\frac{\pi}{2}}^{\frac{\pi}{2}}\cos(x\cos\theta)\mathrm{d}\theta = \pi J_0(x)$ 和 $\int_{-\frac{\pi}{2}}^{\frac{\pi}{2}}\sin(x\cos\theta)\mathrm{d}\theta = \pi S_0(x)$，其中的 $S_0(x)$ 称为零阶司徒卢威(Struve)函数. 同时为简化起见，将式(8-6-14)中的负号和简谐因子先略去后，可化简为

$$F_r = 2\rho_0 c_0 u_a \int_0^a \rho\mathrm{d}\rho\int_{-\frac{\pi}{2}}^{\frac{\pi}{2}}(1 - \mathrm{e}^{-\mathrm{j}2k\rho\cos\theta})\mathrm{d}\theta$$

$$= 2\rho_0 c_0 u_a \int_0^a \pi[1 - J_0(2k\rho) + \mathrm{j}S_0(2k\rho)]\rho\mathrm{d}\rho$$

$$= \rho_0 c_0(\pi a^2)u_a[\xi(2ka) + \mathrm{j}\eta(2ka)]$$

上式中利用了 $\int_0^z xJ_0(x)\mathrm{d}x = zJ_1(z)$ 和 $\int_0^z xS_0(x)\mathrm{d}x = zS_1(z)$ 这两个结论，且式中

$$\xi(x) = 1 - \frac{2J_1(x)}{x}, \quad \eta(x) = \frac{2S_1(x)}{x} \tag{8-6-15}$$

式中,$S_1(x)$ 称为一阶司徒卢威函数.因此我们可以很容易求出活塞的辐射阻抗为

$$Z_r = \frac{F_r}{u_a} = \rho_0 c_0 (\pi a^2) [\xi(2ka) + \mathrm{j}\eta(2ka)] \qquad (8\text{-}6\text{-}16)$$

式中,$\rho_0 c_0 (\pi a^2)$ 是管中声的力阻抗,而 $\xi(2ka) + \mathrm{j}\eta(2ka)$ 则可看作归一化无量纲的活塞辐射阻抗.因此 $\xi(2ka)$ 又被称为活塞的阻函数,而 $\eta(2ka)$ 则被称为活塞的抗函数.

下面我们来分析一下两种情形下的辐射阻抗结果.

(1) 当 $ka \ll 1$ 时,有近似

$$\xi(2ka) \approx \frac{1}{2}(ka)^2, \quad \eta(2ka) \approx \frac{8ka}{3\pi}$$

此时,阻函数的数值要小于抗函数部分,类似于亥姆霍兹共鸣器一端开口情形,此时的辐射效率较低,大部分能量停留在声源附近区域.

(2) 当 $ka \gg 1$ 时,有近似

$$\xi(2ka) \approx 1, \quad \eta(2ka) \approx \frac{2}{\pi(ka)} \to 0$$

此时,阻函数部分趋于 1,抗函数部分几乎趋于零,因此几乎所有的声能量都被有效地辐射到了外部空间中,即辐射效率较高.

图 8-6-6 给出了辐射阻函数和抗函数在不同 ka 取值下的变化情况.

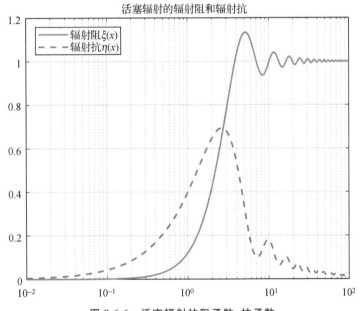

图 8-6-6　活塞辐射的阻函数、抗函数

从图 8-6-6 中可以看到,当活塞半径很小或频率很低时,辐射阻抗中的实部和虚部两者数值都比较小,但总体占主导地位的仍是抗部分,此时活塞声源的辐射效率并不高,而随着活塞半径的增大或频率的提高,阻函数部分不断增长,并趋于 1,而抗函数部分则在达到峰值后便慢慢回落并逐渐趋于零.这意味着大尺寸活塞在高频频段的辐射效率非常高.

图 8-6-6 对应的 MATLAB 仿真代码如下:

％ 清空变量区并关闭所有图窗

```
clear;close all;

% 设定各参数值
x=0:0.01:100;
epsilon=1-2*besselj(1,x)./x;
eta=2*StruveH1(x)./x;

% 画辐射阻和辐射抗,横坐标取对数轴
semilogx(x,epsilon,'Linewidth',1.5);
hold on;grid on;
semilogx(x,eta,'--','Linewidth',1.5);

% 图例说明
legend('辐射阻\it\xi(x)','辐射抗\it\eta(x)');
title('活塞辐射的辐射阻和辐射抗');
```

需要说明的是,MATLAB 未内置 Struve 函数,所以我们需要自己编写,下面是 StruveH1 和 StruveH1Y1 函数各自的对应代码:

```
%StruveH1 calculates the function StruveH1 for complex argument z
function fun=StruveH1(z)
bn=[1.174772580755468e-001-2.063239340271849e-001 1.751320915325495e-001...
    -1.476097803805857e-001 1.182404335502399e-001-9.137328954211181e-002...
    6.802445516286525e-002-4.319280526221906e-002 2.138865768076921e-002...
    -8.127801352215093e-003 2.408890594971285e-003-5.700262395462067e-004...
    1.101362259325982e-004-1.771568288128481e-005 2.411640097064378e-006...
    -2.817186005983407e-007 2.857457024734533e-008-2.542050586813256e-009...
    2.000851282790685e-010-1.404022573627935e-011 8.842338744683481e-013...
    -5.027697609094073e-014 2.594649322424009e-015-1.221125551378858e-016...
    5.263554297072107e-018-2.086067833557006e-019 7.628743889512747e-021...
    -2.582665191720707e-022 8.118488058768003e-024-2.376158518887718e-025...
    6.492040011606459e-027-1.659684657836811e-028 3.978970933012760e-030...
    -8.964275720784261e-032 1.901515474817625e-033];
x=z(:);
%|x|<=16
i1=abs(x)<=16;
x1=x(i1);
if isempty(x1)==0
   z1=x1.^2/400;
   fun1=cheval('shifted',bn,z1).*x1.^2*2/3/pi;
```

```
else
   fun1=[];
end
%|x|>16
i2=abs(x)>16;
x2=x(i2);
if isempty(x2)==0
   fun2=StruveH1Y1(x2)+bessely(1,x2);
else
   fun2=[];
end

fun=x*0;
fun(i1)=fun1;
fun(i2)=fun2;
fun=reshape(fun,size(z));

%StruveH1Y1 calculates the function StruveH1-BesselY1 for complex argument z
function fun=StruveH1Y1(z)
nom=[4,0.9648 ,0.8187030 ,…
    0.3120922350 ,0.568839210030 ,…
    0.49108208584050 ,0.1884052853216100 ,…
    0.28131914180758500,0.126232526316723750,…
    0.97007862050064000,0.2246438344775625];
den=[4,0.9660 ,0.8215830 ,…
    0.3145141440 ,0.577919739600 ,…
    0.50712457149900 ,0.2014411492343250 ,…
    0.32559467386446000 ,0.177511711616489250,…
    0.230107774317671250,0.31378332861500625];

x=z(:);
%|x|<=16
i1=abs(x)<=16;
x1=x(i1);
if isempty(x1)==0
   fun1=StruveH1(x1)-bessely(1,x1);
else
   fun1=[];
```

```
end
% |x|>16 and real(x)<0 and imag(x)<0
i2=(abs(x)>16 & real(x)<0 & imag(x)<0);
x2=x(i2);
if isempty(x2)==0
    x2=-x2;
    fun2=2/pi+2/pi./x2.^2.*polyval(nom,x2)./polyval(den,x2)-2i*besselh(1,1,x2);
else
    fun2=[];
end
% |x|>16 and real(x)<0 and imag(x)>=0
i3=(abs(x)>16 & real(x)<0 & imag(x)>=0);
x3=x(i3);
if isempty(x3)==0
    x3=-x3;
    fun3=2/pi+2/pi./x3.^2.*polyval(nom,x3)./polyval(den,x3)+2i*besselh(1,2,x3);
else
    fun3=[];
end
% |x|>16 and real(x)>=0
i4=(abs(x)>16 & real(x)>=0);
x4=x(i4);
if isempty(x4)==0
    fun4=2/pi+2/pi./x4.^2.*polyval(nom,x4)./polyval(den,x4);
else
    fun4=[];
end
fun=x*0;
fun(i1)=fun1;
fun(i2)=fun2;
fun(i3)=fun3;
fun(i4)=fun4;
%
fun=reshape(fun,size(z));
```

最后，我们给出活塞声源的平均辐射功率：

$$\overline{W}=\frac{1}{2}\mathrm{Re}(F_{\mathrm{r}}^{*}u)=\frac{1}{2}\mathrm{Re}(Z_{\mathrm{r}})\,|\,u_{\mathrm{a}}\,|^{2}=\frac{1}{2}R_{\mathrm{r}}\,|\,u_{\mathrm{a}}\,|^{2}=\frac{1}{2}\rho_{0}c_{0}\,(\pi a^{2})\xi(2ka)\,|\,u_{\mathrm{a}}\,|^{2} \qquad (8\text{-}6\text{-}17)$$

当 $ka\gg1$ 时，上式可近似表示为

$$\overline{W} \xrightarrow{ka \gg 1} \frac{1}{2} \rho_0 c_0 S_0 \mid u_a \mid^2 \qquad (8\text{-}6\text{-}18)$$

这说明当活塞半径很大或频率很高时,声源的平均辐射功率是与频率无关的常数.该式从数学形式上与平面声波的平均声功率结果相同,这意味着高频时由活塞辐射出的声波具有尖锐的指向性,它几乎是集中在半径为 a 的圆柱形管状区域内传播的.

参考文献

[1] 杜功焕，朱哲民，龚秀芬. 声学基础[M]. 3 版. 南京：南京大学出版社，2012.

[2] 迈克·戈德史密斯. 牛津通识课：声音[M]. 刘韵雯，译. 杭州：浙江科学技术出版社，2021.

[3] 程建春. 声学原理：上卷[M]. 2 版. 北京：科学出版社，2019.

[4] 程建春，李晓东，杨军. 声学学科现状以及未来发展趋势[M]. 北京：科学出版社，2021.

[5] 马大猷. 现代声学理论基础[M]. 北京：科学出版社，2004.

[6] 张海澜. 理论声学[M]. 北京：高等教育出版社，2007.

[7] 程建春. 数学物理方程及其近似方法[M]. 2 版. 北京：科学出版社，2016.

[8] Morse P M，Ingard K U. Theoretical acoustics[M]. New York：McGraw-Hill，1968.

[9] Pierce A D. Acoustics，An introduction to its physical principle and application[M]. New York：McGraw-Hill，1981.

[10] Rayleigh J. The theory of sound[M]. New York：Dover，1945.

[11] Blackstock D T. Fundamentals of physical acoustics[M]. New York：Wiley，2000.

[12] Bruneau M. Fundamentals of acoustics[M]. London：ISTE Ltd，2006.

[13] Howe M S. Acoustics of fluid-structure interactions[M]. Cambridge：University Press，1998.

[14] Hernández-Figueroa H E，Zamboni-Rached M，Recami E. Localized waves[M]. New York：Wiley，2007.

[15] Crocker M J. Handbook of acoustics[M]. New York：Wiley，1998.

[16] Zwillinger D，Moll V，Gradshteyn I S，et al. Table of integrals，series，and products[M]. 8 ed，Academic Press，2014.

[17] Willams E G. Fourier acoustics[M]. New York：Academic Press，1999.

[18] Craster R V，Guenneau S. Acoustic metamaterials[M]. Berlin：Springer，2013.

[19] 张海澜. 计算声学[M]. 北京：科学出版社，2021.

[20] 刘晓宙，郑海荣. 声辐射力原理与医学超声应用[M]. 北京：科学出版社，2023.

[21] 许龙，李凤鸣，许昊，等. 声学计量与测量[M]. 北京：科学出版社，2021.

[22] 潘峰. 声表面波材料与器件[M]. 北京：科学出版社，2012.

术语对照

A

acoustic fencing	隔声屏障
acoustic focusing	声聚焦
acoustic impedance	声阻抗
acoustic lens	声透镜
acoustic metamaterials	声超材料
acoustical interference	声干涉
acoustical transmission line	声传输线
acoustics	声学
acousto-optic effect	声光效应
anti-resonance	反共振
audible sound	可听声,音频声
antiphase	反相位

B

baffle of loudspeaker	扬声器挡板
Bessel function	贝塞尔函数
bone conduction	骨传导
boundary layer	边界层

C

characteristic impedance	特性阻抗
cocktail party effect	鸡尾酒效应
coefficient	系数
coherent wave	相干波
complex displacement	复位移
compliance reactance	力顺抗
curl	旋度
cylindrical wave	柱面波

D

damping	阻尼
decaying coefficient	衰减系数

decibel	分贝
directivity	指向性
dipole	偶极子
dispersion	频散、色散
displacement	位移
divergence	散度
doppler effect	多普勒效应
dynamic viscosity	动态黏滞系数

E

eardrum	鼓膜
echolocation	回声定位
elastic coefficient	弹性系数
end correction	末端校正
evanescent wave	倏逝波

F

fast Fourier transform，FFT	快速傅里叶变换
filter	滤波器
fluctuation	波动
forced vibration	受迫振动
Fourier series	傅里叶级数
fundamental frequency	基频
fundamental tone	基音

G

| gradient | 梯度 |
| grazing incidence | 掠入射 |

H

harmonic frequency	谐频
hearing aid	助听器
hearing loss	听力损失
Helmholtz resonator	亥姆霍兹共鸣器
high-intensity focused ultrasound，HIFU	高强度聚焦超声
Hooke's law	胡克定律

I

incidental wave	入射波
impedance	阻抗
impulse	脉冲
infrasound	次声
interface	界面

K

kinetic energy	动能

L

linear acoustics	线性声学
longitudinal wave	纵波
loudspeaker	扬声器
lumped-parameter system	集总参数系统

M

mass reactance	质量抗
mechanical compliance	力顺
mechanical impedance	力阻抗，机械阻抗
medium	介质
membrane	膜
micro-electro-mechanical system，MEMS	微机电系统
mirror effect	镜像效应
modulus of elasticity	弹性模量

N

noise cancelling	降噪
noise control	噪声控制
nonlinear acoustics	非线性声学
normalization	归一化

O

octave	八度
overtone	泛音

P

parametric array	参量阵
particle	质点
perforated plate	穿孔板
persistence of vision	视觉暂留
phonon	声子
piezoelectric effect	压电效应
pitch	音高
plane wave	平面波
porosity	孔隙率
potential energy	势能
psychoacoustics	心理声学
pure tone	纯音
Pythagoras	毕达哥拉斯

Q

quantum mechanics	量子力学

R

radiation impedance	辐射阻抗
reactance	抗
reciprocal transducer	互易换能器
rectifier	整流器
reflected wave	反射波
reflection	反射
refraction	折射
refractive index	折射率
resistance	阻
resonance	共振
restoring force	回复力
reverberation time	混响时间

S

seismic wave	地震波
Snell's law	斯涅尔定律
sound	声音
sound intensity level，SIL	声强级
sound pressure	声压
sound pressure level，SPL	声压级
soundscape	音景
specific acoustic impedance	声阻抗率
spherical wave	球面波
spring	弹簧
standing/stationary wave	驻波
stationary solution	稳态解
stiffness	劲度
stochastic sound	随机声场
strain	应变
stress	应力
string	弦
Struve function	司徒卢威函数

T

tension	张力
threshold of hearing	听力阈值
transducer	换能器

transient solution	瞬态解
transmission loss	传输损耗
transmitted wave	透射波
transverse wave	横波
travelling/progressive wave	行波
tuning fork	音叉
type-B ultrasonic	B 超

U

ultrasound	超声

V

velocity of sound	声速
vibration	振动
voice	语音

W

white noise	白噪声

Y

Young's modulus	杨氏模量